Elektromagnetische Umweltverträglichkeit

Ursachen, Phänomene und naturwissenschaftliche Konsequenzen

von

Professor Dr.-Ing. Konstantin Meyl

Teil 1: Umdruck zur Vorlesung

INDEL GmbH, Verlagsabteilung

Villingen-Schwenningen 1996

ISBN 3-9802 542-8-3

Elektromagnetische Umweltverträglichkeit

Teil 1: Umdruck zur Vorlesung

von Professor Dr.-Ing. Konstantin Meyl

3. Auflage (1998), mit 1O9 Tafeln und 229 Seiten

Die Deutsche Bibliothek - CIP-Einheitsaufnahme

Meyl, Konstantin:
Elektromagnetische Umweltverträglichkeit, Teil 1,
Ursachen, Phänomene und naturwissenschaftliche
Konsequenzen. - von Konstantin Meyl.-
Villingen-Schwenningen : INDEL GmbH, Verl.-Abt.
3. Aufl. - 1998

ISBN 3-98O2542-8-3

Postanschrift und Bestelladresse:
TZA, Prof. Dr. K. Meyl, Leopoldstr.1, D-78112 St. Georgen
Fax: (O7721) 5187O

Printed in Germany

Zusammenfassung

Das Thema umfaßt die elektromagnetische Verträglichkeit sowohl technischer als auch biologischer Systeme. Für Funktionsstörungen kommt der Teil der elektromagnetischen Welle in Betracht, der absorbiert wurde und der sich zum Wirbel aufgerollt hat. Die Wirksamkeit hängt von der Menge der erzeugten Wirbel und von der Lebensdauer, dem Wirbelzerfall ab.
Der Wirbelstrom kann sich nur in leitfähigen Materialien auswirken. In Luft und in dielektrischen Stoffen hingegen wird sich der Wirbel des elektrischen Feldes ausbilden, der auch Potentialwirbel genannt wird. Ihn zu berechnen und zu messen ist das Ziel.

Zuerst wird eine Bestandsaufnahme der Fragestellungen und der gebräuchlichen Verfahren durchgeführt. Aus der Analyse der ungelösten Probleme wird die Notwendigkeit der Einführung des neuen Wirbelphänomens abgeleitet und ein geeigneter feldtheoretischer Ansatz gewählt. Anschließend werden die Potentialwirbel berechnet und ihre Eigenschaften diskutiert und interpretiert.
Zum Zwecke des Existenzbeweises werden einerseits die Schrödinger-Gleichung hergeleitet und andererseits die Quanteneigenschaften der wichtigsten Elementarteilchen berechnet und mit den bekannten Meßwerten verglichen. Im Gewicht, der Ladung, dem magnetischen Moment und dem Spin stimmen Messung und Rechnung hervorragend überein. Die Theorie stellt damit nicht nur ihre Richtigkeit unter Beweis, sie demonstriert auch, daß sie noch mehr zu leisten im Stande ist. Sie führt uns zu der Vereinigung der bekannten Wechselwirkungen und physikalischen Phänomene und zeigt sich als Einheitliche Theorie.
In der praktischen Umsetzung und Nutzung der Theorie soll nicht nur informiert, sondern durchaus auch provoziert werden als Einstieg in eine fruchtbare Diskussion. Grundlegende Fragen werden aufgegriffen, wie z.B.: Was ist Information, Energie, Temperatur oder der Geruch? Die Verbindung zum Thema der elektromagnetischen Umweltverträglichkeit bilden die technische und die biologische Nutzung der Potentialwirbel, die Energieübertragung von Nikola Tesla genauso wie die in entsprechender Weise funktionierende Nervenleitung. Hier sind biologische Reaktionen bereits zu erwarten.

Diese Vorlesung, die zum ersten Mal im Wintersemester 1995/96 gehalten worden ist, die in Buchform als Vorlesungsumdruck vorliegt und die über die Teleakademie Furtwangen im Internet weltweit abgerufen werden kann, soll keine fertigen Rezepte oder Anweisungen abliefern. Sie hat ihren Zweck erfüllt, wenn die Hörer und Leser ihren kritischen Verstand haben anregen können und Diskussionen in Gang gekommen sind. Die Konsequenzen aus einer solchen Theorie muß zunächst jeder für sich selber ziehen.
In Ergänzung zu dieser Vorlesung wird ein Seminar angeboten, in dem einzelne Themen ergänzt oder vertieft, unterschiedliche Theorien verglichen und mögliche Konsequenzen diskutiert werden. Ein Umdruck zum Seminar wird frühestens 1998 erscheinen[<i>].
Hinsichtlich der Umsetzung von Konsequenzen sind Politiker und Wissenschaftler gleichermaßen angesprochen und gefordert, denn schließlich hat sich die elektromagnetische Umweltverträglichkeit zu einem der dringlichsten Gegenwartsprobleme entwickelt. Die weltweite Verantwortung für unsere Umwelt aber haben letztendlich wir alle zu tragen.

<i>: K. Meyl: Elektromagnetische Umweltverträglichkeit, Teil 2, Seminarumdruck, INDEL Verlag, Villingen-Schwenningen, ab 12/1998, ISBN 3-9802 542-9-1

Inhaltsverzeichnis

Seite

Seite

1. Einführung

Es wird hier der überaus kontrovers diskutierten Frage nach der Umweltverträglichkeit elektromagnetischer Felder nachgegangen. Grenzwerte sollen Auskunft geben, was als unverträglich und was als verträglich gelten soll. Aber Grenzwerte gibt es so viele wie Kommissionen und Spezialisten und die Ergebnisse unterscheiden sich zudem noch um mehrere Zehnerpotenzen. Die berechtigten Zweifel werden mit der Zeit unüberhörbar, und die Vertreter der Wissenschaft bekommen langsam die Beweislast zu spüren.
Zweckmäßigerweise wird die aktuelle Diskussion zum Thema Elektrosmog analysiert und die Notwendigkeit abgeleitet, ein bisher unbeachtet gebliebenes Feldphänomen in die Grenzwertdiskussion einzubeziehen: Es soll sich um Wirbel des elektrischen Feldes handeln. Diese Potentialwirbel, wie sie auch genannt werden, haben entsprechende Eigenschaften, um selbst bei geringsten Feldstärken bereits biologische Wirkungen zu zeigen. Es ist jedenfalls nicht auszuschließen, daß gegenwärtig die falschen physikalischen Phänomene gemessen und verantwortlich gemacht werden.

Ein Gleichnis soll Klarheit schaffen.
Stellen wir uns einmal vor, das uns bekannte und über unseren Tastsinn erfaßbare physikalische Phänomen der Temperatur sei für uns unbekannt, weder meßbar noch spürbar. Unsere Wetterstation bestünde lediglich aus einem Barometer, das uns den Luftdruck anzeigen könnte und das uns Hinweise liefern kann, ob schönes oder schlechtes Wetter zu befürchten ist.
Wir stellen schnell fest, daß zwischen dem Luftdruck und unserer Gesundheit ein Zusammenhang besteht und machen das uns bekannte Phänomen verantwortlich. Wenn der Zeiger auf schönem Wetter steht, können wir leicht bekleidet ausgehen, bei schlechtem sollten wir einen Mantel nehmen, so lehrt uns das Erfahrungswissen.
Stellen wir uns jetzt die realistische Situation vor, daß im Winter bei klirrender Kälte und einer Hochdruckwetterlage die Wetterstation hohe Temperaturen vorgibt, woraufhin einige im kurzärmeligen offenen Hemd herumlaufen, um am Abend mit einer Erkältung im Bett zu liegen. Schuld war natürlich der Luftdruck! Folgerichtig fordern die "Drucksensiblen", wie sie spöttisch genannt werden, die Grenzwerte für den zulässigen Druck herabzusetzen, bei dem noch keine gesundheitlichen Folgen zu befürchten sind.
Zum Thema zulässiger Grenzwerte ist die Wissenschaft gefragt, und die geht systematisch vor: Der Druck wird im Labor von allen anderen Einflußgrößen isoliert untersucht und dabei festgestellt, daß der Mensch auch bei einem wesentlich höheren Luftdruck noch keine Erkältung bekommt, weshalb die Grenzwerte auch nicht geändert werden müssen.
Eigentlich wäre von diesen jederzeit reproduzierbaren Ergebnissen eine beruhigende Wirkung auf die Gemüter der Diskussionsteilnehmer und der Bevölkerung zu erwarten. Statt dessen werden von den Drucksensiblen immer neue Erkenntnisse angeführt, die gar nicht ins Schema passen wollen. So sollen beispielsweise bei Durchzug die gleichen gesundheitlichen Probleme auftreten, obwohl dieser Pseudoeffekt überhaupt nichts mit dem Luftdruck zu tun hat. Also gerät die durch Unverständnis und Emotionen geprägte Grenzwertdiskussion zur Farce.

Die Tatsache, daß sensible Menschen auf luftelektrische Effekte reagieren und evtl. sogar krank werden können, ohne daß irgendwelche heute meßbare physikalische Größen nachweisbar Verantwortung tragen, muß uns zu denken geben. Da ist es wenig beruhigend, den Wissenschaftlern zuschauen zu können, wie sie im dichten Nebel stochern, während sich gleichzeitig unter den Betreibern der neuen Telekommunikationsnetze so etwas wie eine Goldgräberstimmung breit macht.
Eine neue Technologie einzuführen ist nicht schwierig, sie aus Gründen der elektromagnetischen Umweltverträglichkeit wieder abzuschaffen, schier unmöglich!

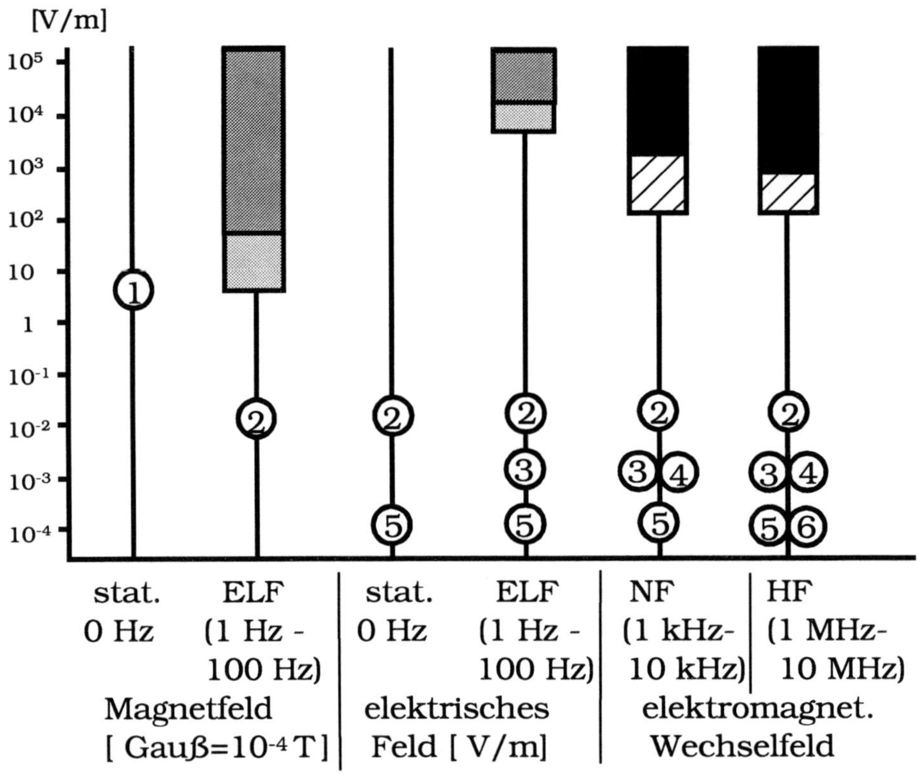

Tafel 1.1: Diskussion über Grenzwerte

■ Grenzwerte für berufliche Exposition (Elektroingenieur) und
▨ Grenzwerte für nichtberufliche Exposition (Bevölkerung) entsprechend der IRPA/INIRC-Empfehlung<ii>.
▒ Grenzwerte nach VDE 0848 / 1989
▓ Grenzwerte nach VDE 0848 / 1992

(*) experimentell ermittelte Schwellenwerte von Reaktionen biologischer Systeme<i>:

1 Anstieg der Bewegungsaktivität von Vögeln
2 Wünschelrutenausschläge
3 Reaktionszeitbeeinflussung beim Menschen
4 bedingte Reflexe bei Fischen ohne elektrische Organe
5 bedingte Reflexe bei Fischen mit elektrischen Organen
6 bedingte Muskelreflexe beim Menschen

entnommen aus:

<i>: H.L. König: Unsichtbare Umwelt (Wetterfühligk.), 5. Aufl., Bild 111, S. 123 Verlag Moos & Partner München, ISBN 3-89164-058-7

<ii>: Habiger u.a., EMV, Verlag Technik, Berlin 1992, S. 152

1.1 Grenzwertdiskussion

Wer die öffentlichen Diskussionen um Elektrosmog verfolgt, sieht stets zwei streitende Parteien, deren Standpunkte derart weit auseinander liegen, daß zwangsläufig aneinander vorbeigeredet wird und kein Konsens gefunden werden kann.

Auf der einen Seite finden sich "Betroffene", die angeben, die Elektromagnetische Strahlung als schädigende Ursache für ihre Probleme ausgemacht zu haben. Sie sind ernst zu nehmen, auch wenn als Meß- und Beweismittel nur das persönliche Empfinden dient und eine mehr oder weniger ausgeprägte Sensitivität gegen elektromagnetische Erscheinungen. Unterstützung findet diese Gruppe gelegentlich von Homöopathen, die sich auf reproduzierbare Laborergebnisse stützen können, die allerdings genausowenig in das Weltbild der Wissenschaft passen, wie die empirischen Aussagen betroffener und möglicherweise sogar geschädigter Menschen.
Auf der anderen Seite stehen Vertreter der Energieversorgungsunternehmen und Betreiber von Funknetzen, die mit Bedürfnissen unserer modernen Industriegesellschaft argumentieren und "Grenzwerte" angeben, die ihnen von der Wissenschaft vorgegeben werden. Diese wiederum gehen nach streng wissenschaftlichen Methoden vor. Ihre präsentierten Ergebnisse sind reproduzierbar und über jeden Zweifel erhaben.
Die Grenzwerte werden schließlich weit unter denen aus wissenschaftlicher Sicht empfohlenen festgesetzt. Trotzdem trennen die beiden Gruppen noch Zehnerpotenzen von einem Konsens. Wenn wir wissen wollen, wie tief der Graben ist, den es zu überwinden gilt, sollten wir einen Blick auf die ermittelten Grenzwerte werfen (Tafel 1.1).

Die Grenzwerte stammen von dem Internationalen Strahlenschutzverband IRPA (**I**nternational **R**adiation **P**rotection **A**ssociation), einem Organ der Weltgesundheitsorganisation, das wiederum das Komitee für nichtionisierende Strahlung INIRC (**I**nternational **N**on-**I**onizing **R**adiation **C**ommittee) berufen hat. Diese geben nun an, als Grundlage für die angegebenen Richtlinien alle verfügbaren wissenschaftlichen Forschungsergebnisse verwendet zu haben.
Zudem wurde noch eine Sicherheitsspanne eingearbeitet. Die Grenzwerte wurden also deutlich niedriger festgelegt, um sicherzugehen, daß keine gesundheitliche Beeinträchtigung auftritt. Auf diesem Weg sind zunächst die Grenzwerte ermittelt worden für den Personenkreis, der aus beruflichen Gründen elektromagnetischen Feldern ausgesetzt ist.
Für die allgemeine Bevölkerung wurden die Werte für die sogenannte nichtberufliche Exposition aus Gründen der Vorsicht und der Fürsorge auf die Hälfte bis zu einem Fünftel weiter reduziert. In Tafel 1.1 sind diese Grenzwerte eingetragen. Dabei wird unterschieden zwischen Magnetfeldern und elektrischen Feldern, die jeweils stationär oder extrem niederfrequent auftreten (ELF bezeichnet Frequenzen zwischen 1 Hz und 100 Hz). Zudem werden Grenzwerte für niederfrequente (1-10kHz) und hochfrequente (1-10MHz) elektromagnetische Wechselfelder angegeben.
Die Graphik soll als grobe Orientierung dienen und uns die Größenverhältnisse vor Augen führen. Als weitere Information sind einige Schwellen von gemessenen Reaktionen biologischer Systeme eingetragen (nach König[i]). Da ein logarithmischer Maßstab gewählt wurde, um alle Werte auf einer einzigen Graphik unterzubringen, wird deutlich, daß zwischen ersten Reaktionen und den empfohlenen Grenzwerten bis zu fünf Zehnerpotenzen liegen. Der Graben scheint unüberwindbar zu sein.

Tafel 1.2: Die Umweltverträglichkeitsproblematik am Beispiel der Funktelefone (Handy).

<i>: L.v.Klitzing: Neurophysiologische Einflüsse durch elektromagnetische Felder während und nach der Exposition, Med. Universität zu Lübeck

1.2 Funktelefone

Meßtechnische Untersuchungen hinsichtlich der Beeinflussung von Gehirnströmen durch digitale Funksignale an der Universitätsklinik in Lübeck haben Handy-Hersteller und Nutzer gleichermaßen aufgeschreckt[<i>]. Obwohl in diesem Fall Meßfehler nachgewiesen werden konnten, so bleibt immer noch das „Schreckgespenst an der Wand", daß wir ahnungslos in einem Lokal sitzen und ein Nachbar zieht sein Handy aus der Tasche, um digital zu telefonieren, daß dadurch in einem Umkreis von 100 Metern die Gehirnströme auf das Sendesignal synchronisieren und technische Signale unseren Kopf sinnlos beschäftigen würden. Die Herleitung wird noch zeigen, daß dies von vorneherein nicht alle Lokalbesucher treffen kann, da Resonanzbedingungen als Voraussetzung erfüllt sein müssen. Gibt es aber einen Betroffenen, so hätte dieser sicher erhebliche Probleme, denn Informationen, die nicht über die Sinnesorgane aufgenommen werden, können weder zeitlich noch inhaltlich eingeordnet werden.
Ein Betroffener, dessen Gehirn technische Signale eingekoppelt hat, ist noch nicht einmal in der Lage, selber zu registrieren, daß er mit Fehlinformationen gefüttert wurde. Es wäre durchaus angemessen, die Lokalbesucher würden sich wehren und den Funker vor die Türe setzen. Die Zahl der Lokale nimmt zu, bei denen neben Hunden und Katzen auch Handies draußen bleiben müssen. Wie sollen wir den elektromagnetischen Feldern aber aus dem Wege gehen? Sollten wir ständig mit einem Stahlhelm oder besser noch in einer Ritterrüstung herumlaufen und sogar damit ins Bett gehen? Es wäre ja schlimmer als im finsteren Mittelalter.

Fassen wir also zusammen: Es muß sichergestellt sein, daß durch den Betrieb elektrotechnischer Geräte keine gesundheitliche Beeinträchtigung und auch keine ungewollte Beeinflussung oder Reizung erfolgt. Bei systematischer und wissenschaftlicher Vorgehensweise müssen alle physikalisch relevanten Phänomene einzeln und auf ihre Wechselwirkung hin im Labor untersucht werden. Auf zwei stützt sich die Elektrophysik in Zusammenhang mit Elektrosmog: einerseits auf die Strahlung und andererseits auf die thermische Wirkung, doch beide Faktoren erweisen sich bei genauerer Betrachtung als wenig bedeutungsvoll!
Bei **Strahlungsmessungen** wird die Intensität der elektromagnetischen Welle an einem Ort ermittelt. In Laborversuchen wird die Feldstärke solange gesteigert, bis biologische Reaktionen beobachtet werden. Thermische Grenzwerte werden ähnlich ermittelt. Die Werte liegen, wie gesagt, um Zehnerpotenzen über denen, die sie möglicherweise belästigen, wenn Sie sich ein Handy ans Ohr halten. Es ist zwar zutreffend, daß die Mikrowellenstrahlung in Ihren Kopf eindringt, aber wir wissen auch, daß sie auf der anderen Seite wieder herausmarschiert und daß dieser Besuch in Ihrem Kopf mit Lichtgeschwindigkeit abläuft.
Genauso sind bei Ihnen auch ständig Radio Neckarburg, der Südwestfunk, die Satelliten mit Hunderten von Programmen und überhaupt die ganze funktechnische Welt in Ihrem Körper zu Gast, auch wenn Sie diese gar nicht eingeladen haben.
Damit eine elektromagnetische Welle überhaupt empfangbar wird, muß ihre Feldstärke deutlich über dem allgemeinen Rauschsignal liegen, und dies kann nur durch eine ständige Überlagerung ermöglicht werden, durch stehende Wellen also, wie in einem frequenzspezifisch abgestimmten Hohlraum oder einer Antenne. Solange sich der Mensch noch keine Antennen auf dem Kopf wachsen läßt, braucht er kaum vor unmittelbaren biologischen Wirkungen elektromagnetischer Wellen Angst zu haben.
Bleibt als zweites Phänomen noch die **thermische Wirkung**. Mit dem Handy an der Backe entsteht in Ihrem Kopf ein lokales Fieber, heißt es. Doch das ist für den menschlichen Körper keinesfalls ungewohnt oder unnatürlich. So etwas tritt in viel stärkerem Maße auf, wenn Sie ein heißes Fußbad nehmen oder sich auf einem Touristengrill von der Sonne einseitig bestrahlen lassen.

Wellenleistung:

eingestrahlt gespeichert (absorbiert) abgestrahlt

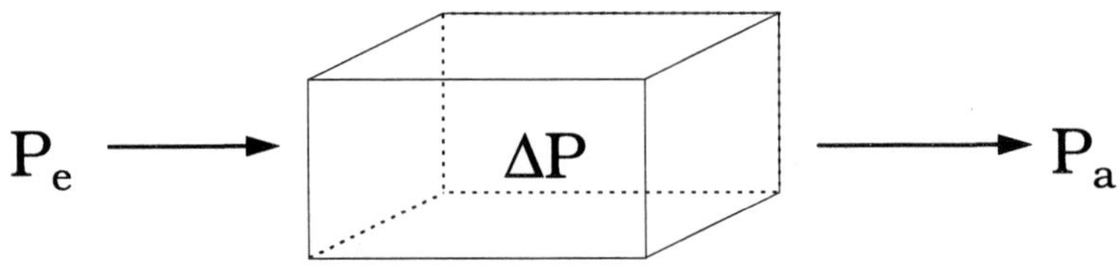

lokales Fieber: $\Delta\vartheta = f\,(\Delta P)$

absorbierte Leistung: $\Delta P = P_e - P_a$

Wirkungsgrad: $\eta = P_a / P_e$

<u>Tafel 1.3: Wellendämpfung und Absorptionsvermögen eines Körpers (unser Kopf) beim Telefonieren mit einem Handy.</u>

---

ein Beitrag zum Thema: <u>dielektrische Verluste</u>

- Kondensator
- Hochfrequenzschweißen
- Mikrowellenherd

<i>: K. Meyl: Potentialwirbel Band 1 [A1], INDEL Verlag, Villingen-Schwenningen 1990, ISBN 3-9802 542-1-6

<ii>: K. Meyl: Potentialwirbel Band 2 [A2], INDEL Verlag, Villingen-Schwenningen 1992, ISBN 3-9802 542-2-4

1.3 Wellenabsorption

Die mit dem Thema befaßten Physiker müssen sich folgerichtig die Kritik gefallen lassen, sie würden mit nur zwei Phänomenen arbeiten, die an den Ursachen für biologische Wirkungen gar nicht maßgeblich beteiligt sein können. In Frage kommt ein dritter Faktor, ein bisher von der Wissenschaft unbeachtet gebliebenes Feldphänomen: der Wirbel des elektrischen Feldes, der auch Potentialwirbel genannt wird.
Bei einem Wirbel handelt es sich um eine Schwingung um einen festen Punkt herum. Dadurch kommt es zu einer ständigen Überlagerung wie bei einer Antenne, nur daß der Wirbel nicht an die Dimension einer Antenne gebunden ist. Der Potentialwirbel zieht sich zusammen und erreicht auf diese Weise bei geringster räumlicher Abmessung extrem hohe Energiedichten, die weit über denen liegen, die Feldstärkemessungen uns vortäuschen [A1][i].

Nehmen Sie nochmals das Handy zur Hand, mit dem Sie sich die gepulsten Mikrowellen in den Kopf „blasen". Seien Sie unbesorgt, denn mit Lichtgeschwindigkeit und ohne nachweisbare Schäden kommt fast alles wieder auf der anderen Seite heraus, allerdings nur fast alles. Es hat nämlich eine geringe Dämpfung der Welle stattgefunden und Ihr Kopf hat diesen Teil der eingestrahlten Welle absorbiert (Tafel 1.3). Wer behauptet, dies sei bereits der thermische Faktor, sollte eigentlich erkennen, daß in der Wellengleichung kein entsprechender Term existiert. Hier finden sich als möglicher *Dämpfungsterm* lediglich zwei duale Wirbelphänomene: der Wirbelstrom und der Potentialwirbel. Eine Wirbelstromdämpfung scheidet wegen der schlechten Leitfähigkeit des Kopfes aus. Dies begünstigt aber seinen dualen Gegenwirbel, den Potentialwirbel [A1][i].

Physikalisch gesehen läuft in Ihrem Kopf also folgendes ab: Die absorbierten Wellen rollen sich zu Wirbeln auf, die dadurch ortsfest werden und sich ständig überlagern (Tafel 1.4b). Im Laufe der Zeit zerfallen die Wirbel wieder und erzeugen die bekannten Wirbelverluste, die zu der meßbaren Temperaturerhöhung führen. Wenn Reaktionen oder biologische Auswirkungen auftreten, kommt als mögliche Ursache einzig und allein der Wirbel in Frage. Dabei spielen zwei Punkte eine maßgebliche Rolle: die Zahl der generierten Wirbel und ihre Lebensdauer, die durch die Zerfallszeit bestimmt wird.

Im Vorgriff auf die mathematische Berechnung der Potentialwirbel sei daraufhingewiesen, daß diese nicht nur durch eine geringe Leitfähigkeit, sondern auch durch eine hohe Dielektrizität begünstigt werden. Da Wasser eine ungewöhnlich hohe Dielektrizität aufweist ($\varepsilon_r = 80$) und unser Kopf überwiegend aus Wasser besteht, sind Bedenken im Umgang mit Handys angebracht.

Auch die für die Lebensdauer repräsentative Relaxationszeitkonstante läßt sich berechnen [A2][ii]. Wir müssen davon ausgehen, daß beide, die Zahl der Wirbel und ihre Lebensdauer, also alle zu einem bestimmten Zeitpunkt in unserem Kopf vorhandenen und wirksamen Wirbel als Ursache auftreten und deshalb wissenschaftlich zu berücksichtigen und zu erforschen sind.

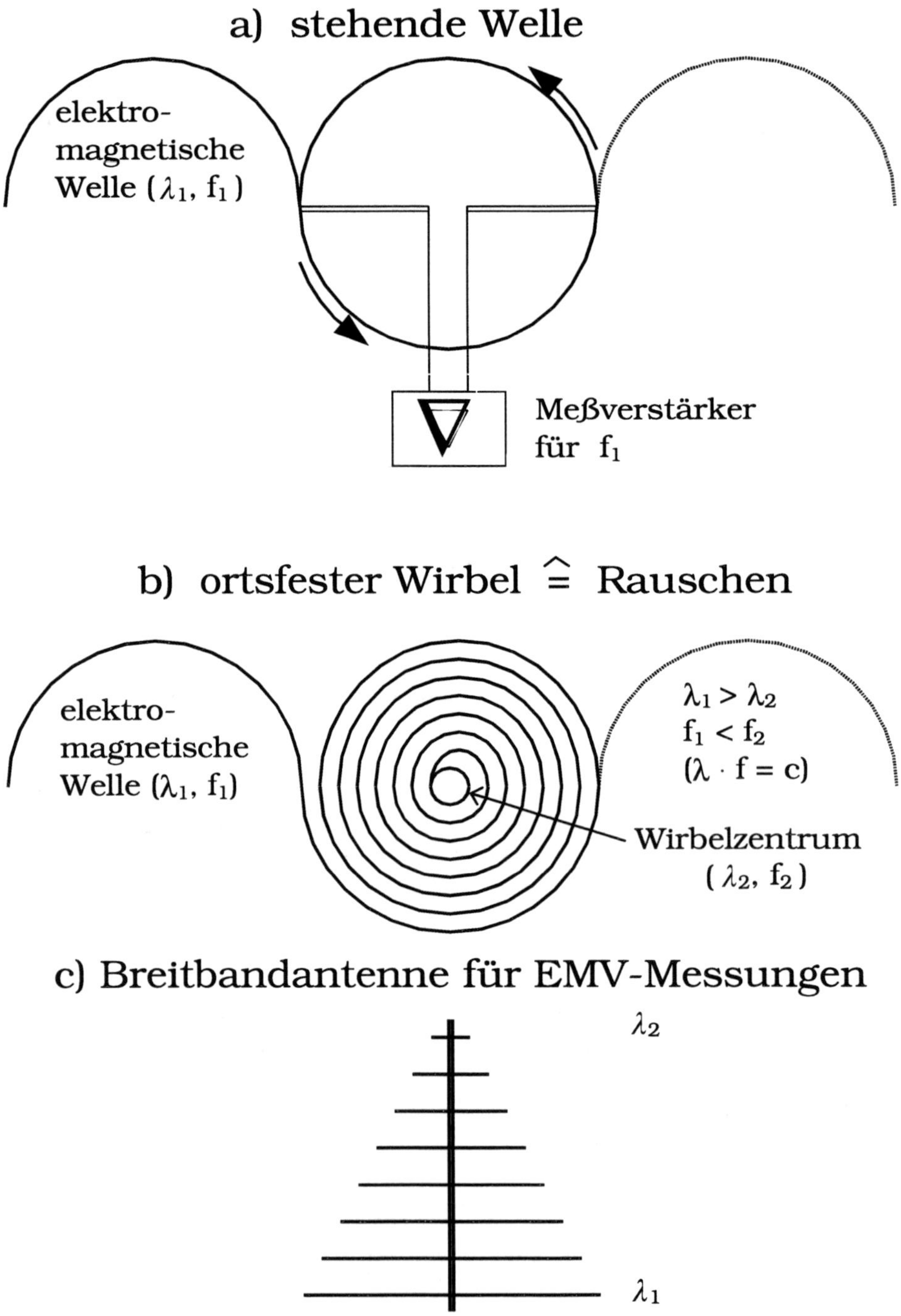

Tafel 1.4: Die Messung ortsfester Wellen und Wirbel

1.4 Überlagerungseffekt

Die nebenstehende Graphik (Tafel 1.4) soll noch einmal verdeutlichen, daß nur im Raum lokalisierte und sich ständig überlagernde Felderscheinungen als Ursache für biologische Wirkungen in Frage kommen. Dabei kann es sich um eine über einer Antenne stehende Welle (a) handeln oder um einen Wirbel (b), der von Natur aus als ortsfest anzunehmen ist.
Es wäre sogar zulässig, generell nur von einem Wirbel zu reden, da die stehende Welle durchaus als Sonderfall des Wirbels aufgefaßt werden kann. Der wesentliche Unterschied besteht wohl darin, daß der Wirbel nicht an die Größe einer fest vorgegebenen Antenne gebunden ist und sich jederzeit zusammenziehen kann, um auf diese Weise eine wesentlich höhere Energiedichte zu erreichen. Dies wird dann als Folge zu einer Steigerung der biologischen Wirksamkeit führen.

Auf ein weiteres Versäumnis sei noch hinzuweisen. Bei der Grenzwertdiskussion wird ausnahmslos die absolute Feldstärke des Sendesignals bewertet und nicht die Modulationsart. Letztere sollte im Sinne der geltenden Lehrmeinung überhaupt keine Rolle spielen.
Ganz anders hingegen verhält es sich beim dämpfend wirkenden Wirbel. Dieser weist in der Nähe des Wirbelzentrums eine wesentlich kleinere Wellenlänge auf, als weiter außen und besitzt damit eine hohe Frequenzbandbreite [A5][<i>]. Es ist daher zu erwarten, daß die extrem breitbandigen, gepulsten Signale der digitalen Netze die Wirbelerzeugung wesentlich stärker begünstigen werden als amplituden- oder frequenzmodulierte Signale (AM/FM/C-Netz). In Zusammenhang mit analog modulierten Funk- oder Handysignalen ist bisher auch noch von keiner Synchronisation von Gehirnströmen mit Handy-Signalen aus dem Vergleich des EEG mit dem Sendesignal berichtet worden.

Interessanterweise haben die für EMV-Messungen üblichen abgestuften Breitbandantennen genau den Aufbau, der zur meßtechnischen Erfassung von Wirbelphänomenen sicher günstig wäre (Tafel 1.4c).
Mit den verschieden langen Dipolantennen für unterschiedliche Wellenlängen werden zwar immer noch Wellen und keine Wirbel gemessen, aber diese Meßtechnik kommt sicher dem bislang unbeachtet und unentdeckt gebliebenen Wirbelphänomen entgegen. Für den Wirbel als dominierende Einflußgröße bei EMV-Problemen spricht also einiges.

An dem Beispiel der Handfunktelefone kann studiert und diskutiert werden, mit welcher Problematik die sehr junge Wissenschaftsdisziplin der Umweltverträglichkeit in Zukunft zu kämpfen hat und auf welchem Wege Ansätze zu einer Problemlösung gefunden werden können. Wenn die bequemen und ausgetretenen Wege der Schulphysik nicht zum Ziel führen, werden wir uns einen eigenen Weg durch den Wissenschaftsdschungel bahnen müssen.
Zunächst müssen wir uns einen kurzen Überblick verschaffen über den aktuellen Forschungs- und Wissensstand. Aus der Kritik hierzu können wir dann die Aufgaben der elektromagnetischen Umweltverträglichkeit, insbesondere die ungelösten Aufgaben, ableiten.

<i>: K. Meyl: Wirbel des elektrischen Feldes, eine neue Störquelle? EMC Journal 1/95, 6. J, S. 56-59.

U V
Umweltverträglichkeit

ist die Fähigkeit eines biologischen/technischen Systems<i>,

- eine bestimmungsgemäße Funktion (Arbeitsaufgabe)
- unter gegebenen Einsatzbedingungen (Verträglichkeitsaspekt: Störeinstrahlung)
- während seiner Lebens-/Nutzungsdauer (Zuverlässigkeitsaspekt) zu erfüllen, ohne dabei selbst seine Umgebung und andere darin befindliche Systeme/Objekte
- durch elektromagnetische Störungen zu belasten (Verträglichkeitsaspekt: Störabstrahlung),
- zu gefährden (Gesundheitsschutz, Arbeitssicherheit)
- oder gar zu bedrohen (Havariefall).

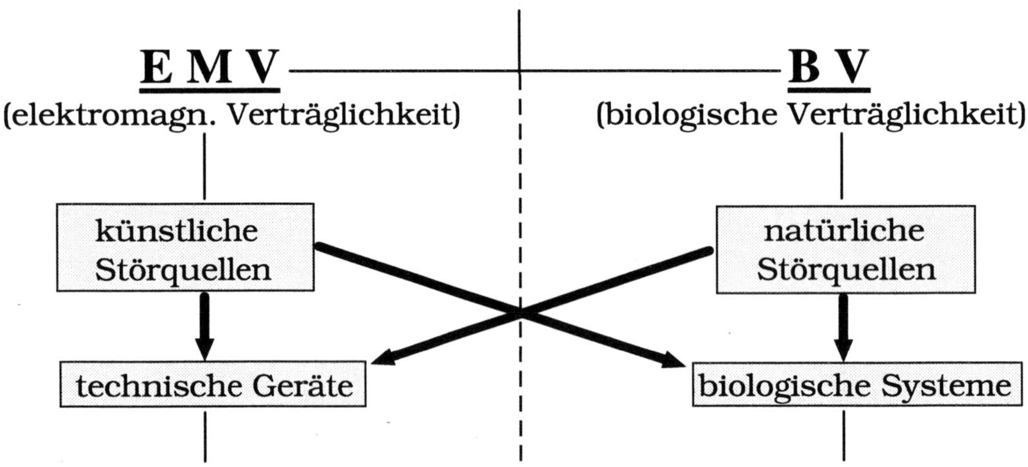

Bestimmungen der Bundespost seit 1992: EMV-Gesetz<ii> ab 1996: EU-Verordnung	auch EMVU gen. 30er-Jahre: Funkerkrankheit heute: E-Smog, HF-,KW-Therapie Diathermie, etc.	Druidenwissen Magie Esoterik Medizin Biologie

Tafel 2.1: Übersicht zur Umweltverträglichkeit

<i>: E. Habiger: EMV-übergreifende Aspekte zu benachbarten Problemfeldern, Elektrie 48 (1994), H.5/6, S.163-161

<ii>: EMVG: Gesetz über die elektromagn,Verträg lichkeit von Geräten, Bundesgesetzblatt Teil I vom 9.11.1992, S. 1864

2. Aufgaben

2.1 Aufgaben der elektromagnetischen Umweltverträglichkeit

Die Umweltverträglichkeit (UV) bildet den Überbegriff, der sowohl die Elektromagnetische Verträglichkeit (EMV) als auch die Biologische Verträglichkeit (BV) einschließt. Sie verfolgt neben technisch funktionalen Zielen eines ungestörten Funktionsablaufs auch ethische und moralische Ziele.
Technik soll der Menschheit nutzen und zugleich im Einklang mit der Natur stehen. Dieses Ziel wird nicht erreicht, wenn von der Technik eine direkte oder auch eine indirekte Gefährdung für die Menschheit ausgeht.
Ein direkter Angriff auf die Gesundheit von Menschen geht zum Beispiel von militärischer Nutzung technischer Geräte oder von fahrlässiger Nutzung aus, bei Vorgabe von Unkenntnis und Ahnungslosigkeit.
Geht von einer Technik eine Gefahr für die Umwelt aus, so gefährdet sich die Menschheit damit indirekt. Schließlich sind wir Menschen ein Produkt unserer Umwelt. Wir müssen immer damit rechnen, daß sich Umweltsünden über kurz oder lang an uns rächen.

In Tafel 2.1 ist eine formale Definition angegeben, die besonders Forderungen nach einem ungestörten Funktionsablauf betreffen: Dabei geht es um die Verträglichkeitsaspekte unzulässiger Störeinstrahlungen und Störabstrahlungen, um die Zuverlässigkeit und Qualitätssicherheit, mit der eine Funktion und Aufgabe erfüllt wird und schließlich um Fragen des Gesundheitsschutzes und der Arbeitssicherheit.

Die Tafel 2.1 liefert zudem eine Übersicht und Gliederung zum 2. Kapitel. Zunächst wird auf die elektromagnetische Verträglichkeit (EMV) eingegangen, die in erster Linie den Einfluß künstlicher, aber auch natürlicher Störquellen auf technische Geräte behandelt.
Anschließend werfen wir einen Blick auf die in der Natur vorkommenden Felder. Die biologische Verträglichkeit (BV) befaßt sich mit dem Einfluß auf biologische Systeme.
Einen besonders sensiblen Bereich der Umweltverträglichkeit (UV) beschreibt dann der mit einer Querverbindung angedeutete Einfluß künstlicher Störquellen auf biologische Systeme, der im Volksmund gerne als „Elektrosmog“ bezeichnet wird.

Die zahllosen Aspekte der Umweltverträglichkeit, beispielsweise aus Bereichen der Chemie und der Biologie, die sicher genauso wichtig sind, aber nicht in den Bereich des Elektromagnetismus fallen, können in dem hier gesteckten Rahmen nicht behandelt werden.

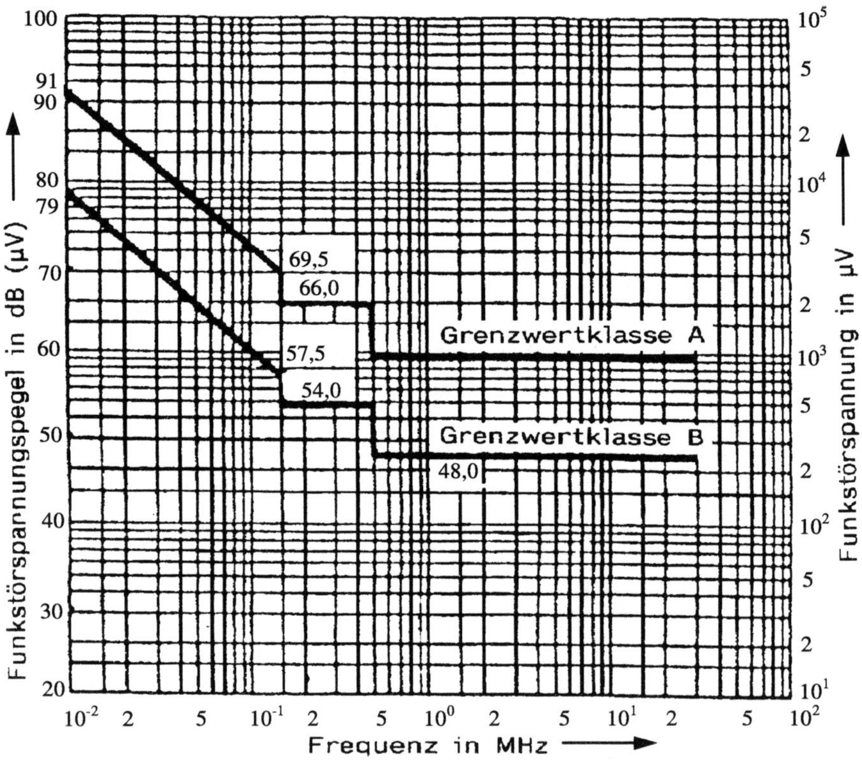

Tafel 2.2: Grenzwertklassen nach VDE 0871
(seit 1.1.96: VDE 0875)<i>

<i>: Anton Kohling: Grundlagen der Funkentstörung in der Bundesrepublik Deutschland, etz Bd. 108 (1987), Heft 10.

2.2 Aufgaben der EMV

Der EMV (engl.: EMC, electromagnetic compatibility) geht es in erster Linie um die Funktion technischer Geräte. Entsprechend nüchtern und trocken klingt die offizielle Definition: "Elektromagnetische Verträglichkeit (EMV) bezeichnet die Fähigkeit einer elektrischen Einrichtung (d.h. eines Bauelements, einer Baugruppe, eines Geräts oder einer Anlage) in einer elektromagnetischen Umgebung zu funktionieren, ohne dabei diese Umgebung durch elektromagnetische Wirkungen in unzulässiger Weise zu belasten".

Eigentlich handelt es sich um ein altes Schutzbedürfnis, das so alt sein müßte, wie die Nutzung elektrotechnischer Geräte. Doch anfangs kümmerte sich keiner darum. Die Funkenstrecken, mit denen Heinrich Hertz 1888 in Karlsruhe die ersten rundfunktechnischen Experimente durchgeführt hatte, waren reine „Dreckschleudern", die mit modernen Empfängern in mehreren hundert Kilometern Entfernung noch nachweisbar gewesen wären. Für diese Anlagen, die er im Hörsaal mit seinen Studenten aufgebaut hatte, hätte er heute wohl kaum eine Betriebserlaubnis oder gar die seit 1996 erforderliche Konformitätserklärung erhalten.

1925, als in Deutschland die Zahl der Rundfunkhörer die Millionengrenze überschritten hatte, taucht auch zum ersten Mal ein Schutzbedürfnis in der Genehmigungsurkunde für Rundfunkempfänger auf: "Durch die Rundfunkempfangsanlage dürfen die öffentlichen Telegraphen und Fernsprechanlagen nicht gestört werden".
Später fand sich auf jeder Rückwand der guten alten Dampfradios der Hinweis: "Dieses Gerät entspricht den Störstrahlungsbestimmungen der Deutschen Bundespost". Die Hersteller wurden also angehalten, die Emission ihrer Geräte zu messen, insbesondere die HF-Oszillatoren in den Superhet-Empfängern abzuschirmen.

Seit den fünfziger Jahren werden im VDE-Institut EMV-Prüfungen im heutigen Sinne vorgenommen. Der Schwerpunkt der Messungen und der vom VDE empfohlenen Grenzwerte bezieht sich jedoch auf leitungsgebundene Störungen. Auf den Netzzuleitungen herrschen reproduzierbare Verhältnisse, so daß sich auch Normungen durchsetzen lassen (Tafel 2.2).

Für Störstrahlungsmessungen war vielleicht die Zeit noch nicht reif oder die Not noch nicht groß genug. Die übliche Argumentation war, was wir nicht reproduzierbar messen können, kann nicht verboten und erst recht nicht unter Strafe gestellt werden. Deshalb wurden lediglich Empfehlungen ausgegeben oder wachsweiche Auflagen gemacht: "Die Störfeldstärke ... muß so gering sein, daß ein ungestörter Empfang sichergestellt ist, sobald am Aufstellungsort der Antenne die Mindestnutzfeldstärken vorhanden sind"<i>.

Im Alltagsdeutsch heißt das soviel wie: "Solange keiner meckert, ist alles erlaubt". Innerhalb einer zusammenhängenden Betriebsstätte bestand sogar eine offiziell legitimierte Narrenfreiheit. Lediglich am Zaun des Betriebes mußten Grenzwerte eingehalten werden.

Um die Fernseher, die sich so erfolgreich die Wohnzimmer erobert hatten, nicht gleich wieder zum Fenster hinauswerfen zu müssen, hat man sich dazu entschlossen, extra für die Zeilenfrequenz eine Lücke in das Gesetz einzubauen. Natürlich störten die Flimmerkisten genauso wie vorher, aber diese EMV-Störung war jetzt amtlich genehmigt.

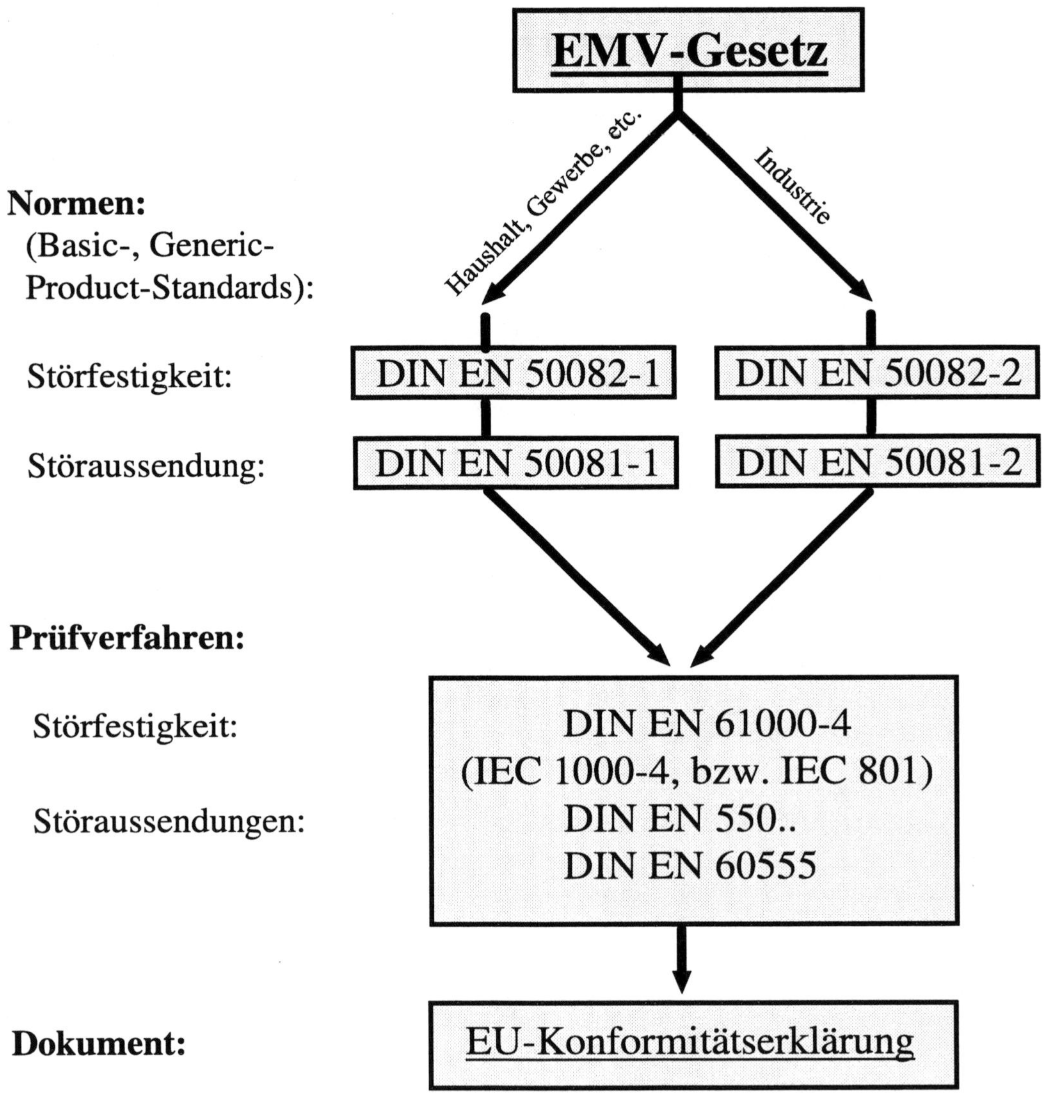

Tafel 2.3: Der Weg zur EU-Konformität

2.3 Konformitätserklärung

In der EMV scheinen die Zeiten vorbei zu sein, wo sich die Normer nach den Unzulänglichkeiten der Technik zu richten hatten. Mittlerweile haben sich die Verhältnisse umgedreht. Wir verdanken diesen Umstand in erster Linie dem EMV-Gesetz von 1992, das zwar keine Grenzwerte nennt, aber den politischen Willen bekundet, bei technischen Geräten und Anlagen eine angemessene Störfestigkeit bei begrenzter Störaussendung zu verlangen.
Als Folge dieses Gesetzes mußten Meßeinrichtungen und Meßverfahren genormt werden, um reproduzierbare und von der elektromagnetischen Umwelt unbeeinflußte Meßergebnisse zu erhalten. Das geht so weit, daß sogar das Fußbodenmaterial einer Meßhalle vorgeschrieben wird, da die Leitfähigkeit des Bodens den Reflexionsgrad beeinflußt.
In der Regel befindet sich der Prüfling auf einem Drehteller, auf dem er während der Messung der Funkstörfeldstärke um 36O° gedreht wird. Ist es hingegen nicht möglich, den Prüfling zu drehen, muß die Antenne um diesen herumgeführt werden, wodurch die Dimensionen der Meßhalle nochmals zunehmen. Der Abstand zur Antenne soll bis zu 1O Meter betragen. Zudem soll die Antenne bis in eine Höhe von 4 Meter verfahren werden können, um den Einfluß der Reflexionen am Boden (Groundplane) zu erfassen.
Zudem ist noch eine reflexionsfreie Zone um die Meßstrecke herum einzuplanen (in elliptischer Form), die von der erreichbaren Reflexionsdämpfung der verwendeten Absorber abhängig ist. Verwendet werden kohlenstoffgetränkte Schaumstoffpyramiden und zunehmend Ferritkacheln oder Abschirmtapeten.
Alles zusammengenommen ergeben sich für eine normgerechte Meßhalle erhebliche Abmessungen von beispielsweise 18m Länge x 1Om Breite x 7m Höhe.
Kommen wir nochmals auf das EMV-Gesetz zu sprechen, mit dem nur der Wille, nicht aber der Weg festgeschrieben wird. Um den Forderungskatalog überhaupt erfüllbar zu gestalten, müssen konkrete Vorgaben, sogenannte Normen erarbeitet werden. Diese Aufgabe hat das Europäische Komitee für Elektrotechnische Normung CENELEC übertragen bekommen, das die Arbeitsgruppe TC 11O eingerichtet hat, um zuerst einmal einige Standards zu erarbeiten:
Die **Basic-Standards** behandeln produktunabhängig allgemeine Fragen der EMV, der Prüfverfahren und der Meßumgebung.
Die **Generic-Standards** behandeln ebenfalls produktunabhängig sogenannte Fachgrundnormen für Geräte in ihrer Abhängigkeit zu der jeweiligen elektromagnetischen Umgebung (geschützter Computerraum oder medizinischer Raum, Haushalts-, Büro- oder Industrieumgebung).
Die **Product-Standards** betreffen die produktbezogenen EMV-Normen (7 Produktfamilien / ca. 5O Produkte).
In Tafel 2.3 ist der mühsame Weg durch den Paragraphen-Dschungel für ein technisches Gerät skizziert. Es müssen entsprechend der Einsatzanforderungen zunächst die für das Gerät zutreffenden EN-Normen ermittelt werden und dann nach eigenen, auf den Fachgrundnormen aufbauenden Prüfnormen gemessen werden. Werden die zulässigen Grenzwerte für Störfestigkeit und für Störaussendung nicht überschritten, wird die EU-Konformitätserklärung ausgehändigt. Sie ist seit dem 1.1.96 eine Verpflichtung, wenn Geräte vermarktet oder - wie es genauer heißt - "in Verkehr" gebracht und betrieben werden sollen. Wenn noch weitere EU-Richtlinien eingehalten werden, wird am Ende das CE-Kennzeichen vergeben. Nur mit diesem ist seit dem 1.1.96 der Zugang zum Binnenmarkt der EU möglich. Zuwiderhandlungen können mit Geldstrafen und ggf. mit Haft geahndet werden. Allerdings bestehen große nationale Unterschiede in der EU. Die Bundesrepublik gilt mit Strafen bis zu 100.000 DM als teuer für Gesetzesbrecher.

Netznachbildung zur Messung der Störspannungen U_{st1} und U_{st2} .

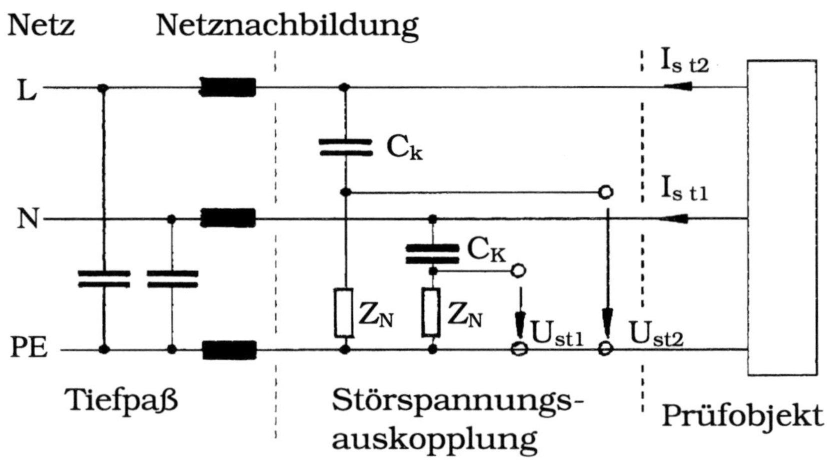

Netznachbildungsimpendanz Z_n für Industrienetze
im Bereich von 0,15 bis 30 MHz

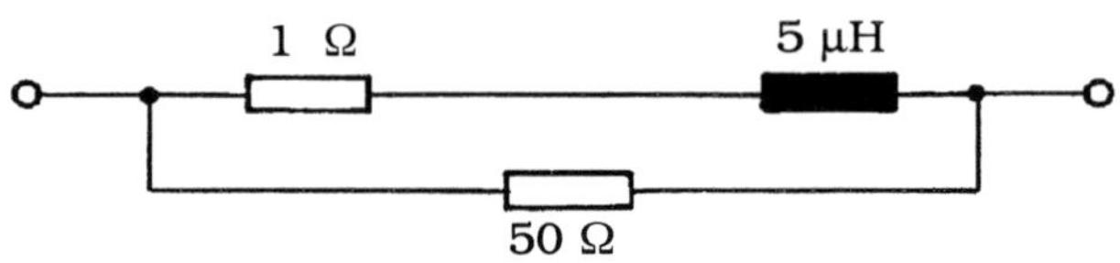

Tafel 2.4: Netznachbildung zur Störspannungsmessung<i> .

<i>: nach Ernst Habiger: EMV, Hüthig Buch Verlag Heidelberg (1992),
ISBN 3-7785-2092-X

2.4 EMV-Meßtechnik zur Störemission

Eigentlich können wir uns schon glücklich schätzen, daß es überhaupt zu einer europaweiten Einigung zur Regelung der EMV-Problematik gekommen ist. Aber die Frage, ob wir mit dem Erreichten zufrieden sein können, ist nach wie vor offen. Nur all zu oft wurde der kleinste gemeinsame Nenner des Meßbaren und Überprüfbaren gesucht und nicht so sehr das technisch Machbare in Erwägung gezogen.

Einen Schwerpunkt bildet die Messung der **Störemissionen**. Traditionell werden die **leitungsgebundenen Störungen** in einem Frequenzbereich bis zu 3O MHz erfaßt. Die entsprechenden Wellenlängen können dabei mit den Zuleitungslängen korrespondieren und stehende Störwellen ausbilden. Gemessen werden primär das Spektrum der **Störströme** z.B. über einen HF-Stromwandler. Diese erzeugen über dem Innenwiderstand des speisenden Netzes einen Spannungsabfall. Da die Eigenschaften der Netze sehr stark variieren können, ist für die Messung der **Störspannung** ein genormter Abschlußwiderstand erforderlich. Zu diesem Zweck wird eine Netznachbildung zwischen das Netz und den Prüfling geschaltet, die zusätzlich noch die Aufgabe hat, mit Hilfe von Filterelementen die vom speisenden Netz kommenden Störsignale fernzuhalten (Tafel 2.4).
Die Messung der **Störstrahlung**, der feldgebundenen Störemmission, erfolgt zwischen 3O MHz und 1 GHz. Dazu ist ein Freifeld oder eine reflexionsarme Absorberhalle erforderlich. Die genormten Meßentfernungen betragen 3, 1O und 3O Meter. Die elektrische Feldstärke wird über Stabantennen (Dipol-Breitband-Antenne), die magnetische Feldstärke über Rahmenantennen ermittelt. Die Empfangsantenne muß sowohl zwischen horizontaler und vertikaler Polarisation variiert, als auch in der Höhe und in der Position zum Prüfobjekt verstellt werden können.

Typischer Meßaufbau zur Messung leitungsgebundener Störemissionen<i>

A: geschirmte Verbindungsleitung
B: mäanderförmig gefaltetes Leitungsbündel
C: Anschluß zur Bezugsmasse
ME: Störmeßempfänger
NNB: Netznachbildung
PO: Prüfobjekt

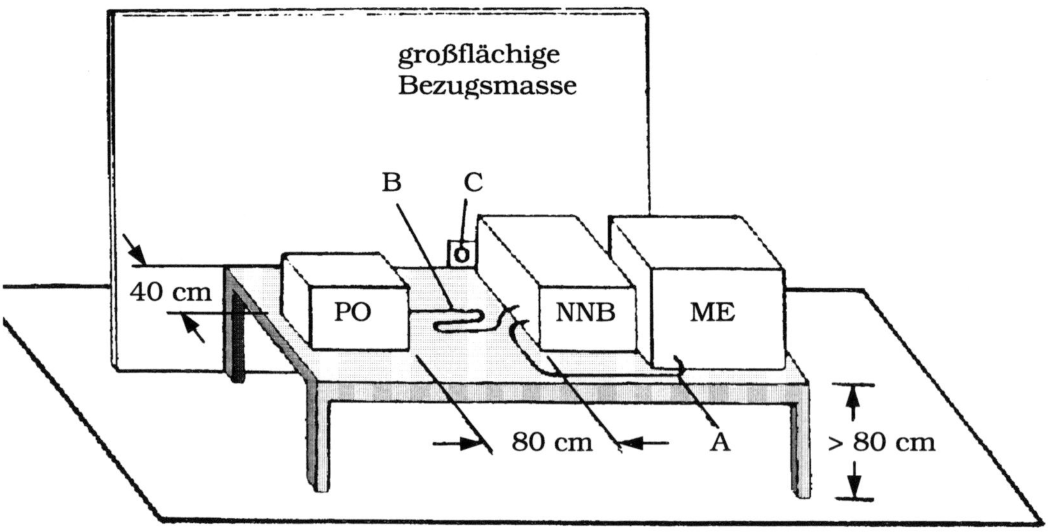

Tafel 2.5: Meßaufbau für leitungsgebundene Störemissionen<i>.

<i>: nach Ernst Habiger: EMV, Hüthig Buch Verlag Heidelberg (1992), ISBN 3-7785-2092-X

2.5 Elektrosmog

Die Variationsmöglichkeiten sind nahezu unendlich, und es gehört schon sehr viel Übersicht und Erfahrung dazu, das Feldstärkemaximum zu ermitteln. Trotzdem müssen wir uns fragen, ob auf diesem Wege wirklich alle Störemissionen erfaßbar sind, die volkstümlich auch mit *„Elektrosmog"* bezeichnet werden.

Smog ist die Zusammenfassung der englischen Begriffe ***Smoke*** (Rauch) und ***Fog*** (Nebel). Es bezeichnet also eine Umweltbelastung mit nebelartigem Rauch. Werden beispielsweise bei Smogalarm alle Störquellen ausgeschaltet, also alle Öfen stillgesetzt und alle Autos abgestellt, so ist der nebelartige Rauch deshalb noch immer nicht aus der Luft verschwunden. Er verteilt sich nur und löst sich ganz langsam auf.

Die Übertragung des Smog-Begriffes auf die elektromagnetische Störstrahlung muß wohl mißlingen, denn beim Abschalten des Prüfobjekts ist mit üblichen Meßmitteln keinerlei Störemission mehr feststellbar. Trotzdem wird von der Regenbogenpresse versucht, so gut wie alle elektromagnetischen Feldphänomene unter „Elektrosmog" zu subsumieren ohne zu berücksichtigen, daß er zum Sammelbegriff gar nicht taugt.
Aus der Sicht eines Fachmanns kann von Smog nur gesprochen werden, wenn nach dem Abschalten eines elektrotechnischen Geräts so etwas wie Smog zurückbleibt und weiter wirksam bleibt. Es müßte ein Phänomen sein, das über die genormten Störstrahlungsmessungen nicht erfaßbar ist. Ein solches Phänomen wäre z.B. der Wirbel des elektrischen Feldes.
Jetzt sind Wirbel aber auf direktem Wege praktisch nicht meßbar, da sie die unangenehme Eigenschaft haben, auch um die Meßsonde herum zu verwirbeln. Sie werden aber mit ihren Wirbelverlusten und im Falle der elektrischen Feldwirbel als Rauschen in Erscheinung treten. Bisher haben die Normer jedoch nicht vorgesehen, den Einfluß eines Gerätes auf das Umgebungsrauschen zu untersuchen. Hier tappen wir noch im Dunkeln.

Jedenfalls weist der Wirbel eine Speichereigenschaft auf, die eine Verwendung des Begriffs „Smog" rechtfertigen würde. Wir werden dem Phänomen nachgehen müssen.

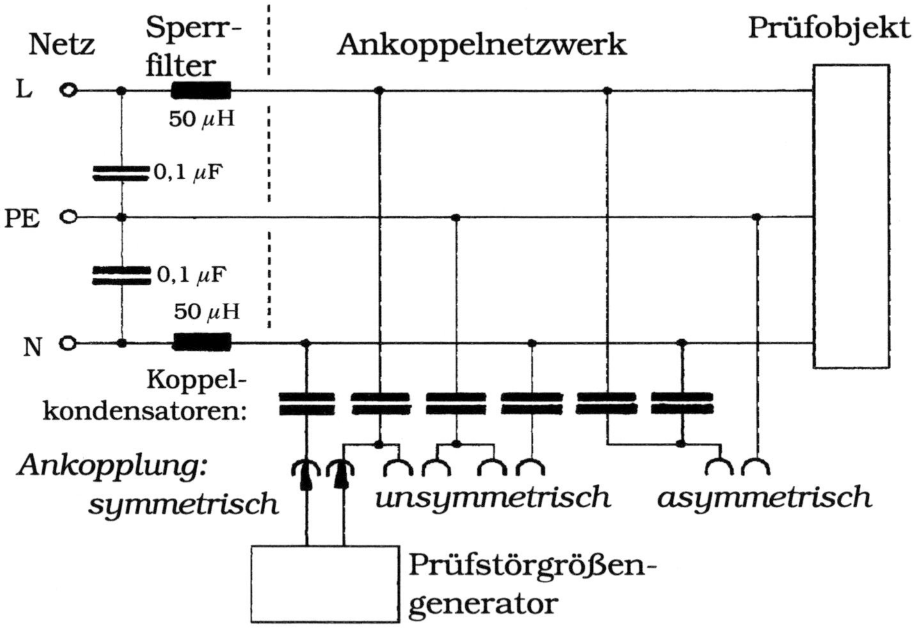

Tafel 2.6: Störspannungs-Einkopplung in Netzleitungen<i>

<i>: nach Ernst Habiger: EMV, Hüthig Buch Verlag Heidelberg (1992), ISBN 3-7785-2092-X

2.6 EMV-Meßtechnik zur Störfestigkeit

Die Frage lautet: welche Art und welche Intensität einer elektromagnetischen Störung verkraftet ein Gerät ohne Einschränkung bezüglich seiner technischen Funktion.
Dazu werden *Prüfgeneratoren* eingesetzt, mit deren Hilfe Störsignale in das Prüfobjekt eingekoppelt werden. Tafel 2.6 zeigt die Möglichkeiten einer symmetrischen, einer unsymmetrischen und einer asymmetrischen Einkopplung von Störspannungssignalen in die Stromversorgungsleitungen eines Prüflings. Darüber hinaus sind die Prüfmöglichkeiten und -methoden sehr zahlreich. Grundsätzlich kommen die folgenden Verfahren zur Anwendung:

1. Die Simulation und Einkopplung netztypischer Störgrößen, wie Netzspannungsoberwellen, überlagerte Signalspannungen, Netzspannungsänderungen, -absenkungen, Netzunterbrechungen, -unsymmetrien und Netzfrequenzänderungen.
2. Die Einkopplung sowohl energiearmer als auch energiereicher Störimpulse, wie sie in Energienetzen durch Schalthandlungen oder durch Blitzeinwirkung entstehen können (Burst).
3. Die Simulation des Entladevorgangs statischer Elektrizität.
4. Niederfrequente magnetische Felder, wie sie durch netzfrequente Betriebs- und Astströme oder durch pulsförmige Kurzschluß- und Blitzströme entstehen können.
5. Die Störfestigkeit gegenüber elektromagnetischer Feldbeeinflussung, auch Störstrahlfestigkeit genannt. Zu diesem Zweck werden Hochfrequenzgeneratoren und breitbandige Antennen eingesetzt, um den Prüfling elektromagnetischen Feldern in einem Frequenzbereich zwischen 10 kHz und 18 GHz auszusetzen. Geprüft wird zur Zeit allerdings nur zwischen 27 und 500 MHz. Die Modulation der Trägerwelle sollte möglich sein, um Störungen durch die Rundfunktechnik möglichst realitätsnah nachbilden zu können. Dabei können die Feldstärkewerte durchaus bis zu einigen 100 V/m reichen.

Erwartungsgemäß ist das Resultat dieser Fremdfeldeinstrahlung, daß jede Leiterbahn und jeder Draht als Antenne wirken kann und somit hochfrequente Ströme und meßbare Potentiale hervorgerufen werden können. Bausteine der Analogtechnik kämpfen als Folge mit Driftproblemen, während bei digitalen Logik- und Rechnerbausteinen die Gefahr besteht, daß sich Schaltzustände unbeabsichtigt ändern.
Erinnern wir uns nochmals an den Überlagerungseffekt von Tafel 1.4. Die elektromagnetische Welle selbst marschiert mit Lichtgeschwindigkeit durch den Prüfling hindurch. Findet ein kleiner Teil der Welle ein Gebilde vor, das sie als Antenne benutzen kann, dann kommt es zu der lokalisierten Überlagerung. Diese wiederum ist ursächlich verantwortlich für die wirksamen und meßbaren Antennenströme. Bis hierhin helfen uns die Lehrbücher, die auftretenden Probleme zu erklären und folgerichtig zu beheben.

Es wird jedoch immer wieder von Fällen berichtet, wo uns die Schulphysik nicht mehr weiterhelfen kann. Spektakuläre Fälle kamen sogar vor Gericht, wie z.B. das ABS (Anti-Blockier-System) eines Lastwagens, das durch EMV-Störstrahlung ausgefallen war. Als Folge hatten die Bremsen versagt. Wird daraufhin die örtliche Strahlenbelastung gemessen, kann überhaupt keine Anomalie festgestellt werden. Die meßbare Feldstärke ist nicht höher als in der ganzen Gegend üblich. Vielleicht haben auch Sie schon die Erfahrung gemacht, daß sich häufig die Ursachen nicht ausfindig machen lassen, wenn ihr Rechner aus heiterem Himmel plötzlich "abstürzt".
Plausible Erklärungen vermag hier der erwähnte Wirbel des elektrischen Feldes zu liefern, da dieser nicht an die Geometrie einer Antenne gebunden und zudem hochwirksam ist, ohne mit den EMV-üblichen Meßmethoden der Störstrahlmessung nachweisbar zu sein!

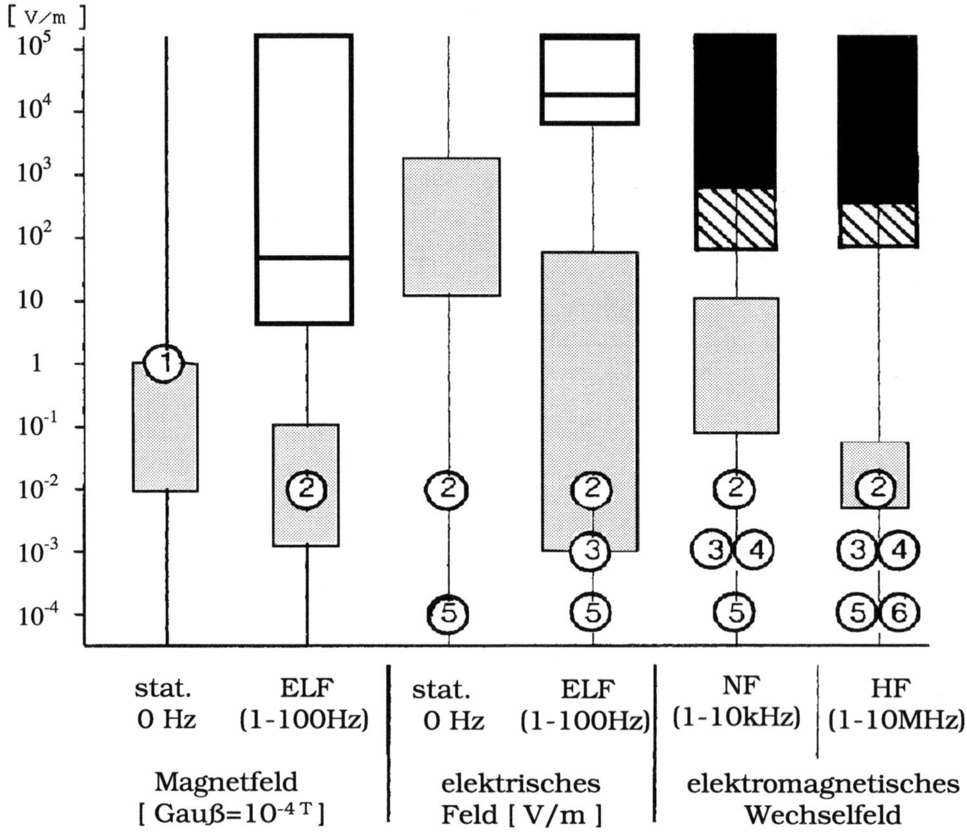

Tafel 2.7: <u>Intensitäten natürlicher Felder: (elektrischer, magnetischer und elektromagnetischer Felder)</u>

In Ergänzung zu Tafel 1.1, Seite 3, Magnetfeld in Gauß (= 10^{-4} T), elektrisches Feld in V/m.

<i>: nach A.S. Presman: Electromagnetic Fields and Life. Plenum Press, New York - London, 1970

2.7 Aufgaben der biologischen Verträglichkeit

Das zweite Bein der Umweltverträglichkeit (UV) bildet neben der Elektromagnetischen die Biologische Verträglichkeit (BV). Während die Belange der EMV von Elektrotechnikern und Elektrophysikern wahrgenommen werden, sind bei der BV auch noch Mediziner, Biologen und Architekten angesprochen.
Zudem ist dieses Bein schon sehr alt und bestand schon lange, bevor durch den Menschen künstliche Störquellen geschaffen werden konnten. Die Wechselwirkung zwischen den in der Natur auftretenden Störquellen und den biologischen Systemen im Allgemeinen und dem Menschen im Speziellen interessierte schon immer die Ärzte, die Priester, die Druiden und Geomanten, die nicht selten gleich mehrere Funktionen in Personalunion wahrgenommen haben. Leider haben sie ihre Kenntnisse und Fähigkeiten in der Regel als Geheimwissen gehütet, keine Aufzeichnungen angefertigt und lediglich ihren jeweiligen Nachfolger eingeweiht und geschult. Dadurch ist vieles verloren gegangen und heute bemühen sich Heilpraktiker, Homöopathen und Esoteriker darum, an das weitgehend verschüttete Wissen anzuknüpfen.
Da es sich hier um ein reines Erfahrungswissen handelt, vermögen die mit der Thematik Beschäftigten häufig selber nichts über die physikalischen Hintergründe und Ursachen auszusagen. Man konzentriert sich ganz auf die unter bestimmten Umständen erreichbaren Resultate und nur in seltenen Fällen reproduzierbaren Effekte. In einigen Bereichen ist die naturwissenschaftliche Zuordnung bereits gelungen, haben parawissenschaftliche Phänomene ihre Aufnahme in die sogenannte "Exakte Wissenschaft" geschafft, aber in den meisten Erfahrungsdisziplinen steht sie noch aus. Hier gibt es noch viel zu tun.

In der Zeit, als noch keine künstlichen Störquellen auf unserem Planeten gearbeitet haben, waren die Sinne des Menschen für seine elektromagnetische Umwelt naturgemäß sehr viel geschärfter als heute, wo es kaum noch einen Fleck auf der Erde gibt, an dem wir nicht von terrestrischen Sendern, von Satelliten oder von der überall meßbaren Netzfrequenz bestrahlt werden. In der Abgestumpftheit unserer Sinne liegt wohl die Hybris des modernen Menschen begründet, mit der er sich über die Esoterik, die Geomantie und andere Erfahrungswissenschaften erheben will und dabei den elektrischen und magnetischen Feldern ihre biologische Wirksamkeit absprechen möchte.

Die Felder natürlichen Ursprungs bilden für den Menschen eine elektromagnetische Umgebung, an die er sich angepaßt hat und die er wahrscheinlich für ein Leben im Einklang mit der Natur auch braucht. Die Evolution hat für eine entsprechende Anpassung gesorgt.
In der Tafel 2.7 sind zusätzlich zu den Grenzwerten aus Tafel 1.1 die Intensitäten natürlicher elektromagnetischer Felder eingetragen<i>. Sie liegen zwar deutlich niedriger als die empfohlenen Grenzwerte, aber genau in dem Bereich, in dem erste Reaktionen von Lebewesen beobachtbar sind.

Wenn wir uns fragen, wieviel Elektromagnetismus gut für uns ist und wieviel uns schadet, so ist die naheliegende Antwort: genausoviel, wie die Natur an Strahlung vorgibt in den Schwankungen zwischen Tag und Nacht, zwischen den Monaten, Jahren und letztendlich den Sonnenfleckenzyklen von 11 Jahren. Hier findet sich der Richtwert, auf den sich Mensch und Natur eingestellt haben. In der Tafel 2.7 ist der entsprechende Bereich zwischen den natürlichen Minimal- und Maximalwerten angegeben.

Bestrahlungsstärken der Feldstrahlung in der Biosphäre und Lage der optischen Fenster der Atmosphäre<i>.

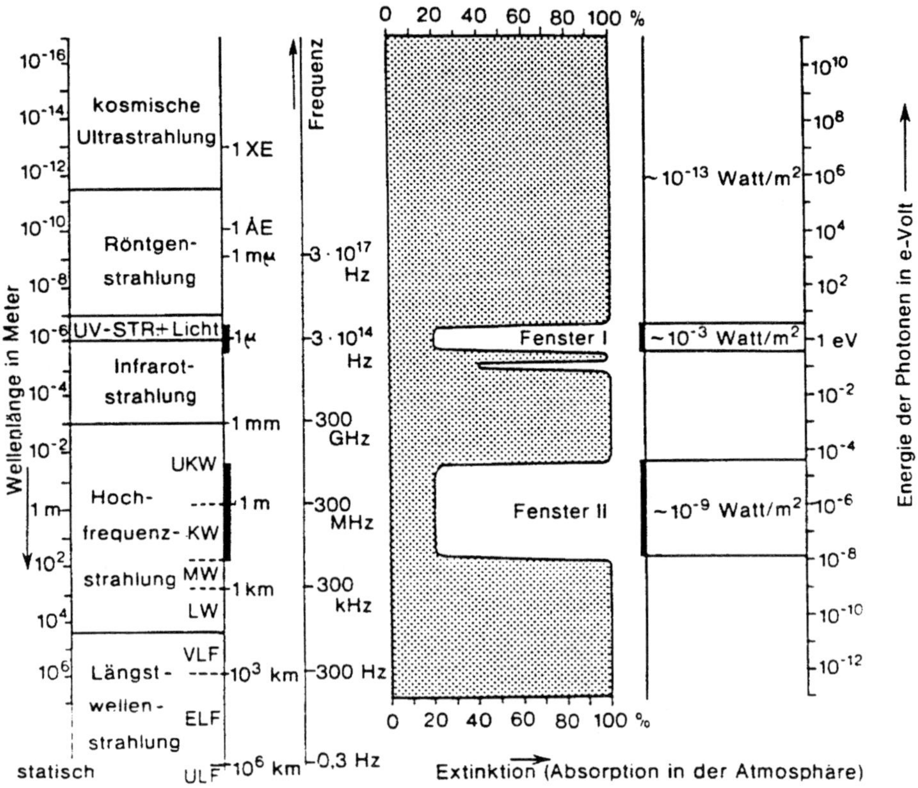

Tafel 2.8: Frequenzabhängige Absorption in der Atmosphäre

<i>: entnommen aus: H.L. König: Unsichtbare Umwelt (Wetterfühligk.), 5. Aufl., Bild 8, Seite 14, Verl. Moos & Partner München, ISBN 3-89164-058-7

2.8 Natürliche Felder

Unsere elektromagnetische Umwelt hat einiges zu bieten:
Vom magnetischen Nordpol zum Südpol der Erde verlaufen die Feldlinien des **Erdmagnetfeldes**, dem wir ausgesetzt sind. Mit dem Kompaß nutzen wir den vektoriellen Charakter des Magnetfeldes zur Standortbestimmung. Die Induktion beträgt im zeitlichen Mittel ca. 5O µT. Ihr sind aber noch kurzzeitige Schwankungen überlagert, die durch **geomagnetische Stürme** in der Ionosphäre verursacht werden.

Diese Stürme wiederum haben ihre Ursache in den Wirbelströmen und den von der Sonne ausgehenden Strömen geladener Teilchen. Gleichzeitig bilden diese Wirbelströme in der Ionosphäre zusammen mit dem Erdmagnetfeld für uns Erdbewohner einen Schutzschild mit einem hervorragenden Abschirmeffekt.
In mehreren Schichten, wie beispielsweise der Ozon- und der Heaviside-Schicht wird eine Filterung und Dämpfung bis hin zur völligen Unterdrückung des sehr breiten kosmischen Spektrums herbeigeführt. Dieses extraterrestrische Strahlungsspektrum läßt keine Frequenz aus und besitzt eine für uns tödliche Intensität.

Nur ein kleines Fenster im Frequenzspektrum, wie in Tafel 2.8 zu sehen, wird nahezu ungedämpft durchgelassen: das Licht mit dem Spektrum der Farben. Hierfür hat die Natur dem Menschen ein Sinnesorgan spendiert, so daß sich der Mensch selber gegen zu hohe Dosiswerte schützen kann. Wer schaut schon freiwillig in die Sonne? Probleme bekommen wir nur dort, wo unser Sinnesorgan nicht mehr funktioniert (zum Beispiel im Randbereich des sichtbaren Spektrums, dem UV-Bereich).

Auch für andere Frequenzen elektromagnetischer Strahlung hat der Mensch kein Sinnesorgan, was aber noch lange nicht heißt, daß er davon nicht beeinflußt würde. Hier, wie auch im UV-Bereich, merkt er nur indirekt, wenn er Einflüsse auf sein Wohlbefinden und seine Gesundheit feststellen muß, daß er eine zu hohe Dosis abbekommen hat. Ohne die Hilfe neutraler Meßgeräte ist er selber gar nicht in der Lage, eine Verbindung zwischen einer übermäßigen Strahlungsexposition und seinen gesundheitlichen Problemen herzustellen.

Wenn natürliche Feldstärken als Maß für technische Grenzwerte herangezogen werden sollen, so ist zu beachten, daß die Natur keine intensive Dauerbestrahlung kennt. Die Werte sind starken Schwankungen unterworfen, die dem Menschen und der Natur die Chance lassen, zu regenerieren.
Die Fernsehanstalten halten es nicht einmal für nötig, ihre Sendeleistung nach Sendeschluß zu reduzieren und berieseln die schlafende Bevölkerung weiter mit Testsignalen, mit sinnlosen Bildern aus U-Bahnfahrten oder Nonstop-Programmwerbung. Der Mensch braucht die Sendepausen. Wir sehen daran wieder, wie gut es die Natur mit uns meint.

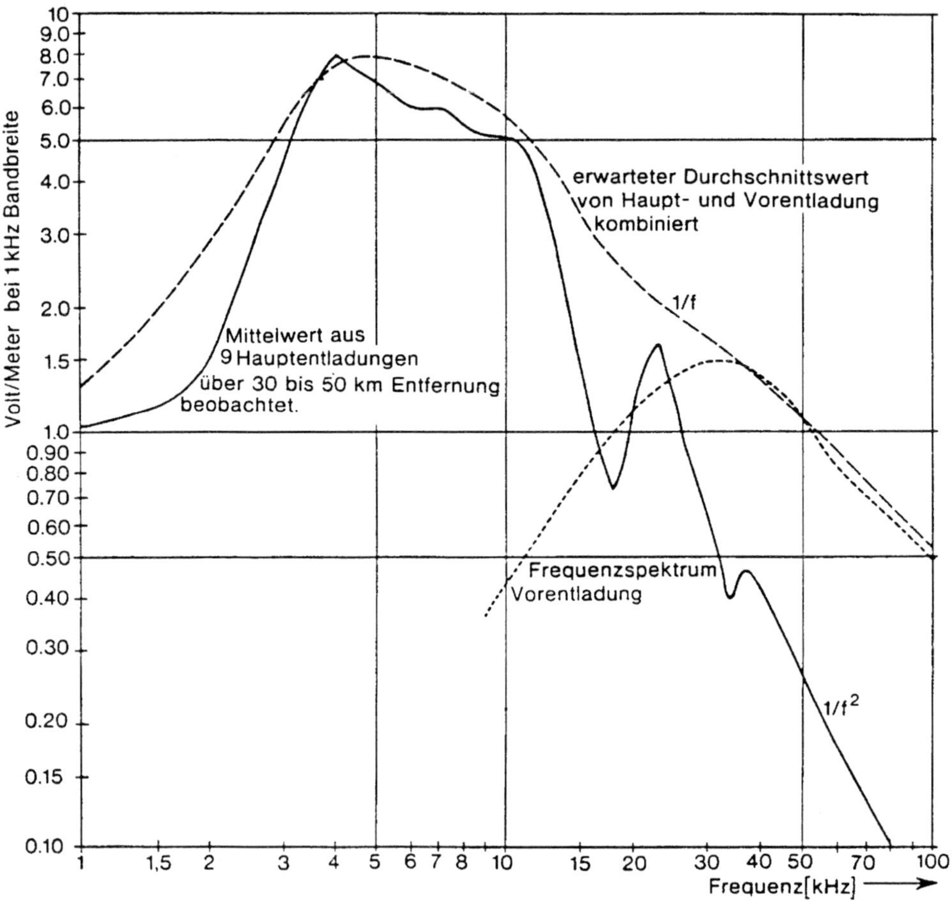

Tafel 2.9: Frequenzspektrum eines Blitzes, gemessene Feldstärke in 1,6 km Entfernung vom Entstehungsort. Nach Watt und Maxwell<i>.

entnommen aus:

<i>: H.L. König: Unsichtbare Umwelt (Wetterfühligk.), 5.Aufl., Bild 38, Seite 27, Verl. Moos & Partner München, ISBN 3-89164-058-7

2.9 Luftelektrizität

Das elektrostatische Feld der Erde bewegt sich zwischen 50 und 500 V/m. Dies ist eine ganze Menge, wenn wir bedenken, daß Spannungen ab 60 Volt für den Menschen tödlich sein können. Allerdings verzerrt der lebende Mensch auf Grund seines Eigenfeldes und seiner elektrischen Leitfähigkeit das terrestrische E-Feld, so daß keine Gefahr für ihn besteht, sofern er nicht in den Himmel wächst.

Vielleicht mußten die Dinosaurier aussterben, weil sie zu groß waren und beispielsweise durch einen Meteoriten, der eine hohe Ladung aus dem Kosmos mitgebracht hat, das bodennahe E-Feld sprungartig angestiegen ist. Dies würde erklären, warum die kleineren Lebewesen die Naturkatastrophe überleben konnten.

Lebensbedrohend kann auch die ***Gewitterelektrizität*** werden. Verbrennungen, Herz- und Hirnversagen sind meist die Folgen. Immerhin ist die Wahrscheinlichkeit, vom Blitz getroffen zu werden, viermal größer, als sechs Richtige im Lotto zu haben.
Über den Blitzkanal von ca. 1 Meter im Durchmesser werden Ladungen zwischen 10 und 200 C transportiert, was Stromstärken von 2000 bis zu 200.000 A ergibt. Die Hauptentladung dauert zwischen 10 und 50 µsec, mit der Vor- und allen Nachentladungen bis über eine Sekunde.
Feldstärken in der Größenordnung von 4.000 V/m sind typisch, die in 5 km Entfernung auf 8 V/m abklingen. Das Frequenzspektrum eines Blitzes reicht über 4 Zehnerpotenzen in den Bereich der Runkfunkwellen hinein. In Tafel 2.9 ist die in 1,6 km Entfernung vom Entstehungsort gemessene Feldstärke aufgetragen[<i>] .

Die Entstehung von Blitzen sind ein nach wie vor ungelöstes Problem, nachdem die bekannten Modelle (Wilson) nicht in der Lage sind, die Herkunft der für die Ionisierung der Luft erforderlichen Potentialdifferenz von mehr als 100 Millionen Volt begründet zu erklären. Auch geben uns die Blitze noch Rätsel auf, die in Richtung Ionosphäre schlagen. Wir werden hierauf zurückkommen müssen[<ii>].

---

nach:

<i>: A.D.Watt and E.L.Maxwell: Characteristic of Atmospheric Noise from 1 to 100 Kc/s. Symposium on the Propagation of VLF Waves, Boulder, Col., Paper 35, Jan.1957.

<ii>: Kapitel 5.4 und Teil 2, Kapitel 14.11.

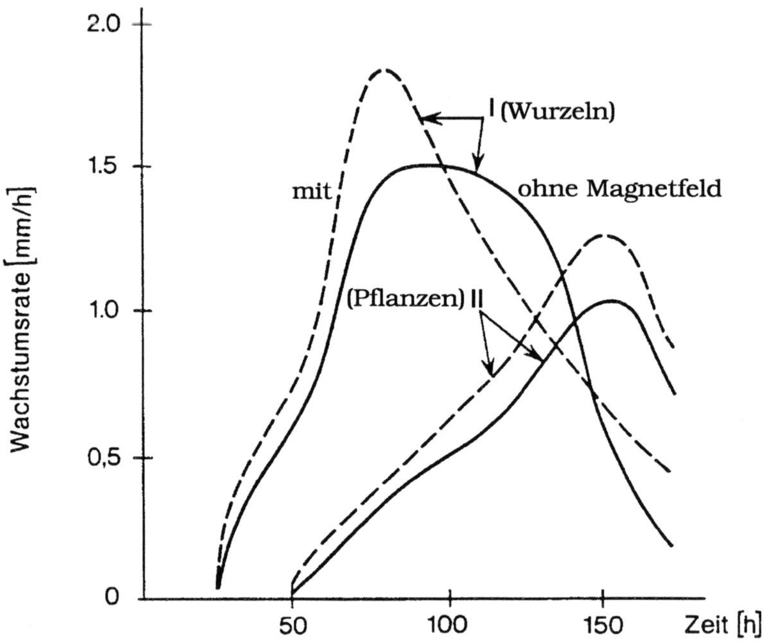

Tafel 2.10 A: Wirkung eines statischen Magnetfeldes von 100 kA/m (0,12 Tesla) auf Wurzeln (I) und auf die Pflanze (II) von Gerstensämlingen. Pflanzen im Magnetfeld: gestrichelte Kurve, Kontrollpflanzen ausgezogene Kurve, nach Novitskii<iii>

<iii>: Novitskii, Yu.I.: Effects of a magnetic field on the dry seeds of some cereals. Proceedings of Conference on the Effect of Magnetic Fields on Biological Objects, Moscow, p. 52, 1966.
entnommen aus: H.L. König: Unsichtbare Umwelt (Wetterfühligk.), 5. Aufl., Bild 72, S. 73, Verlag Moos & Partner München, ISBN 3-89164-058-7

2.10 Biologische Wirkungen

Die in Tafel 2.1 angedeutete Querverbindung zwischen der EMV und der BV wird von einigen Autoren inoffiziell als EMV-Umwelt (EMVU) bezeichnet und beinhaltet die Wirkung künstlicher Felder auf biologische Systeme. Hierbei handelt es sich um den sensiblen Aufgabenbereich, der in der Öffentlichkeit überaus kontrovers diskutiert wird. Als problematisch ist dabei anzusehen, daß die künstlich erzeugten Feldstärken um einige Größenordnungen über den natürlichen liegen.
Erste Berichte über Beschwerden lieferten in den 30er Jahren Marinefunker, die über Kopfschmerzen, Schwindelgefühle, Konzentrationsschwäche und Unwohlsein klagten. Neben diesen negativen Berichten zur sog. "**Funkerkrankheit**" wurden zur gleichen Zeit medizinische Anwendungen zur Hochfrequenztherapie getestet. Diese als **Diathermie** bezeichnete Heilungsmethode, anfänglich noch eine Kurzwellenbestrahlung, heute bis in den Mikrowellenbereich ausgedehnt, nutzt die Wärmewirkung elektromagnetischer Strahlen. Durch die erhöhte Gewebetemperatur wird die Durchblutung gesteigert. Dies unterstützt Heilungsprozesse, wirkt krampflösend auf Muskel und kann bei Gelenkrheuma helfen.
Vorteil der HF-Bestrahlung gegenüber der Kontaktwärme durch eine Wärmflasche oder durch infrarote Strahlen ist die höhere Eindringtiefe. Hierin sind auch die Kurzwellen den Mikrowellen überlegen. Allerdings lassen sich die Mikrowellen besser auf einen bestimmten Körperteil fokussieren.
Wird die Temperatur weiter gesteigert, so tritt eine Schädigung des Gewebes ein. Dieses wird zur Krebsbehandlung eingesetzt und **Hyperthermie** genannt. Da Krebszellen in der Regel schlechter durchblutet sind als gesunde, sind sie auch wärmeempfindlicher und werden bei einer entsprechend erhöhten Temperatur schneller zerstört als gesunde Zellen. Auf diese Weise werden beispielsweise in den USA Rinder mit einem sog. Krebsauge behandelt. Dazu wird mit einem Handgerät mit 10 Watt Sendeleistung die krebskranke Stelle mit 2MHz-Wellen für 30 Sekunden bestrahlt. Die Erfolgsrate wird mit 90% angegeben!
In der Humanmedizin hat sich die Methode der Hyperthermie noch nicht durchsetzen können. Auch an unserer Hochschule laufen entsprechende Forschungsarbeiten in Zusammenarbeit mit der Radiologischen Klinik der Universität Freiburg<i>.

Die thermischen Wirkungen von Hochfrequenzfeldern sind also bekannt und Gegenstand wissenschaftlicher Forschung. Nichtthermische Effekte hingegen werden trotz zahlreicher Publikationen auch heute noch von einigen Wissenschaftlern als nicht existent abgestritten<ii>. Es sollen hier nur einige wenige Gegenbeispiele aufgeführt werden.

Tafel 2.10 A zeigt die Wirkung eines statischen Magnetfeldes von 0,12 Tesla auf die Wurzel (I) und auf die Pflanze (II) von Gerstensämlingen. Die ablesbare Wirkung besteht in einer Wachstumsbeschleunigung der behandelten Samen (gestrichelt) gegenüber den Kontrollpflanzen (durchgezogene Linie)<iii>.

<i>: H.Schulz, W.Oppitz: Lokale Hyperthermie durch hochfrequente Wirbelströme, Medizin Technik 1, 1987.

<ii>: G.Nimtz: Mikrowellen, Einführung in Theorie und Anwendung. 2. Aufl. Mannhein/Wien/Zürich: BI-Wissenschaftsverlag 1990, ISBN 3-411-03203-0

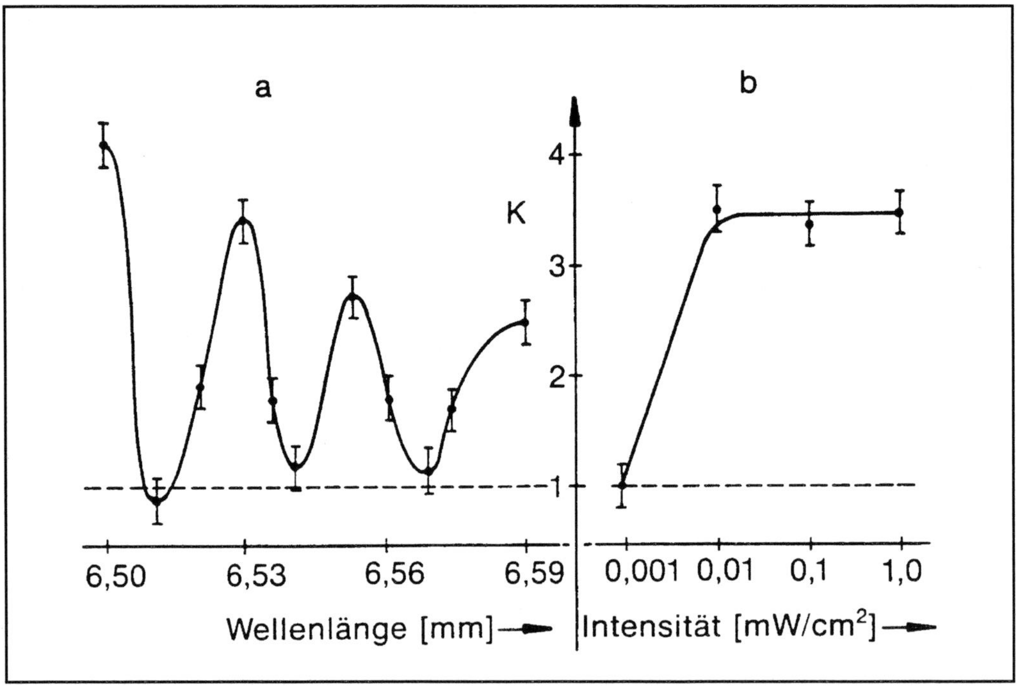

Tafel 2.10 B: Mikrowelleneffekt der Erhöhung der Produktion (K) von Colicin durch E. coli Bakterien

a) als Funktion der Wellenlänge,
b) als Funktion der Intensität der Mikrowellen,

nach Keilmann<i>.

entnommen aus:

<i>: H. L. König: Unsichtbare Umwelt (Wetterfühligk.), 5. Aufl. , Bild 106, S. 111. Verl. Moos & Partner München, ISBN 3-89164-058-7

Bei einem statischen Feld tritt naturgemäß keine Induktion und daher auch keine Erwärmung auf. Bei Wechselfeldern läßt sich die thermische Wirkung im Experiment dadurch ausschließen, daß mit extrem geringen Anregungen gearbeitet wird. Das Beispiel nach Tafel 2.10 B zeigt die gemessene Erhöhung der Produktion (K) von Colicin durch Kolibakterien bei nur 0,01 mW/cm^2 Mikrowellenleistung[<i>].

Das Beispiel liefert als interessante Zusatzinformation, daß offensichtlich nur eine bestimmte Frequenz und deren Oberwellen die Produktion fördern, andere Frequenzen hingegen unwirksam bleiben. Da nur minimale Feldstärken verwendet werden, handelt es sich wohl eher um einen informationstechnischen als um eine energetischen Effekt (Kurve a). Unterstützung findet diese Aussage durch die Beobachtung, daß eine Zunahme der Intensität keinesfalls zwingend auch eine Produktionsförderung zur Folge hat (Kurve b). Was die Kolibakterien benötigen ist offenbar weder Energie noch Wärme, sondern nur eine bestimmte, die Colicin-Produktion oder das Wachstum stimulierende Frequenz.

Sollte sich tatsächlich bestätigen, daß biologische Effekte elektrischer und magnetischer Felder durch bestimmte Frequenzen und nicht etwa durch einen Energieübergang auftreten können, so müssen die Diskussionen um Grenzwerte reichlich sinnlos erscheinen.

Der eine oder andere zieht vielleicht schon in Gedanken eine Verbindung zu der **Akzeleration**, dem beschleunigten Wachstum von Kindern, das weltweit und in Großstädten stärker als auf dem Land zu beobachten ist. Es hat vor ca. 100 Jahren angefangen, zeitgleich mit der Elektrifizierung unserer Wohnungen in den Städten. In Asien haben die Akzeleration und auch die Elektrifizierung erst später begonnen.
Andere, das Wachstum stimulierende Effekte, wie Rundfunkwellen, Röntgenuntersuchungen, Atomtests und nachgewiesenermaßen auch die Ernährung durch Vitamin B6 traten erst sehr viel später auf und haben den eigentlichen Effekt höchstens noch unterstützen können.

Doch wie soll ein Nachweis geführt werden, wenn die Feldstärke nach der Aussage von Tafel 2.10 B eigentlich gar keinen entscheidenden Einfluß auf das Wachstum des Menschen ausüben kann? Welche Information ist maßgeblich? Wo liegt das zuständige Frequenzfenster? Manifestiert sich die Information überhaupt als Frequenz? Wird auch in diesem Fall die maßgebliche Einflußgröße gar nicht beachtet und gemessen?

Viele drängende Fragen sind noch offen. In jedem Fall aber lassen sich die zahlreichen, in Experimenten nachgewiesenen Einflußgrößen keinesfalls auf eine einzige, beispielsweise die Ernährung, reduzieren. Für den Hausarzt mag es bequem sein, eine griffige Erklärung angeben zu können: „Es liegt an der Ernährung!" Die eigentliche Ursache hingegen bleibt bei einem solchen Reduktionismus im Dunkeln, und die gestellten Fragen lassen sich auf diese Art und Weise keiner Antwort zuführen.

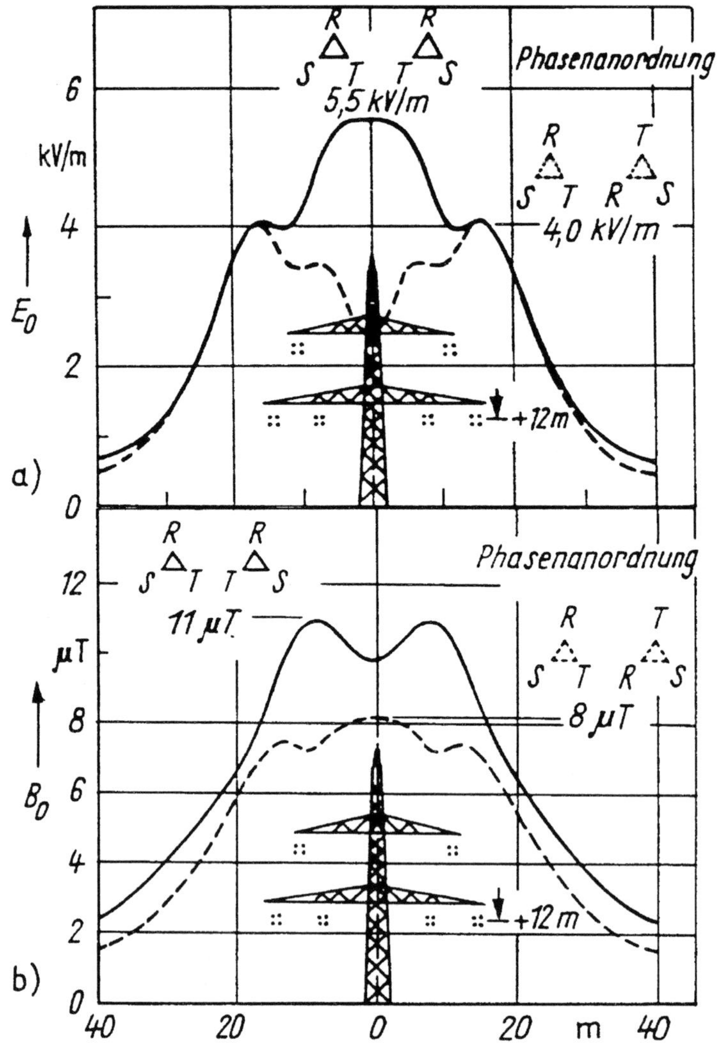

Tafel 2. 11: Querprofil des 50-Hz-Feldes am Erdboden in Spannfeldmitte bei 380kV/1kA je Stromkreis.
a) elektrisches Feld,
b) magnetisches Feld.

entnommen aus:

<i>: E. Habiger u. a.: Elektromagnetische Verträglichkeit, Bild 7.3, Seite 147 und Tafel 7.1, Seite 146, 2. Aufl., 1992. Berlin, München: Verlag Technik, ISBN 3-341-00993-0

2.11 Künstliche Felder

Die Skepsis naturverbundener Menschen richtet sich besonders gegen künstliche Felder, die der Mensch nicht sehen, riechen oder hören kann. Objekte des Zweifels sind zunächst einmal die Anlagen zur Erzeugung, Verteilung und Umsetzung elektrischer Energie.

Eine wesentliche Rolle spielt dabei, wie dicht Hin- und Rückleiter voneinander entfernt sind, damit die jeweiligen Felder sich gegenseitig kompensieren können. Die denkbar schlechteste Lösung wird bei der elektrifizierten Eisenbahn realisiert. Hier werden die Schiene und das Erdreich als Rückleiter verwendet, während zum Hinleiter ein reichlich großer Abstand vorhanden ist. Eine Kompensation ist fast unmöglich und riesige Störfelder sind die Folge, die noch in 10 Kilometer Entfernung nachweisbar sind. Mit dem zunehmenden Einsatz von stromrichtergespeisten Lokomotiven dürfte sich die Problematik noch weiter verschärfen durch die nichtsinusförmige, stark oberwellenbehaftete Stromaufnahme.
Bei Hochspannungsleitungen (Tafel 2.11) reduziert sich die Störfeldstärke, wenn die drei Kabel in einem geringen Abstand zueinander aufgehängt werden. Dabei kann sogar die gewählte Phasenfolge eine Rolle spielen. Natürlich ist der optimale Kompensationseffekt bei Erdkabeln gewährleistet. Aber solche sind teuer und für derart hohe Spannungsebenen technisch nicht realisierbar.

Ebenfalls in die Schlagzeilen gerieten in den achziger Jahren die Computerbildschirme. Die mit einer Kathodenstrahlröhre ausgestatteten Terminals haben ein sehr breites Abstrahlungsspektrum, das bereits bei 0 Hz beginnt. Hier werden bereits statische Maximalwerte von 64 kV/m gemessen[1]!

Frequenzbereich	Gemessene Maximalwerte E_{max} bzw. H_{max}	30 cm vor dem Bildschirm
statisches Feld	64 kV/m	
50 Hz, 60 Hz	10 V/m und 0,2 bis 1 A/m	
5 Hz bis 1 kHz	1800 V/m und 4 A/m	10 V/m und 0,6 A/m
50 Hz bis 0,5 MHz	1 A/m	
15 kHz bis 220 kHz	50 V/m und 1,1 A/m	15 V/m und 0,17 A/m
3 MHz bis 300 MHz	< 0,2 V/m	

Tabelle 2.11: Elektromagnetische Felder aus Bildschirmgeräten[1]

Art der Anlage	Betriebsfrequenz etwa	Meßwert am Arbeitsplatz
Rundfunksender (Mittelwelle 20 kW)	600 kHz	2...17 V/m
Rundfunksender (Kurzwelle 100 kW)	15 MHz	1...25 V/m
Schiffs-Notsender (100 W)	410 kHz	1...3 V/m
Epitaxieanlage (Induktionsofen)	450 kHz	37...400 V/m
HF-Schweißpresse (Plastfolienschweißen)	27,12 MHz	70...85 V/m
Schiffs-Bordradar (TRN 311)	9,3 GHz	1...30 $\mu W/cm^2$
Flugzeug-Bugradar	9,2 GHz	450... 2800 $\mu W/cm^2$
Haushaltsgeräte in 30 cm Abstand:		
Handmixer	50 Hz	50 V/m
Kühlschrank	50 Hz	60 V/m

Tafel 2.12: Meßwerte der elektrischen Feldstärke bzw. Leistungsdichte an Arbeitsplätzen

entnommen aus:

<i>: E. Habiger u. a. : Elektromagnetische Verträglichkeit, Tafel 7.2, Seite 146, 2. Auflage, 1992, Berlin, München: Verl. Technik, ISBN 3-341-00993-0

2.12 Schutz gegen künstliche Felder

Künstliche Felder treten mehr oder weniger immer in der Umgebung von elektrischen Geräten und Anlagen auf. Naturgemäß sind diejenigen besonders problematisch, die mit der freien Abstrahlung elektromagnetischer Felder arbeiten, also alle Rundfunk-, Handfunk- und Radarsender.
Hierbei ist wichtig, daß nichtbenötigte Teile der Antennen geschirmt werden, daß Antennen mit geringer Nahfeldbelastung zum Einsatz kommen und daß der Standort mindestens 3 km von bewohnten Gebieten entfernt liegen sollte. Allein durch entsprechenden Baumbewuchs lassen sich beispielsweise bei Radaranlagen Dämpfungswerte von 1O dB und darüber erreichen.
Dabei handelt es sich offensichtlich um eine Dämpfung der Wellen auf dielektrische Art und Weise. Wir werden hierauf noch zurückkommen müssen, da die Schulphysik keinen entsprechenden Dämpfungsterm in der Wellengleichung kennt.

Beim hochfrequenten Plastfolienschweißen und beim Mikrowellenherd ist die Leckstrahlung zu minimieren.
Bei Induktionsöfen oder bei Motoren bereitet eine wirksame Schirmung häufig Probleme, so daß bei einfachen Haushaltsgeräten wie einem Handmixer und erst recht dem Haarfön unverhältnismäßig hohe Feldstärkewerte gemessen werden. Tafel 2.12 gibt hierüber Auskunft.
Schutzmaßnahmen für den Bediener sind kaum möglich. Zum Schutz Unbeteiligter wären nicht nur die Geräte, sondern die Räume und ggf. ganze Gebäudeteile mit einer Schirmung zu versehen und zu erden.

Manchmal sind auch recht einfache Möglichkeiten hilfreich, wie z.B. die Verwendung einer Fernbedienung. Durch das Aufräumen von Kabelsalat am Arbeitstisch und am Schlafplatz können Induktionsschleifen beseitigt werden. Batteriebetriebene Radiowecker sind den netzbetriebenen vorzuziehen. Metall- und Federkernmatratzen mit deutlicher Antennenwirkung sind zu vermeiden. Im Extremfall werden sogar sogenannte "Stromfreischalter" und abgeschirmte Netzleitungen empfohlen (Tafel 2.13).

Im Bereich der Netzzuleitung kann eine Verdrosselung das Verschleppen von hochfrequenter Störstahlung mindern helfen. Besonders wichtig ist, daß alle leitfähigen Metallgegenstände wie z.B. Wasserrohre, Heizung, Stahlregale, Maschinen, Schaltschränke, Stahlarmierungen und Metallfenster gut geerdet werden, da sich statt einer Schirmwirkung sonst extrem hohe statische Aufladungen ergeben könnten. Baubiologen empfehlen, beim Hausbau und der Einrichtung auf Metalle möglichst zu verzichten, was natürlich nur mit Einschränkung realisierbar ist.

Jedenfalls sind zahlreiche Maßnahmen bekannt, die ihre Berechtigung weniger in der klassischen Physik, sondern eher in der *Vorsorge* finden. Solange wir noch nicht wissen, welches Phänomen den Elektrosmog bewirkt und wir über kein Meßgerät verfügen, ist die Vorsorge tatsächlich das Einzige, was wir tun können, ungeachtet der Wirksamkeit der Maßnahmen und der entstehenden Unkosten!

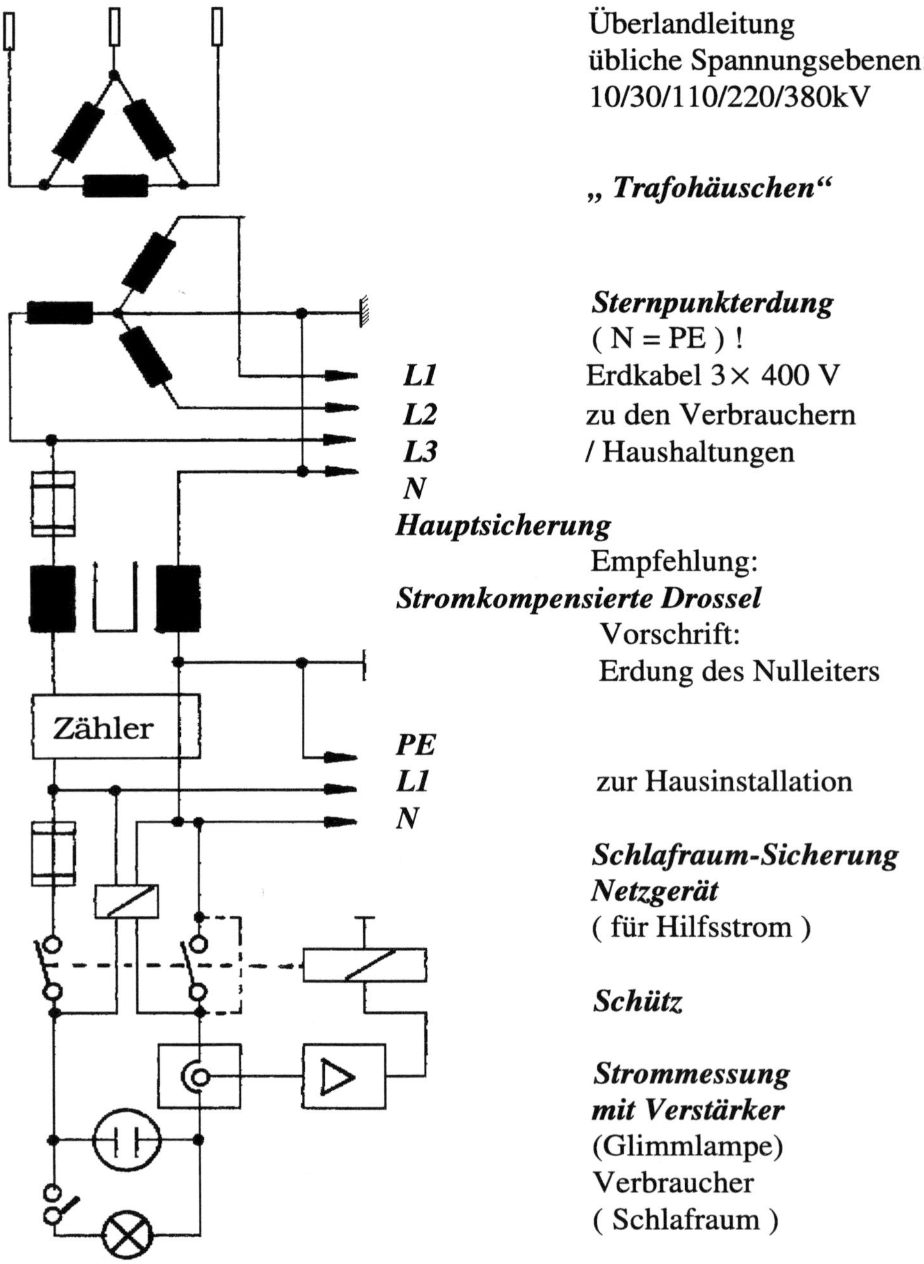

Tafel 2.13: Schaltungstechnik und Problematik der Stromfreischalter-Installation

2.13 Ungelöste Aufgaben

Der Bericht zum aktuellen Forschungsstand könnte beliebig fortgesetzt werden. Aber die Ausführungen sollten ausreichen, um zu verstehen, worin die Aufgaben der elektromagnetischen Umweltverträglichkeit (Tafel 2.1) bestehen und welche Fragestellungen noch einer Lösung zugeführt werden müssen. Man kann in jeden der angesprochenen Punkte tiefer einsteigen und wird dabei feststellen, daß sich einige Fragen schärfer fassen und vielleicht sogar denkbare Antworten finden lassen, daß dabei aber gleichzeitig und unausweichlich die Zahl der neuen Fragen schneller steigt.

Greifen wir nochmals das Beispiel der Handfunktelefone (Kapitel 1.2) auf. Wir sind uns jetzt zumindest darüber im Klaren, daß die Verwendung der eingebauten Mikrowellenantenne eines Handy problematisch ist. Im Innern eines Autos sollte sie gar nicht verwendet werden. Nutzt man hingegen die auf das Blech montierte Außenantenne, so ist die dämpfende und abschirmende Wirkung des Blechchassis zumindest für den Handybenutzer von Vorteil.

Die zentrale Frage, worin die Ursache für die störende und schlimmstenfalls gesundheitsgefährdende Wirkung der HF-Strahlung bestehen soll, ist damit natürlich nicht beantwortet. Feldfreiheit werden wir nirgends auf dieser Welt finden können. Möglicherweise brauchen wir die Felder sogar. Dann aber stellt sich die Frage, wieviel ist notwendig, wieviel ist gesund und wieviel macht uns krank.

Die Erklärungslücke wird besonders im Falle des statischen oder des niederfrequenten Magnetfeldes deutlich: Abseits von technischen Störquellen sind in der Größenordnung von 1O nT normalerweise meßbar. 2O nT, also der doppelte Wert, so sagen Baubiologen, sollten am Schlafplatz und vielleicht 5O nT am Schreibtisch nicht überschritten werden. Diese Werte werden jedoch rein empirisch ermittelt.

Bei einer Untersuchung in einem Kernspintomographen wird der Mensch einem Feld ausgesetzt, das zwischen 0,2 und 1,5 Tesla liegt, also einem um 7 bis 8 Zehnerpotenzen höheren Wert, ohne daß dies zum Tod führen würde. Ganz im Gegenteil wird diese Methode als besonders schonend und ungefährlich gegenüber der Röntgenuntersuchung angesehen.

Hier bestätigt sich wieder voll und ganz die Berechtigung der aufgestellten These, daß die bekannten, physikalisch meßbaren und kontrollierbaren Phänomene nicht als Ursache in Frage kommen und daß möglicherweise ein bislang unentdecktes Feldphänomen zur Verantwortung zu ziehen ist.

Sollte ein solches existieren, so muß es hergeleitet, berechnet und bewiesen werden. Wir dürfen keine Mühen scheuen und keinen Weg unversucht lassen. Die aktuellen Schwierigkeiten, in denen die elektromagnetische Umweltverträglichkeit steckt, sind eine Herausforderung.

Tafel 3.0: Kausalitätspyramide

Wirbel sind eine Konsequenz des Kausalitätsprinzips

3. Ansatz

In der Frage, ob ein noch unbekanntes Phänomen existiert, das die elektromagnetische Umweltverträglichkeit beeinflußt, müssen wir weit zurückgreifen bis zu den Wurzeln unseres physikalischen Verstehens. Hier finden wir ein grundlegendes Prinzip vor, das bis heute nicht angezweifelt wird und als elementar angesehen wird, das Kausalitätsprinzip. Jedes Meßergebnis, jede Interpretation wird auf die Kausalität hin überprüft und erst nach Bestehen dieser Prüfung akzeptiert und veröffentlicht.

Dieses Prinzip von Ursache und Wirkung hat sich nicht nur in der Physik, sondern auch in vielen anderen Wissenschaftsdisziplinen durchgesetzt. Wird eine Wirkung beobachtet, so wird sofort nach der Ursache gefragt. Es begegnet uns im täglichen Leben<i>.

Wenn sich irgendwann alle beobachtbaren und meßbaren Wirkungen ohne Zwang und ohne Ausnahmeregelungen einer Ursache zuordnen lassen, so ist das logische Ergebnis eine Kausalitätspyramide. An der Spitze findet sich dann ein grundlegendes physikalisches Prinzip, das als naturgegeben oder als gottgegeben anzusehen ist und das mit seinen Eigenschaften als Ursache für verschiedene Wirkungen verantwortlich ist. Diese Wirkungen treten wiederum als Ursache für neue Wirkungen auf, und so weiter (Tafel 3.0). Irgendwann haben wir uns so weit von der Spitze der Pyramide entfernt, daß ein unmittelbarer Bezug zu den beschreibbaren Wirkungen nicht mehr hergestellt werden kann, so daß der Eindruck entsteht, es könne sich um eine isolierte und eigenständige Disziplin handeln. Wir sollten uns vor derartig monokausalem Denken hüten, denn Abgrenzung, wie Vermeidung interdisziplinärer Arbeitsweisen, wird uns zwangsläufig in eine Sackgasse führen!

Diese Kausalitätspyramide steht für die Vision einer "Einheitlichen Theorie", wie sie von zahlreichen Forschern gefordert und gesucht wird. Solange sie aber nicht gefunden ist, werden wir es mit ungelösten Kausalitätsproblemen zu tun haben. Hierzu können beliebig viele Beispiele angeführt werden.

Ein auf dem Kausalitätsprinzip aufbauendes physikalisches Prinzip ist der Wirbel. Dies zeigt uns deutlich der Wirbelstrom. Die Ursache für seine Entstehung ist ein Wechselfeld. Dieses induziert nach dem Induktionsgesetz eine Spannung, die in leitfähigem Medium nach dem Ohmschen Gesetz einen Strom zur Folge hat. Um diesen Strom herum bildet sich nach dem Durchflutungsgesetz ein Wechselfeld aus, das darauf senkrecht steht und sich dem ursprünglichen Wechselfeld überlagert. Bei diesem induzierten Feld handelt es sich zunächst um eine Wirkung, die sich der Ursache überlagert und selber zur Ursache wird. Die daraus folgende Wirkung überlagert sich weiter und bildet eine neue Ursache, usw. Auf diese Weise entstehen Wirbel.

Wirbel repräsentieren quasi das Kausalitätsprinzip.

<i>: Wenn beispielsweise eine Frau klagt: "Herr Doktor, ich habe Schmerzen in meinem linken Knie" (Wirkung). Der Arzt diagnostiziert die Ursache: "Ja, das macht das Alter!" Damit wäre die Kausalität hergestellt. "Aber Herr Doktor", sagt die Frau, "mein rechtes Knie ist doch genauso alt wie mein linkes!" Und schon hat der Doktor ein neues Kausalitätsproblem.

Kausalitätsprinzip:

	Ursache	→	Wirkung
Quantenphysikalischer Ansatz:	Quanten	→	Felder
Feldtheoretischer Ansatz:	Felder	→	Quanten

Verletzungen des Kausalitätsprinzips:

1. Existenz von Monopolen

2. Ausgangspunkt für die starke Wechselwirkung

3. Felder und Quanten gleichzeitig Ursache

4. hypothetische Teilchen (Gluonen, Quarks...)

5. Übertragung von Information mit Überlichtgeschwindigkeit:
   - mit Photonen (University of Berkeley)
   - mit Mikrowellen (Universität Köln)
   - mit Laserstrahlen (Technische Uni. Wien)

Tafel 3.1: Kausalität oder das Prinzip von Ursache und Wirkung

3.1 Kausalitätsprinzip

Unser physikalisches Weltbild gehorcht streng den Regeln der Kausalität, dem Prinzip von Ursache und Wirkung. Allerdings gibt es zahlreiche Fälle, in denen die Kausalität zunächst nicht mehr erfüllbar war. Hier mußten ersatzweise Lösungen gefunden werden, um das sehr erfolgreiche Prinzip nicht zu gefährden. Ein paar Beispiele sollen dies verdeutlichen:

1. Technisch ist es unmöglich, einen Monopol zu erzeugen. Wird nämlich ein Nordpol erzeugt, so wird der zugehörige Südpol mit entstehen. In gleicher Weise können nur Plus- und Minuspol als sogenannter Dipol aufgebaut werden. Im Mikrokosmos hingegen finden wir Monopole. Die Elektronen sind solche Teilchen. Um die Kausalität wiederherzustellen, müssen wir dem Mikrokosmos eigene Gesetze zubilligen, die im Makrokosmos nicht gelten! Diese monokausale Hypothese widerspricht allerdings der Beobachtung, daß der Mikrokosmos ein Abbild des Makrokosmos darstellt und umgekehrt. Zweifel an der Zulässigkeit dieser Behauptung sind angebracht.
2. Gleichnamige Ladungen stoßen sich ab und zwar um so mehr, je kleiner der Abstand wird. In einem Atomkern sind gleichnamig positiv geladene Protonen auf kleinstem Raum beieinander, ohne daß eine Abstoßung eintreten würde. Rechnerisch müßten alle Atomkerne explosionsartig auseinanderfliegen. Da dies aber nicht eintritt, hat man, um die Kausalität zu retten, kurzerhand eine neue und angeblich fundamentale Kraft, die starke Wechselwirkung eingeführt, die jetzt die gleichnamigen Teilchen auf ungeklärte Art und Weise trotzdem zusammenhalten soll. Die Kausalität konnte also nur durch das Einführen eines neuen grundlegenden Phänomens erkauft werden.
3. Wenn Kausalität als oberstes Prinzip gelten soll, so ist diese vorrangig bei den fundamentalen Phänomenen der Physik zu verlangen. Stattdessen wird in der Quantenelektrodynamik dem Teilchen die gleiche physikalische Realität zugesprochen wie dem Feld. Mit dem Welle-Teilchen-Dualismus hat Heisenberg die entsprechende Kompromißformel ausgegeben. Diese schlägt dem Prinzip von Ursache und Wirkung ins Gesicht.

Die Kausalität läßt prinzipiell nur zwei Lösungsansätze zu: Den ***Quantenphysikalischen Ansatz***, nach dem die Quanten die Ursache für die Felder sind und den ***Feldtheoretischen Ansatz***, nach dem nur die Felder als Ursache auftreten. Für beide Ansätze gibt es gute Argumente. Die Feldtheoretiker führen an, daß auch im Vakuum Felder existieren können, daß es also Felder ohne Teilchen, aber niemals Teilchen ohne Felder geben kann. Quantenphysiker halten dagegen, daß irgendwo, wenn auch ziemlich weit entfernt, doch Teilchen vorhanden sind und daß es sich bei den meßbaren Feldern lediglich um deren Fernwirkung handelt.

Beide Ansätze erwecken zunächst den Eindruck, völlig gleichwertig zu sein. Im Zuge der Entdeckungen auf dem Gebiet der Quantenphysik hat sich der entsprechende Ansatz durchsetzen können. Aber er verlangt, daß alle Phänomene als Folge von Teilchen aufzufassen sind. So sollen *Gravitonen* die Gravitation ermöglichen, sollen *Gluonen* alles zusammenhalten und die *Quarks* die Grundbausteine bilden. Mittlerweile wird nur noch mit *Hypothesen* gearbeitet. Aus der Not heraus hat sich die Quantenphysik mittlerweile von der strengen Kausalität verabschiedet, nachdem die Anzahl der Kausalitätsverletzungen derart gestiegen ist und es in jeder Hinsicht an Erklärungsmodellen mangelt. Es hat den Anschein, als sei das Ende der Fahnenstange erreicht, als sei der quantenphysikalische Ansatz weitgehend ausgeschöpft.

Feldtheoretischer Ansatz:

3. Maxwellgleichung

$$\boxed{\mathrm{Div}\,\mathbf{B} = 0} \quad (3)$$

4. Maxwellgleichung

$$\boxed{\mathrm{Div}\,\mathbf{D} = \rho_{el}} \quad (4)$$

Mit den Materialbeziehungen:

$$\boxed{\mathbf{B} = \mu \cdot \mathbf{H}} \quad (5)$$

$$\boxed{\mathbf{D} = \varepsilon \cdot \mathbf{E}} \quad (6)$$

$\mu \cdot \mathrm{Div}\,\mathbf{H} = 0$ (3*)

$\varepsilon \cdot \mathrm{Div}\,\mathbf{E} = \rho_{el}$ (4*)

H: quellenfreies
Wirbelfeld

E: wirbelfreies
Quellenfeld

Neuer <u>feldtheoretischer Ansatz</u>: $\boxed{\mathrm{Div}\,\mathbf{D} = 0}$ (7)

also: $\mathrm{Div}\,\mathbf{H} = 0$ (3**) und $\boxed{\mathrm{Div}\,\mathbf{E} = 0}$ (7*)

H <u>und</u> **E**: <u>quellenfreie Wirbelfelder!</u>

Einstein:

> "Ist es denkbar, daß eine Feldtheorie die atomistische und Quantenstruktur der Realität zu verstehen gestattet? Diese Frage wird von fast allen mit Nein beantwortet. Ich glaube aber, daß gegenwärtig niemand etwas Zuverlässiges darüber weiß"<i>.

Pauli:

> "Das elektrische Elementarquantum e ist ein Fremdling in der Maxwell-Lorentzschen Elektrodynamik"<ii>.

<u>Tafel 3.2: Der feldtheoretische Ansatz</u>

<i>: A. Einstein: Grundzüge der Relativitätstheorie, S 162, Anhang II; 5. Aufl., Vieweg, Braunschweig 1974.

<ii>: W. Pauli: Aufsätze und Vorträge über Physik und Erkenntnistheorie. Vieweg, Braunschweig 1961, entnommen aus:
H. G. Küssner: Grundlagen einer einheitlichen Theorie der physikalischen Teilchen und Felder. Musterschmidt-Verlag Göttingen 1976, S. 161.

3.2 Feldtheoretischer Ansatz

Der feldtheoretische Ansatz ist der sehr viel ältere. Bis zur letzten Jahrhundertwende war in dieser Hinsicht die Welt noch in Ordnung. Erst Max Planck hat durch die Entdeckung der Quanten die Physik in eine Krise gestürzt.
Albert Einstein, der, von seiner Lichtquantenhypothese einmal abgesehen, im Grunde seiner Seele ein Feldtheoretiker war, schreibt: „Ist es denkbar, daß eine Feldtheorie die atomistische und Quantenstruktur der Realität zu verstehen gestattet? Diese Frage wird von fast allen mit **Nein** beantwortet. Ich glaube aber, daß gegenwärtig niemand etwas Zuverlässiges darüber weiß[i]“.

Das "Nein" läßt sich übrigens damit begründen, daß die Feldbeschreibung nach Maxwell zu einer Strukturbildung gar nicht fähig ist, so daß auch keine Quanten als Folge auftreten können. Der feldtheoretische Ansatz konnte, durch die Maxwell'sche Feldtheorie blockiert, nicht weiter verfolgt werden und daran hat sich bis heute nichts geändert.
Trotzdem wäre es ein Versäumnis, diesen Ansatz nicht wenigstens probiert und auf seine Leistungsfähigkeit hin untersucht zu haben. Vielleicht lassen sich die oben genannten Kausalitätsprobleme viel eleganter lösen. Hierzu muß allerdings die Maxwelltheorie zu einer reinen Feldtheorie umgearbeitet werden. Mit der bekannten Formulierung verstößt sie gegen die Forderung der Kausalität, da sie Feld- und Quantentheorie zugleich ist. Maxwell selber waren die Quanten zwar noch unbekannt, aber heute wissen wir, daß es sich bei der 4. Maxwellgleichung um eine Quantengleichung handelt:

$$\operatorname{div} \mathbf{D} = \rho_{el} \,. \qquad (4)$$

Danach ist das elektrische Feld ein Quellenfeld, wobei die einzelnen Ladungsträger, wie z.B. die Elektronen als Quellen auftreten, um in ihrer Summe die Raumladungsdichte ρ_{el} zu bilden. Die anderen drei Maxwellgleichungen sind reine Wellengleichungen. So weist die dritte Gleichung das magnetische Feld als quellenfrei aus:

$$\operatorname{div} \mathbf{B} = 0. \qquad (3)$$

Dies ist für Pauli wohl auch der Grund gewesen, „das elektrische Elementarquantum e als einen Fremdling in der Maxwell-Lorentz'schen Elektrodynamik“ zu bezeichnen[ii].

Kommen wir auf das Kausalitätsprinzip zurück, nach dem beim feldtheoretischen Ansatz das Feld als Ursache auftreten soll und nicht die Teilchen. In einer entsprechenden Feldbeschreibung haben Quanten folgerichtig nichts verloren. Es ist nur konsequent, von dem elektrischen Feld ebenfalls eine Quellenfreiheit zu verlangen:

$$\operatorname{div} \mathbf{D} = 0. \qquad (7)$$

Wenn das elektrische Feld kein Quellenfeld ist, was ist es dann? Das magnetische Feld ist ein Wirbelfeld. Es wäre daher naheliegend, auch das elektrische Feld als Wirbelfeld aufzufassen. Zahlreiche Gründe sprechen dafür:

1. Ein wirbelfreies Gradientenfeld, wie es von Ladungsträgern gebildet wird, stellt lediglich einen Spezialfall des allgemeinen Wirbelfeldes dar. Erst durch das Generieren von Quanten kann als Sonderfall ein Quellenfeld entstehen.
2. Die elektromagnetische Welle lehrt uns die Dualität zwischen dem **E**- und dem **H**-Feld, daß beide senkrecht aufeinander und in einem festen Verhältnis zueinander stehen. Ist eines von beiden ein Wirbelfeld, so muß es auch das duale Feld sein.

Dualität:

$\int_a^b \mathbf{H}\, ds = I$ (1*)

$\int_a^b \mathbf{E}\, ds = -U$ (2*)

Ringintegral längs des geschlossenen Weges ds:

Durchflutungsgesetz (1)

$\oint \mathbf{H}\, ds = I_{ein}$

nach Maxwell: (2)

$\oint \mathbf{E}\, ds = 0$

neu: (8)

$\oint \mathbf{E}\, ds = -U_{ein}$

3. Maxwellgl.

$\mathrm{Div}\, \mathbf{B} = 0$ (3)

4. Maxwellgl.

$\mathrm{Div}\, \mathbf{D} = \rho_{el}$ (4)

neu:

$\mathrm{Div}\, \mathbf{D} = 0$ (7)

Mit den Materialbeziehungen:

$\mathbf{B} = \mu \cdot \mathbf{H}$ (5)

$\mathbf{D} = \varepsilon \cdot \mathbf{E}$ (6)

Tafel 3.3: Die duale Feldbeschreibung

Dualer Ansatz nach Jackson<i> oder Lehner<ii>:

$\mathrm{Div}\, \mathbf{B} = \rho_{magn}$ wegen der 4. Maxwellgleichung: $\mathrm{Div}\, \mathbf{D} = \rho_{el}$ (4)

ρ_{magn} = magnetische Monopole müssen existieren, sonst duale Erweiterung (8) unzulässig!

Vorsicht: Ringschluß!
Maxwelltheorie beweist die Richtigkeit der Maxwelltheorie.
Resultat: Suche nach magnetischen Monopolen erfolglos.

<i>: J. D. Jackson, Classical Electrodynamics, 2nd Ed. , John Wiley, New York, 1975, S. 251 - 253

<ii>: G. Lehner, Elektromagnetische Feldtheorie, Springer-Verlag Berlin, Heidelberg 1990, S. 35 - 36 und S. 533 ff.

3.3 Dualität

Dualität ist ein physikalisches Grundprinzip. Es lassen sich gegensätzliche, aber einander ergänzende Phänomene paarweise zuordnen, wie z.B. (s.a. Tafel 8.8):

	Yin (weiblich)	——		Yang (männlich)
	Südpol	——		Nordpol
	⊖	——		⊕
R [Ω]	Widerstand	——	R^{-1} [Ω^{-1}]	Leitwert
U [V]	Spannung	——	I [A]	Strom
E [V/m]	elektr.Feldstärke	——	**H** [A/m]	magnet.Feldstärke
Q [As]	Ladung	——	ϕ [Vs]	magnetischer Fluß
D [As/m^2]	elektr.Verschiebung	——	**B** [Vs/m^2]	magnet.Induktion
ε_0 [As/Vm]	elektr.Feldkonstante	——	μ_0 [Vs/Am]	magnet.Feldkonstante
ρ_{el} [As/m^3]	elek.Ladungsdichte	——	ρ_{magn}[Vs/m^3]	magnet.Ladungsdichte
	Induktionsgesetz	——	Durchflutungsgesetz	
	Potentialwirbel	——	Wirbelstrom	
(Wirbel des elektrischen Feldes)			(Wirbel des magnetischen Feldes)	

Zunächst finden wir die Dualität im Falle der in einem homogenen Medium sich ausbreitenden elektromagnetischen Welle bestätigt. Hier stehen die Feldzeiger von **E** und **H** senkrecht aufeinander und in einem festen Verhältnis zueinander. Wird die Welle aber in Gegenwart von Materie gedämpft, beispielsweise durch Wirbelströme, so wird bei Zugrundelegung der Maxwell'schen Feldtheorie die Dualität verschwinden.

Ein gutes Beispiel für perfekte Dualität liefert das Integral eines Feldstärkevektors längs des Weges von a nach b:

$$\int_a^b \mathbf{H}\, ds = I \quad (1^*) \qquad \text{und} \qquad \int_b^a \mathbf{E}\, ds = U \quad . \quad (2^*)$$

Erfolgt die Integration aber auf einem in sich geschlossenen Weg, so liefert das Ringintegral:

$$\oint \mathbf{H}\, ds = I_{eing} \quad (1) \qquad \text{und} \qquad \oint \mathbf{E}\, ds = O \quad . \quad (2)$$

Nach Aussage des Durchflutungsgesetzes (1) kann das magnetische Feld also eingeschlossene Ströme und sich räumlich ausbreitende Wirbelströme ausbilden. Das Elektrische Feld hingegen soll wirbelfrei sein (2).

Nehmen wir den Fall, daß die elektromagnetische Welle durch Wirbelströme gedämpft und das magnetische Feld auf diese Weise zu einem Wirbelfeld wird. Das elektrische Feld, das, wie gesagt, in einem festen Verhältnis senkrecht auf dem Wirbelfeld **H** steht, wird selbst auch alle wirbeltypischen Eigenschaften aufweisen. Nichts wäre daher naheliegender, als auch dem elektrischen Feld eine Wirbelbildung zuzubilligen:

$$\oint \mathbf{E}\, ds = -U_{eing} \quad . \quad (8)$$

Kritiker dieses dualen Ansatzes, wie beispielsweise Jackson<i> oder Lehner<ii>, weisen darauf hin, daß das elektrische Feld unter Berufung auf die 4. Maxwellgleichung als Quellenfeld aufzufassen sei:

$$\operatorname{div} \mathbf{D} = \rho_{el} \quad . \quad (4)$$

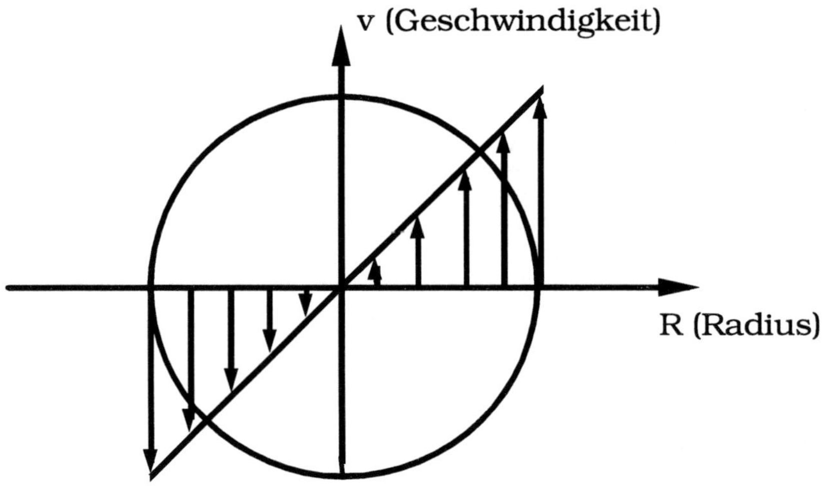

Tafel 3.4a: Geschwindigkeitsverteilung v (R) bei einem starren Wirbel

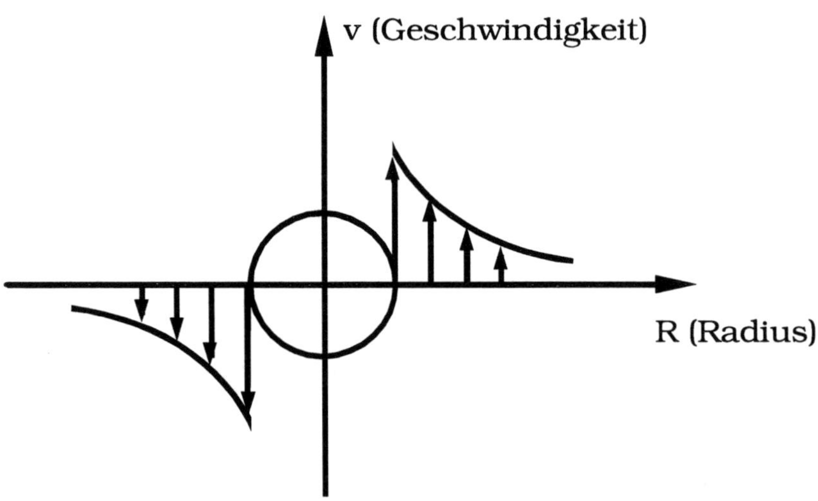

Tafel 3.4b: Geschwindigkeitsverteilung v (R) in einem Potentialwirbel
(nach Lugt<i>).

<i> Lugt, Hans J.: Wirbelströmung in Natur und Technik. G. Braun Verlag Karlsruhe 1979; ISBN 3-7650-2028-1

Für eine vollständige Dualität wird aus der Existenz elektrischer Monopole, einzelner, in der Raumladungsdichte ρ_{el} enthaltener Ladungsträger, die Forderung nach ***magnetischen Monopolen*** abgeleitet. Solche Nord- oder Südpolteilchen konnten jedoch trotz intensiver Suche bisher nicht gefunden werden. Hierin wird aus der Sicht der Kritik eine Bestätigung dafür gesehen, daß die Maxwell'sche Feldtheorie in sich abgeschlossen ist und daher prinzipiell nicht erweitert werden darf. *Die Kritiker haben ein Kausalitätsproblem: Sie postulieren Quellenfelder, die zugleich Wirbelfelder sein sollen.* Wenn aber danach gefragt wird, wie man sich ein solches Feld vorstellen soll, das skalar und zugleich vektoriell wäre, dann sieht es so aus, als habe sich noch keiner darüber Gedanken gemacht.

Die aus der Kausalität abgeleitete Lösung des Problems mangelnder Dualität verlangt, die Maxwelltheorie in einem Punkt zu erweitern, hier durch das Einführen der Potentialwirbel des elektrischen Feldes, und gleichzeitig an einer anderen Stelle eine Kürzung vorzunehmen:

$$\operatorname{div} \mathbf{D} = 0 \tag{7}$$

Mit dieser Formulierung, der Annahme einer prinzipiellen **Quellenfreiheit**, ist die vollständige Dualität bereits erreicht: Jetzt existieren weder magnetische noch elektrische Monopole (Tafel 3.3)! Den Verlust des Elektrons haben wir zunächst in Kauf zu nehmen, in der Hoffnung, daß die Rechnung am Ende aufgeht; der "Tausch" Wirbel gegen Teilchen, durch den sich die Quanten aus der Feldtheorie verbannen lassen, legt nahe, daß die Elementarteilchen selbst nichts anderes sind als Kugelwirbel, die zu einer eigenen physikalischen Realität gefunden haben.

3.4 Strömungswirbel

In der Strömungstechnik finden sich überzeugende und starke Hinweise für die Richtigkeit des gewählten Ansatzes. Dabei kommt uns zugute, daß hydrodynamische Wirbel sichtbar sind oder durch Einblasen von Rauch sichtbar gemacht werden können, z.B. in einem Windkanal.

Bereits **Leonardo da Vinci** hatte an Flüssigkeiten beobachtet, daß es *zwei duale Grundarten ebener Wirbel* gibt: "Unter den Wirbeln ist einer im Zentrum langsamer als an den Seiten, ein anderer im Zentrum schneller als an den Seiten."

Einen Wirbel der ersten Art, auch *"starrer Wirbel"* genannt, bildet beispielsweise Flüssigkeit in einer Zentrifuge aus, die auf Grund ihrer Massenträgheit an den Rand gedrängt wird, weil dort die größte Geschwindigkeit existiert. In analoger Weise zeigt der elektromagnetische Wirbel in elektrisch leitfähigem Material den bekannten "Skineffekt" (Tafel 3.4a).

Zur Erläuterung des anderen Wirbels beschreibt **Newton** den Versuch, bei dem ein Stab in eine möglichst zähe Flüssigkeit getaucht und gedreht wird. Bei diesem *Potentialwirbel* nimmt die Teilchengeschwindigkeit zu, je näher sie dem Stab ist (Tafel 3.4b).

Die Dualität der beiden Wirbelphänomene wird offensichtlich, wenn wir uns klar machen, daß bei dem Zentrifugenversuch um so mehr Flüssigkeit an den Rand drängt, je dünnflüssiger das Medium ist und daß sich andererseits der Potentialwirbel um so stärker ausbildet, je zäher das Medium ist. Als Fazit lesen wir in Lehrbüchern, daß *die Viskosität der Flüssigkeit darüber entscheidet, ob sich ein starrer Wirbel oder ein Potentialwirbel ausbilden kann.*

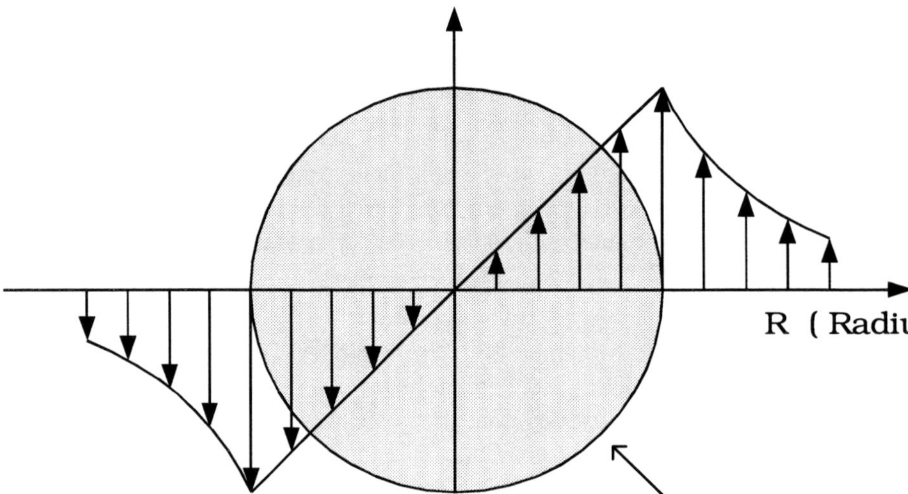

Tafel 3.5: Kombination aus starren Wirbel und Potentialwirbel (nach Lugt<i>).

<i> Lugt, Hans J.: Wirbelströmung in Natur und Technik. G. Braun Verlag Karlsruhe 1979; ISBN 3-7650-2028-1

3.5 Rankinewirbel

Tauchen wir in einem dritten Versuch den mit Wasser gefüllten Zentrifugenbehälter in ein zähes Medium ein, so bildet sich bei Rotation im Innern des Topfes ein starrer Wirbel und außerhalb ein Potentialwirbel aus (Tafel 3.5).

Es ist offenkundig, daß der eine Wirbel den anderen mit den entgegengesetzten Eigenschaften immer nach sich zieht und damit *die Existenz des einen die des anderen bedingt.* So werden sich im ersten Fall, dem des starren Wirbels, außerhalb der Zentrifuge in der sie umgebenden Luft Potentialwirbel ausbilden, während im zweiten Fall, dem des Potentialwirbels, der drehende Stab selbst als Spezialfall eines starren Wirbels interpretiert werden kann.
Daher ist in allen denkbaren Experimenten die Bedingung stets erfüllt, daß im Wirbelzentrum derselbe Zustand der "Ruhe" herrscht, wie im Unendlichen, den wir als "Nullpunkt" ansetzen können.

Nehmen wir als Beispiel einen Tornado, also einen Wirbelsturm. Im "Auge des Zyklons" herrscht absolute Windstille. Entferne ich mich aber von diesem Fleck, so werde ich nach außen geblasen. Ich kann den starren Wirbel im Innern förmlich spüren. Stehe ich hingegen außerhalb, so versucht der Potentialwirbel mich in den Wirbel hineinzuziehen. Dieser Potentialwirbel ist für die Struktur und letztendlich auch für die Größe des Tornados zuständig.

Am Wirbelradius, dem Ort der größten Windgeschwindigkeit, herrscht ein Gleichgewicht. Starrer Wirbel und Potentialwirbel sind hier gleich mächtig. Ihre Mächtigkeit wiederum wird von der Viskosität bestimmt, die damit den Wirbelradius festlegt!

Meteorologen verfolgen daher mit Interesse, ob sich ein Wirbelsturm über Land oder über dem Wasser bildet. Über dem Ozean beispielsweise saugt er sich mit Wasser voll. Dadurch nimmt der Potentialwirbel an Mächtigkeit zu, der Wirbelradius wird kleiner und die Energiedichte nimmt gefährlich zu.

Werden die Erkenntnisse aus der Hydrodynamik auf den Bereich des Elektromagnetismus übertragen, so wird die Rolle der Viskosität von der elektrischen Leitfähigkeit wahrgenommen. Der bekannte Stromwirbel tritt im Leiter auf, während sein Gegenwirbel, der postulierte Potentialwirbel sich im schlechtleitenden Medium, vorzugsweise im Dielektrikum ausbildet. *Die Dualität beider Wirbel kommt darin zum Ausdruck, daß die elektrische Leitfähigkeit des Mediums darüber entscheidet, ob Stromwirbel oder Potentialwirbel entstehen können und wie schnell sie zerfallen, d.h. sie ihre Energie in Wärme umsetzen.*

Tafel 3.6: Kirlianphotographie von Blättern
strukturierte Coronaentladungen (hergestellt durch Elektronikstudenten der FH Furtwangen 1991)

<i>: Küpfmüller, Karl: Einführung in die theoretische Elektrotechnik, Springer-Verlag Berlin, 12. Auflage 1988, Seite 453

<ii>: Küpfmüller, Karl: Einführung in die theoretische Elektrotechnik, Springer-Verlag Berlin, 12. Auflage 1988, Seite 2O8

3.6 Wirbel und Gegenwirbel

Tafel 3.5 zeigt, daß sich Wirbel und dualer Gegenwirbel gegenseitig bedingen. Ein markantes Beispiel für die Kombination aus Stromwirbel und Potentialwirbel finden wir in **Hochspannungsleitungen**. Innerhalb des Leiters bilden sich Stromwirbel aus. Die Stromdichte nimmt also zur Leiteroberfläche hin zu (Skineffekt). Außerhalb des Leiters, in der Luft, finden die Wechselfelder ein sehr schlecht leitendes Medium vor. Folgt man der Lehrbuchmeinung, so soll es sich außerhalb des Leiters um ein wirbelfreies Gradientenfeld handeln! Diese Aussage bereitet aber unlösbare Probleme.

Wenn *im Leiterinnern Wirbel* auftreten, so müssen aus Gründen einer sprungfreien Wirbelablösung am Grenzübergang zum Dielektrikum die Felder auch in der den Leiter umgebenden Luft die Form und die Eigenschaften von Wirbeln besitzen. Nichts wäre naheliegender, als diese angeblichen Gradientenfelder auch als *Wirbelfelder* zu interpretieren und mathematisch zu beschreiben. Bei genauer Betrachtung ist diese Argumentation sogar zwingend!

Die als Gesetze der Feldbrechung bekannten *Grenzbedingungen*<i> verlangen zudem ***Stetigkeit*** am Übergang vom Leiter zum Dielektrikum und lassen uns gar keine andere Wahl. Befindet sich auf der einen Seite ein Wirbelfeld, so ist auch das Feld auf der anderen Seite ein solches, sonst verstoßen wir gegen das Gesetz! Es liegt hier ein offenkundiges ***Versagen der Maxwelltheorie*** vor.
Außerhalb des Leiters, in der Luft, wo die Wechselfelder ein sehr schlecht leitendes Medium vorfinden, ist der Potentialwirbel nicht nur theoretisch vorhanden; er zeigt sich sogar. In Abhängigkeit u. a. von der Frequenz und von der Oberflächenbeschaffenheit des Leiters bilden sich die Potentialwirbel um den Leiter herum aus. Überschreiten die dabei induzierten Potentiale die Anfangsspannung, so findet Stoßionisierung statt und es kommt zur bekannten ***Koronaentladung***. Jeder von uns kann dies als Knistern hören und die sprühende Haut sehen, mit der sich Hochspannungsleiter überziehen.
Gemäß Lehrbuch nimmt auch ein Gradientenfeld zur Leiteroberfläche hin zu, aber es wäre ein gleichmäßiges Leuchten und kein Knistern zu erwarten. Ohne Potentialwirbel bliebe die beobachtbare Koronastruktur ein ungelöstes Phänomen der Physik (Tafel 3.6).

Auch ohne die strukturbildende Eigenschaft der Potentialwirbel zu kennen, die zusätzlich unterstützend wirkt und die wir uns noch herleiten müssen, ist gut zu beobachten, daß besonders Unebenheiten der Leiteroberfläche die Wirbelbildung anregen und Wirbel auslösen können. Sucht man also nach einer Begründung, warum die sehr kurzen Entladungsimpulse in großer Häufigkeit immer von Unebenheiten ausgehen<ii>, so sind sehr wahrscheinlich Potentialwirbel dafür verantwortlich. An Hand einer **Kirlianphotographie** läßt sich zeigen, daß die Korona aus strukturierten Einzelentladungen besteht (Tafel 3.6).

Der Ansatz ist hiermit motiviert, formuliert und begründet worden. Die Ausführungen können einen Beweis nicht ersetzen, aber sie müssen einer kritischen Überprüfung standhalten können. Mathematische und physikalische Beweise werden später noch erbracht.

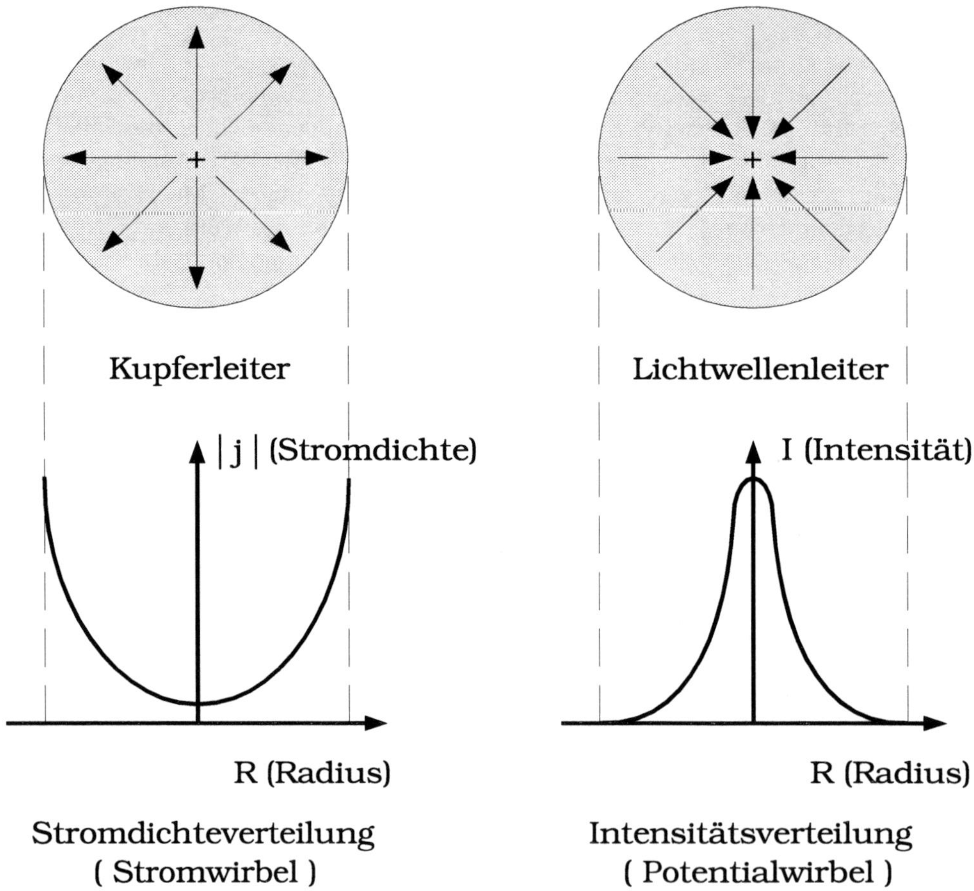

Tafel 4.1: Die prinzipielle Verteilung der Lichtintensität in einem Lichtwellenleiter<i> im Vergleich zur Stromdichteverteilung in einem Kabel.

<i> Meyl, Konstantin: Potentialwirbel, Band 1: Diskussionsbeiträge zur naturwissenschaftlichen Deutung und zur physikalisch-technischen Nutzung, basierend auf einer mathematischen Berechnung neu entdeckter hydrotischer Wirbel, INDEL GmbH, Verlagsabteilung, Villingen-Schwenningen 1990, ISBN 3-9802-542-1-6

4. Eigenschaften

4.1 Konzentrationseffekt

Es kann davon ausgegangen werden, daß für die vorliegende Potentialwirbeltheorie bis heute noch keine technische Anwendung existiert, es sei denn, das Phänomen wurde zufällig und unbewußt ausgenutzt. Hierzu sei als typisches Beispiel die Übertragung optischer Lichtsignale über Glasfaserkabel angeführt.
Im Vergleich zu einer Übertragung von Energieimpulsen über ein Kupferkabel weisen Lichtleiterkabel einen erheblich **besseren Wirkungsgrad** auf. Die hergeleitete Potentialwirbeltheorie liefert eine schlüssige Erklärung für dieses Phänomen und sei hier deshalb zur Diskussion gestellt: Schneiden wir einen Lichtwellenleiter durch und betrachten die Verteilung eines Lichtimpulses über dem Querschnitt, so beobachten wir eine Konzentration im Zentrum des Leiters (Tafel 4.1).

Es tritt hier die Dualität zwischen den Wirbeln des magnetischen und des elektrischen Feldes zu Tage. Während die Stromwirbel in einem Kupferleiter bekanntlich den *"Skineffekt"* bewirken, zeigen Potentialwirbel einen *"Konzentrationseffekt"* und richten sich auf das Wirbelzentrum aus. Die meßbare und in Tafel 4.1 aufgetragene Verteilung der Lichtintensität in einem Lichtwellenleiter vermag dieses Phänomen, also die Orientierung des Potentialwirbels auf das Wirbelzentrum, zu bestätigen.

Beispielsweise liefert die Widerstandsberechnung eines Kupferkabels als wichtiges Ergebnis eine zur Leiteroberfläche hin gerichtete scheinbare Abnahme des Widerstandes. Die damit verbundene bessere Leitfähigkeit hat dort auch eine erhöhte Stromdichte zur Folge. In umgekehrter Richtung zum Zentrum des Leiters hin wäre folglich eine Abnahme der wirksamen Leitfähigkeit vorhanden, wobei dieses Resultat vom verwendeten Material unabhängig ist. Den Dualitätsregeln zufolge ist dies eine Bedingung für die Ausbildung von Potentialwirbeln. Es ist, wie schon gesagt, die Leitfähigkeit dafür verantwortlich, ob der expandierende Wirbelstrom mit seinem Skineffekt oder der kontrahierende Potentialwirbel mit seinem Konzentrationseffekt dominieren.

Übliche Glasfasermaterialien besitzen nicht nur eine geringe Leitfähigkeit, sondern zudem eine hohe Dielektrizität. Dies begünstigt die Ausbildung von Wirbeln des elektrischen Feldes zusätzlich. Stützt man bewußt oder unbewußt die Potentialwirbel, so besteht die Möglichkeit, daß wegen des Konzentrationseffektes die Lebensdauer des Lichtwellenleiters negativ beeinflußt werden kann.
Es ist natürlich nicht auszuschließen, daß andere Effekte, so z. B. Reflexionen oder die Moden des Lichtes am Konzentrationseffekt beteiligt sind. Es wäre allerdings sicherzustellen, daß es sich hier tatsächlich um ursächliche Phänomene und nicht aus Unkenntnis des wirksamen Wirbelphänomens lediglich um Ersatzerklärungen handelt.

Die formale mathematische Begründung für den Konzentrationseffekt liefert das umgekehrte Vorzeichen im Induktionsgesetz verglichen mit dem Durchflutungsgesetz (siehe auch Gleichung 1 und Gleichung 8 auf Tafel 3.3).

magnetische
Feldstärke
H

Wirbel-
strom

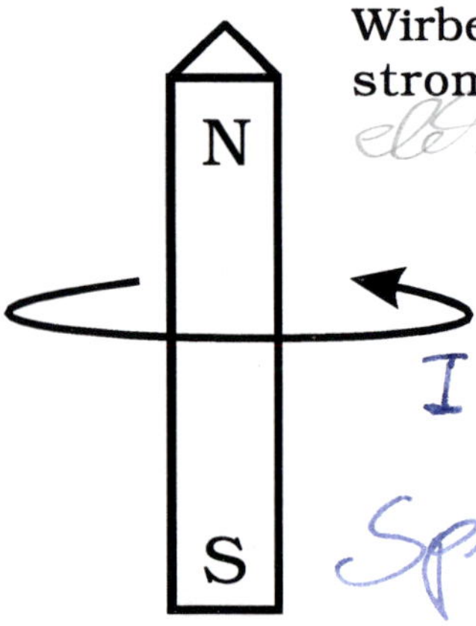

magnetischer
Dipol

Wirbel des
Leiters

Idealfall:
Supraleiter

elektrische
Feldstärke
E

Potential-
wirbel

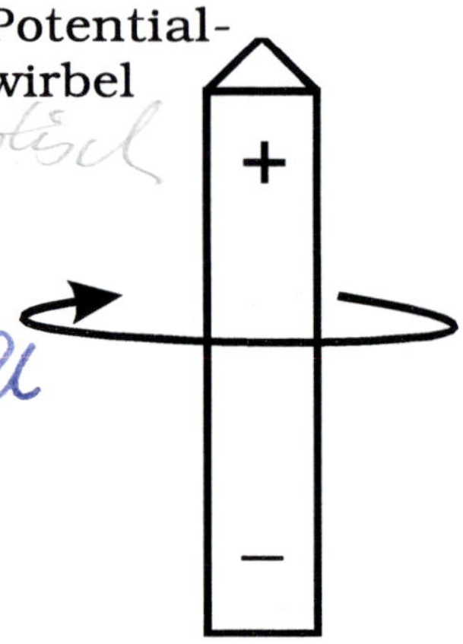

elektrischer
Dipol

Wirbel des
Nichtleiters

Vakuum

verstärkend wirkende Materialeigenschaften:

Permeabilität | **Dielektrizität**

Folge: „Skineffekt“ | „Konzentrations-
effekt“

Tafel 4.2: Die Dipolwirkung von Strom- und Potentialwirbeln

4.2 Dualität der Wirbeleigenschaften

Die Dualitätsregeln diktieren uns für die Wirbel des elektrischen und des magnetischen Feldes die folgenden Merkmale:

1. Während Ströme und Wirbelströme eine gute Leitfähigkeit verlangen, können sich Potentiale und Potentialwirbel nur bei schlechter Leitfähigkeit, also in einem ***Dielektrikum*** und am besten im ***Vakuum*** ausbilden.

2. Wirbelströme laufen auseinander, streben gegen Unendlich und zeigen so bei räumlich begrenzter Leiteranordnung den bekannten *"Skineffekt"*. Den Dualitätsregeln zufolge wird der Potentialwirbel in Richtung Wirbelzentrum streben und auf diese Weise einen *"**Konzentrationseffekt**"* zeigen.

3. Eine weitere Wirbeleigenschaft ist in Tafel 4.2 dargestellt.
   Auf der linken Seite ist ein ebener Wirbelstrom angedeutet. Seit der Entdeckung des Durchflutungsgesetzes ist uns bekannt, daß ein derartiger Kreisstrom (I) einen senkrecht auf der Wirbelebene stehenden ***magnetischen Dipol*** ausbildet.
   Auf der rechten Seite ist das duale Phänomen skizziert. Hier sind Ladungen kreisförmig zu einem ebenen Potentialwirbel aufgeschichtet (U). Dabei bildet sich, senkrecht auf der Wirbelebene stehend, ein ***elektrischer Dipol*** aus. Dieser Zusammenhang folgt unmittelbar aus den Gleichungen des feldtheoretischen Ansatzes.
   Während Ringströme und *Stromwirbel magnetische Dipole* erzeugen, bilden die postulierten *Potentialwirbel elektrische Dipole* aus.

Mit diesen drei interessanten Eigenschaften lassen sich Kernfragen der Quantenphysik schlüssig und zwanglos beantworten, die bis heute der Wissenschaft ein Rätsel geblieben waren (Tafel 4.4), z.B.:

I. Warum gibt es keine magnetisch geladenen Teilchen?

Je besser die Leitfähigkeit eines Mediums ist, je höher also die Anzahl an freien Ladungsträgern ist, desto stärker bilden sich Wirbelströme aus. Die Antwort zu Frage I wird dem entgegengesetzten Fall entnommen:
Im idealen Vakuum sind gar keine Ladungsträger vorhanden, weshalb keine Ströme, keine Stromwirbel und folglich auch keine magnetischen Pole existieren können.
Mit dieser bekannten Tatsache ist die erste Frage bereits beantwortet, warum im Mikrokosmos keine magnetisch geladenen Elementarteilchen vorkommen können, warum die Suche nach magnetischen Monopolen überhaupt keinen Sinn macht. Fragen wir weiter:

II. Warum gibt es nur elektrisch geladene Teilchen?

Betrachten wir dazu die dualen Verhältnisse. *Je schlechter die Leitfähigkeit eines Mediums, desto mehr wird der Potentialwirbel begünstigt, der wegen dieser Eigenschaft auch als Wirbel des Dielektrikums aufzufassen ist.*
In dem erwähnten Extremfall des idealen Vakuums ist auf Grund der fehlenden Ladungsträger keine elektrische Leitfähigkeit vorhanden. Dieser Umstand begünstigt aber den Potentialwirbel und dieser bildet nach Tafel 4.2 elektrische Pole aus, womit auch die zweite Frage klar beantwortet wäre.
Es ist auf die Randbedingungen des Mikrokosmos zurückzuführen, daß ausnahmslos elektrisch geladene Teilchen existenzberechtigt sind; eine aus dem feldtheoretischen Ansatz hergeleitete Erkenntnis, die alle Erfahrungen abdeckt.

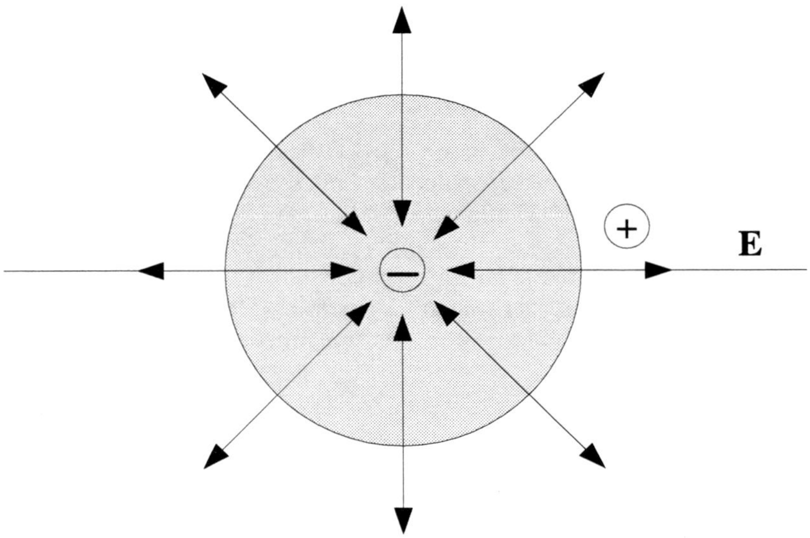

das Positron e^+

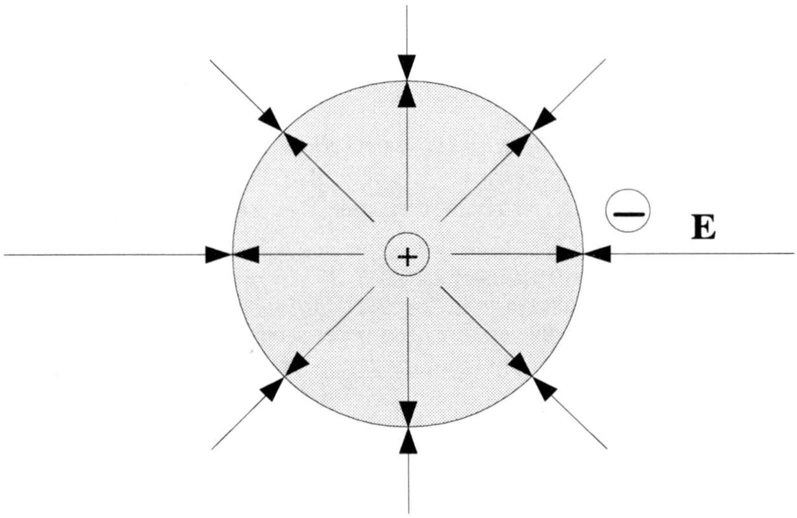

das Elektron e^-

Tafel 4.3: Elementarteilchen als Potentialwirbelkonfiguration.

4.3 Herleitung des Elektrons als Elementarwirbel

Die nächste Kernfrage muß zur Rettung des Kausalitätsprinzips zwingend einer schlüssigen Antwort zugeführt werden, damit wir nicht länger für den Mikrokosmos eine eigene Physik mit eigenen Gesetzen postulieren müssen:

III. Warum zeigen sich diese Teilchen als Monopole?

Konkret muß also die Frage lauten:
Wo steckt bei einem negativ geladenen Elektron der Pluspol, wenn es ein elektrischer Dipol sein soll?
Die einzig mögliche Antwort lautet:
Im Zentrum des Teilchens!

Im Zentrum des Elektrons ist also sein Pluspol und im Zentrum des Positrons dessen Minuspol versteckt. Wir beobachten diese Teilchen aber nur von außen und messen auf Grund der Feldverhältnisse beim Elektron eine negative Ladung und bei seinem Antiteilchen, dem Positron, eine positive Ladung. Wollten wir jeweils die im Innern eingeschlossenen elektrischen Felder messen, so müßten wir das Teilchen zerstören. Ein Nachweis wäre dann nicht mehr möglich.

Auch hier wird ein hartnäckiger Irrtum aus der Welt geschafft durch das aus Kontinuitätsbetrachtungen längst bekannte Axiom, daß es Monopole gar nicht geben kann! Dieses Axiom ist auch an Hand technisch-physikalischer Experimente ausreichend abgesichert.
Der quantenphysikalische Ansatz steht auf unsicherem Boden, wenn postuliert wird, daß für die Teilchenphysik andere Naturgesetze gelten sollen, wenn doch ein zweiter, der feldtheoretische Ansatz denkbar ist, der diese Probleme nicht kennt!

Der besprochene Konzentrationseffekt verleiht dem Potentialwirbel eine strukturbildende Eigenschaft. Damit läßt sich auch die vierte Kernfrage beantworten:

IV. Warum haben die Teilchen die Form einer Kugel?

Der Potentialwirbel wird in dem teilchenfreien Vakuum des Mikrokosmos wegen der fehlenden Leitfähigkeit begünstigt. In Verbindung mit dem Konzentrationseffekt läßt sich die Schlußfolgerung ziehen:
Der überstarke Potentialwirbel übt einen hohen Druck auf den Mikrokosmos und auf jedes Teilchen aus.

Damit ist auch die vierte Kernfrage mit der Potentialwirbeltheorie beantwortbar, warum stabile Elementarteilchen kugelförmig sind:
Nur die Kugel vermag einem hohen Außendruck standhalten.

Alle anderen Formen, wie z.B. stab- oder keulenförmige Dipole wären in Gegenwart des sich extrem konzentrierenden Potentialwirbels instabil. Sie würden vom Potentialwirbeldruck sofort zerstört.

I. Warum gibt es keine magnetisch geladenen Teilchen?

(fehlende Leitfähigkeit im Vakuum!)

II. Warum gibt es nur elektrisch geladene Teilchen?

(im Vakuum nur Potentialwirbel!)

III. Warum zeigen sich diese Teilchen als Monopole?

(Gegenpol im Innern der Wirbelschwingung eingeschlossen!)

IV. Warum haben die Teilchen die Form einer Kugel?

(Außendruck durch den Konzentrationseffekt!)

V. Warum ist das Elementarquantum stabil?

(Ohne Leitfähigkeit kein Wirbelzerfall!)

VI. Warum existiert zu jedem Materieteilchen ein Antiteilchen?

(zwei gleichberechtigte Wirbelrichtungen!)

VII. Warum sind Materieteilchen und Antiteilchen unverträglich?

(entgegengesetzte Wirbelrichtungen!)

Tafel 4.4: Kernfragen der Quantenphysik

4.4 Quanten als Feldwirbel

Der feldtheoretische Ansatz verlangt das Entfernen des Elektrons aus den Feldgleichungen (Gl. 7) und gleichzeitig das Einführen des Potentialwirbels des elektrischen Feldes. Es besteht mit dieser Wirbelerscheinung jetzt die Möglichkeit, daß sich bei einer äußeren Störung die elektromagnetische Welle spontan zu einem Wirbel aufrollt. Das so entstandene Wirbelteilchen verdankt seine ***physikalische Realität*** zum einen dem Konzentrationseffekt des Potentialwirbels, der dieses auf die Dimension einer winzigen ***Kugel*** zusammendrückt und zum anderen seiner ***Ortsgebundenheit*** auf Grund der Schwingung um einen festen Punkt herum.
Die kugelförmigen Elementarteilchen werden auf unvorstellbar kleine Abmessungen zusammengedrückt. Sie sind daher in der Lage, eine zu ihrer Größe vergleichsweise hohe Energie im Innern zu binden. Dies bestätigt die Masse-Energie-Beziehung $E = mc^2$.

Daß die Energie von der Lichtgeschwindigkeit abhängig ist, kann als deutlicher Hinweis gewertet werden, daß Quanten tatsächlich nichts anderes sind als ***elektromagnetische Schwingungspakete***, als wirbelförmige Schwingungen des leeren Raums!
Die nächste Frage lautet:

V. Warum ist das Elementarquantum stabil?
Je schlechter die Leitfähigkeit ist, um so mehr wird der Potentialwirbel begünstigt, um so stärker bildet sich der Konzentrationseffekt aus, um so kleiner werden also die kugelförmigen Erscheinungen - um so größer wird ferner die maßgebliche ***Relaxationszeit***, d.h. um so langsamer wird der Wirbelzerfall und um so stabiler damit die Wirbelerscheinung.
Im Mikrokosmos, der dem Idealfall eines teilchenfreien Vakuums sehr nahe kommt, besitzen die ***Kugelwirbel*** *wegen der fehlenden Leitfähigkeit eine* ***absolute Stabilität.***

VI. Warum existiert zu jedem Materieteilchen ein Antiteilchen?
Da jeder Wirbel auch in der entgegengesetzten Richtung schwingen kann, existieren immer zwei ***gleichberechtigte Ausbildungsformen*** von Kugelwirbel, von denen der eine der Materiewelt und der andere der Welt der Antimaterie zuzuordnen sind.

VII. Warum sind Materieteilchen und Antiteilchen unverträglich?
Auf Grund der ***konträren Wirbelrichtung*** sind sie untereinander unverträglich. Sie haben die Tendenz sich gegenseitig zu zerstören, wie zwei Züge auf einer eingleisigen Strecke, die in die entgegengesetzten Richtung wollen.

Der quantenphysikalische Ansatz kennt auf diese Kernfragen keine Antwort. Bislang hat man sich lediglich Gedanken gemacht, worauf die beobachtbare Kontraktion in Mikro- und Makrokosmos zurückzuführen ist. Da der Ansatz keine Antwort zu leisten vermochte, wurde kurzer Hand ein neuer Stoff eingeführt: die *Gluonen*. Diese Klebteilchen sollen den erforderlichen Druck ausüben können. Aber noch niemand hat diesen märchenhaften Stoff beobachten oder nachweisen können. Niemand kennt seine Struktur und seinen Aufbau. Trotz fehlender Beweise wird behauptet, der Stoff sei masselos und gleichzeitig geklumpt; er sei unsichtbar, weil er mit keinem anderen Stoff wechselwirken kann, auch nicht mit den vermuteten Bausteinen der Atomkerne, den Quarks. Aber gleichzeitig soll auf die Quarks ein Druck ausgeübt werden, weshalb Quarks wiederum mit Gluonen wechselwirken können sollen!

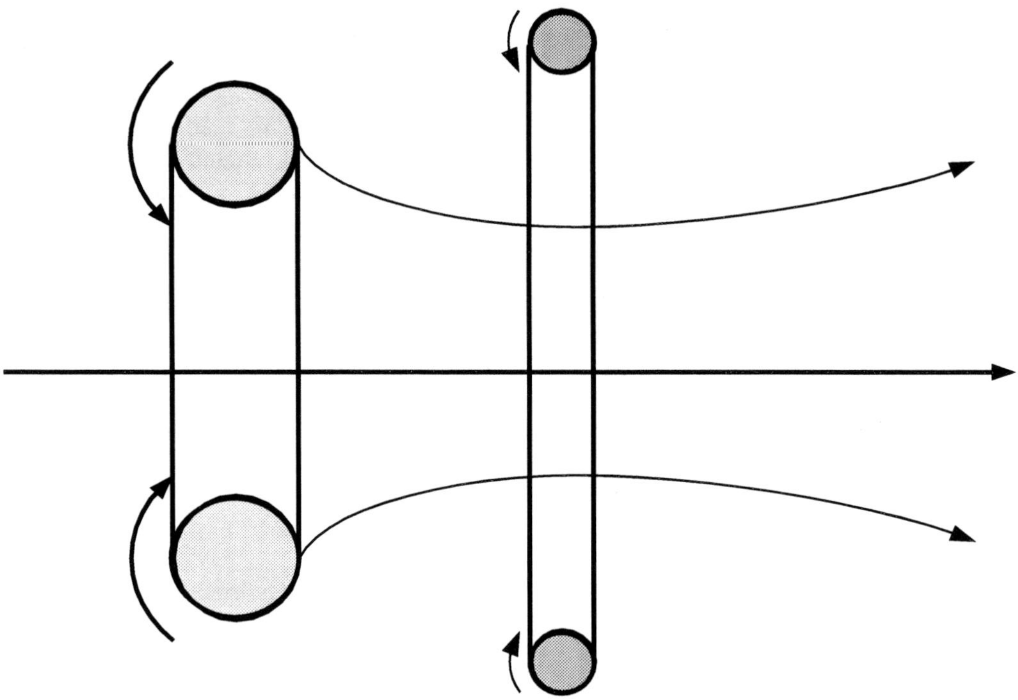

Tafel 4.5: Zwei koaxiale schwingende Ringwirbel (nach Lugt<i>).

<i> Lugt, Hans J.: Wirbelströmung in Natur und Technik. G. Braun Verlag Karlsruhe 1979; Seite 81, ISBN 3-6750-2028-1

4.5 Das Photon

Die Fähigkeit zur Strukturbildung als Folge des Konzentrationseffekts verleiht dem Potentialwirbel eine Reihe höchst interessanter Eigenschaften. Um diese herzuleiten, können wir uns die Arbeit erleichtern, wenn wir auf die Beobachtungen und Erfahrungen der *Strömungslehre* zurückgreifen.
Hier nimmt der ***Ringwirbel*** eine besondere Stellung ein. Sein Wirbelzentrum ist nicht geschlossen, weshalb er auch nicht ortsfest ist und sich im Raum mit konstanter Geschwindigkeit fortbewegt. Es kann beobachtet werden, daß die Fortpflanzungsgeschwindigkeit mit kleiner werdendem Ringdurchmesser zunimmt. An Hand der Ringwirbel, die geschickte Raucher mit spitzen Lippen erzeugen, können diese Eigenschaften sichtbar gemacht werden.
Treffen nun zwei Ringwirbel mit gleicher Achse und Drehrichtung aufeinander, so schwingen beide umeinander, indem der eine Wirbel den anderen anzieht, beschleunigt und damit kontrahiert. Dieser schlüpft dann durch die Kernöffnung hindurch, wird wieder langsamer und größer. Jetzt beschleunigt der zweite Wirbel und führt das gleiche Spiel durch (Tafel 4.5).

Es wäre naheliegend, wenn auch der Wirbel des elektrischen Feldes eine entsprechende Eigenschaft besäße. Entsprechend der Herleitung werden das Elektron e^- und mit der entgegengesetzten Wirbelrichtung das Positron e^+ einen solchen Potentialwirbel ausbilden. Zwei Elektronen würden sich als gleichnamig geladene Teilchen abstoßen und kommen für eine derartige Konfiguration sicher nicht in Betracht. Ein Elektron und ein Positron hingegen werden sich anziehen und wegen ihrer Unverträglichkeit gegenseitig zerstören, es sei denn, sie öffnen ihr Wirbelzentrum, um einen Ringwirbel zu bilden. Jetzt zeigt das e^- sein positiv geladenes Zentrum, das dieselbe Wirbelrichtung aufweist, wie das e^+ von außen. Deshalb tun sich die Wirbel auch nicht weh, wenn das Positron durch das geöffnete Wirbelzentrum des Elektrons hindurchschlüpft und umgekehrt.
Dieses schwingende Elektronen-Positronen-Paar hat eigenartige Eigenschaften: Von außen betrachtet ist es einmal negativ und im nächsten Augenblick positiv geladen. Im zeitlichen Mittel wird deshalb ***keine Ladung*** *meßbar* sein und ***keine elektromagnetische Wechselwirkung*** stattfinden.
Das Teilchen ist *einmal Materie und im nächsten Augenblick Antimaterie*. Daher kann dem Teilchen auch ***keine Masse*** beigemessen werden. Wechselwirkungen finden in erster Linie zwischen beiden dualen Wirbeln statt. Wir können vorhersagen, das Teilchen besitzt weder Masse noch Ladung. Die Umgebung sieht lediglich ein schnell schwingendes Teilchen, das nur innerhalb jeder Halbschwingung zu einer Wechselwirkung fähig ist.
Das Zentrum des schwingenden Teilchens ist geöffnet, weshalb auch ***keine Ortsfestigkeit*** mehr vorliegt. Statt dessen bewegt es sich mit der Wirbelgeschwindigkeit, also mit ***Lichtgeschwindigkeit*** in z-Richtung vorwärts, wodurch eine Drehung um die x- oder y- Achse verhindert wird (Tafel 4.6). Auf diese Weise ist eine ***Polarisierbarkeit*** vorhanden.
Die einzig mögliche und, wie wir noch sehen werden, erforderlicherweise stattfindende Drehung um die z-Achse verleiht dem Teilchen rein betragsmäßig einen Spin in der Größe eines Drehimpulsquantums. Schließlich ist die Drehung beim e^- und beim e^+ dem Betrag nach gleich groß mit einem Spin von jeweils $½ \cdot \hbar$. Es wäre noch zu beachten, daß für den Fall eines entgegengesetzten Richtungssinns der jeweiligen Drehung um die gemeinsame z-Achse der Spin im Mittel zu Null wird.
Zusätzlich ist das Teilchen durch eine herausragende Eigenschaft gekennzeichnet: *Eine periodisch mit einer beliebigen, aber konstanten Frequenz ablaufende Schwingung.*
Wir brauchen jetzt nur noch eine Teilchentabelle zur Hand zu nehmen. Tatsächlich werden wir ein entsprechendes Teilchen finden, das alle diese Eigenschaften besitzt: das γ-Quant, auch Photon genannt.

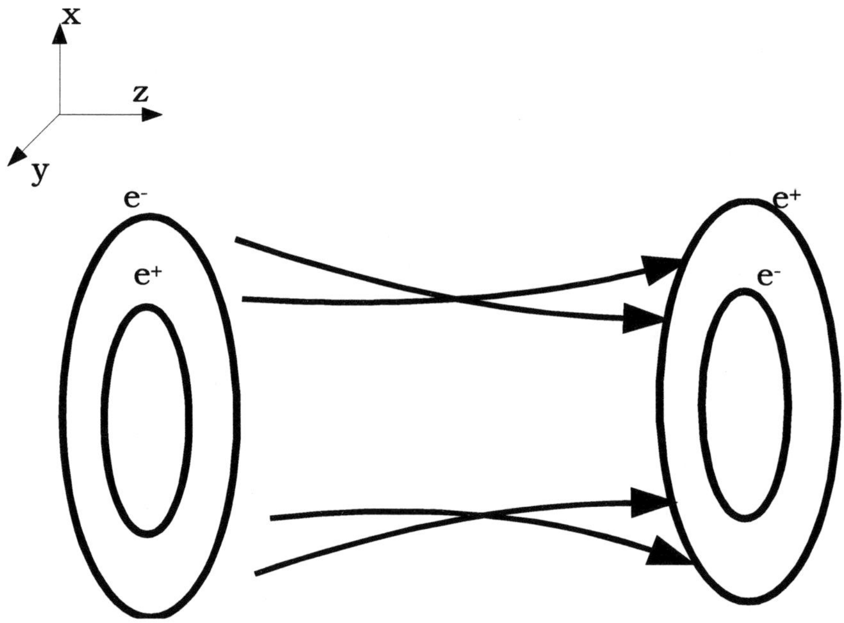

Tafel 4.6: Das Photon als schwingendes Elektronen-Positronen-Paar

Der Zerfall des γ - Quants (Photons)<i>
(= Paarerzeugung = Bethe-Heitler-Prozeß 1934):

$$\gamma \longrightarrow e^- + e^+$$

<i> Nachtmann, Otto: Phänomene und Konzepte der Elementarteilchenphysik, Vieweg, Braunschweig 1986, S. 135, ISBN 3-528-08926-1

4.6 Paarerzeugung

Einen Beweis für die Richtigkeit der Modellvorstellung liefert der Zerfall des Photons in ein Elektron und ein Positron in Gegenwart eines starken Feldes, wie zum Beispiel in einem Atomkern. Dieser beobachtbare Zerfall wird Paarerzeugung oder Bethe-Heitler-Prozeß genannt<i>: $\gamma \longrightarrow e^- + e^+$.

Bei diesem Prozeß gewinnen die Elementarwirbel kurzzeitig ihre Ortsgebundenheit zurück und sind dadurch auch nachweisbar. Ansonsten haben Elektron und Positron die Form einer Kugel, das Photon hingegen wohl eher die zweier schwingender Scheiben.

Das Photon nimmt an der elektromagnetischen Wechselwirkung nicht teil, da die elektrischen Feldlinien von einer Scheibe zur anderen (von + nach –) verlaufen und nicht etwa offen sind, wie beim e^- oder e^+ (Tafel 4.3). Für das Aufbrechen der Feldlinien ist eine Energie erforderlich, die der Summe der beiden entstehenden Teilchen entspricht. Hieraus folgt aber keineswegs, daß diese Energiemenge bei dem umgekehrten und sehr viel bekannteren Prozeß frei würde, bei dem Materie und Antimaterie zu γ-Quanten zerstrahlen. Am Ende der Herleitung wird uns das Wirbelmodell die gewünschten Antworten auf Fragen der Energie von Photonen liefern. Hier soll es zunächst nur um die Eigenschaften gehen.

Experimente, in denen sich das ***Licht als Teilchen*** zeigt, sind der Photoeffekt, der Compton-Effekt und viele andere mehr. Nach der von Maxwell entwickelten klassischen Lichttheorie hingegen ist das ***Licht eine elektromagnetische Welle***, die in keiner Weise quantisiert ist, weder als Kugel noch als Scheibe. Die *Wellennatur des Lichts* besitzt ebenfalls eine physikalische Realität und eine experimentelle Absicherung. Hiervon zeugen Interferenzmuster bei der Überlagerung kohärenter Lichtbündel.

Es wäre eine Vorstellung, bei der das Licht am gleichen Ort und zur gleichen Zeit sowohl als Welle, als auch als Korpuskel existieren könnte, mit dem Kausalitätsprinzip niemals in Einklang zu bringen. Kompromißformeln, wie eine auf den Beobachterstandpunkt bezogene ***Unschärferelation*** nach **Heisenberg**, können an diesem Dilemma nichts ändern. Die *Doppelnatur des Lichts*, von der in diesem Zusammenhang gerne gesprochen wird, besteht wohl eher darin, daß in Abhängigkeit von den lokalen Feldverhältnissen jederzeit und spontan ein *Aufrollen der Welle zu einem Wirbel* erfolgen kann.

Als Beispiel für Verletzungen des Kausalitätsprinzips war unter Punkt 3 (Tafel 3.1) angegeben worden, daß Felder und Quanten gleichzeitig als Ursache aufzufassen wären. Diese von **Maxwell** formulierte und von **Dirac** in der modernen Quantenelektrodynamik festgeschriebene Vorstellung, die in elementarer Weise gegen alle Regeln der Kausalität verstößt, hatten wir in dem feldtheoretischen Ansatz fallen gelassen. Es ist daher nur konsequent, wenn wir die Auffassung vertreten, daß das Licht entweder Welle oder Teilchen ist und niemals beides gleichzeitig!

Bei dem spontanen Übergang von der Welle zum Teilchen bleiben alle wichtigen Eigenschaften erhalten: *die **Ausbreitung mit Lichtgeschwindigkeit**, die charakteristische **Frequenz der Schwingung** und die erwähnte **Polarisierbarkeit**.*

Der Vorgang des Aufrollens findet möglicherweise bereits im Labor, in einer Nebelkammer und spätestens in unseren Augen statt. Um die elektromagnetische Welle empfangen zu können, müßten wir Antennen besitzen. Tatsächlich sehen wir die Photonen. Deshalb wäre naheliegend, wenn unsere Sehzellen nur Wirbel, in diesem Fall also Photonen wahrnehmen können. Für Felder und Wellen besitzen wir kein Sinnesorgan.

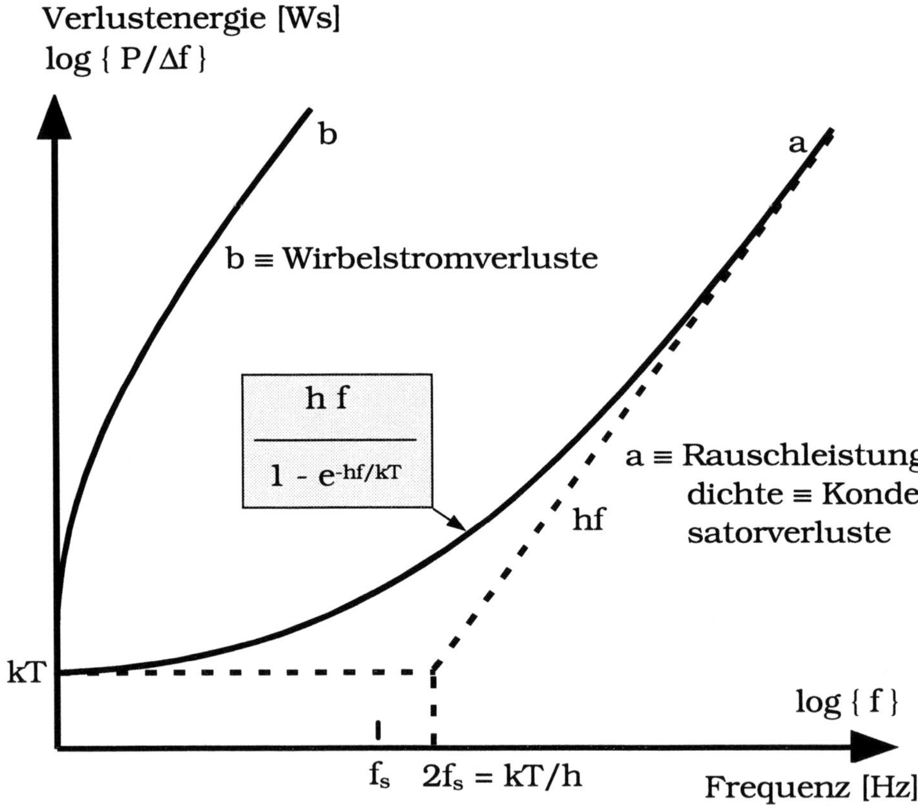

Tafel 4.7: Die Leistungsdichte aufgetragen über der Frequenz für Rauschen (a) nach Küpfmüller<i>, zugleich für dielektrische Verluste eines Kondensators (ebenfalls a) und für Wirbelstromverluste (b) nach Meyl<ii> (b in erkennbarer Dualität zu a).

<i> Küpfmüller, Karl: Einführung in die theoretische Elektrotechnik, Springer-Verlag Berlin, 12. Auflage 1988, ISBN 3-540-18403-1

<ii> Meyl, Konstantin: Dreidimensionale nichtlineare Berechnung von Wirbelstromkupplungen, Dissertation Universität Stuttgart 1984

4.7 Rauschen

Wenn dem feldtheoretischen Ansatz zufolge elektrische Feldwirbel existieren, so werden sie nicht nur im Vakuum die Elementarteilchen bilden, sondern werden auch in größeren Dimensionen makroskopisch entstehen und wirken.

Ausgehend von einer Welle, die sich zu einem ebenen Wirbel auf- oder einrollt, wäre es naheliegend, wenn Polarisation und Ausbreitungsgeschwindigkeit dabei erhalten bleiben. Wie aber steht es mit der Frequenz?
Die Welle wird jetzt einen ortsfesten Punkt, das Wirbelzentrum, umlaufen. Die Ausbreitung mit Lichtgeschwindigkeit c wird als Wirbelgeschwindigkeit weiterbestehen. Bei einem ebenen Kreiswirbel, bei dem der Weg für einen Umlauf außen sehr viel länger ist als in der Nähe des Wirbelzentrums, tritt außen eine größere Wellenlänge und als Folge eine niedrigere Frequenz auf, als weiter innen. Damit erweist sich der Wirbel als ***Frequenzwandler:*** Anstelle der Frequenz der ursächlichen Welle wandelt der Wirbel diese in ein gleichmäßiges Spektrum, das beginnend bei einer niedrigen Frequenz bis zu sehr hohen Werten reicht (Tafel 1.4).
Genau diese Eigenschaft beobachten wir beim *"**weißen Rauschen**"*. Hierbei wird es sich, so wäre die konsequente Schlußfolgerung, um den Wirbel des elektrischen Feldes handeln. Von der Ortsgebundenheit, der frequenzwandelnden Eigenschaft und dem Umstand, daß sich Wirbel sehr leicht beeinflussen lassen, ausweichen oder um eine Störstelle, beispielsweise eine Antenne herum, wieder verwirbeln, kann sich jeder ohne großen Aufwand selber überzeugen. Man braucht dazu nur einen Rundfunkempfänger auf einen schwachen und verrauschten Sender einzustellen und sich selber oder Gegenstände im Raum zu bewegen, um unmittelbar an der Beeinflussung des Empfangs die Einflüsse studieren zu können.
Allein schon die Tatsache, daß das Rauschen die Nutz- und Meßbarkeit von Signalen begrenzt, macht deutlich, welche Aufmerksamkeit dem Potentialwirbel zu schenken wäre.

Innerhalb eines begrenzten Frequenzbandes ist die Leistung des Nyquist- oder Widerstandsrauschens frequenzunabhängig (Tafel 4.7). Dies soll besonders der Begriff ***"weißes Rauschen"*** verdeutlichen in Analogie zum weißen Licht, bei dem alle sichtbaren Spektralbereiche frequenzunabhängig die gleiche Energiedichte haben.

Dieser Zusammenhang gilt aber nicht für beliebig hohe Frequenzen. Hier soll ein weiterer Rauscheffekt in Erscheinung treten, der angeblich in der Quantenstruktur der Energie seine Ursache hat[<i>]. Von möglichen Interpretationen unberührt wird eine ansteigende Rauschleistung gemessen, die zunehmend in eine Frequenzproportionalität übergeht (Tafel 4.7, Kennlinie a).
Interessanterweise weist dieser Kennlinienverlauf eine auffallende ***Dualität*** zur Leistungskurve von Wirbelströmen auf, ebenfalls aufgetragen über der Frequenz, wie beispielsweise bei Wirbelstromkupplungen meßbar[<ii>] (Tafel 4.7, Kennlinie b). Dieser Umstand legt eine duale Beziehung zwischen dem Potentialwirbel des elektrischen Feldes in schlechtleitenden Medien einerseits und dem Wirbelstrom in leitfähigen Materialien andererseits nahe[<iii>].

<iii>: Meyl, Konstantin: Wirbel des elektrischen Feldes,
EMC Journal 1/95, 6. J, ISSN 0945-3857, S. 56 - 59.

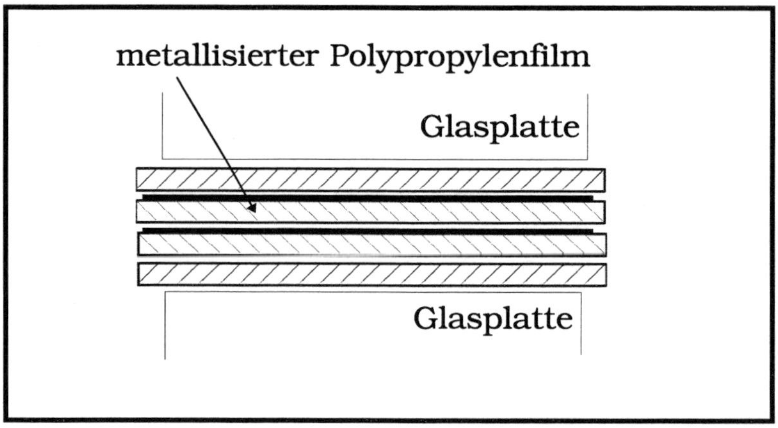

a) Meßaufbau nach Yializis u.a.<i>

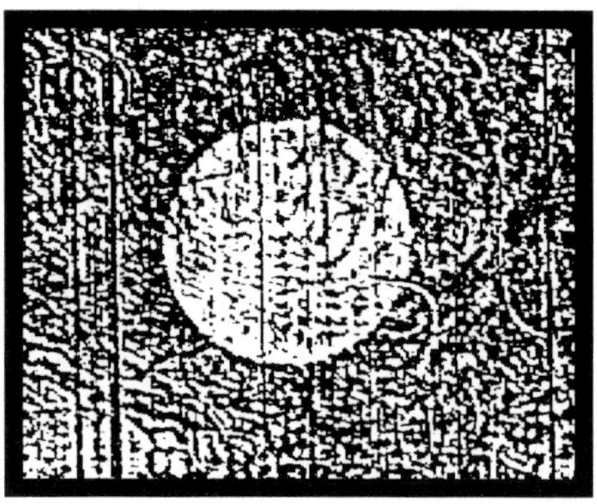

b) nach 40 Stunden

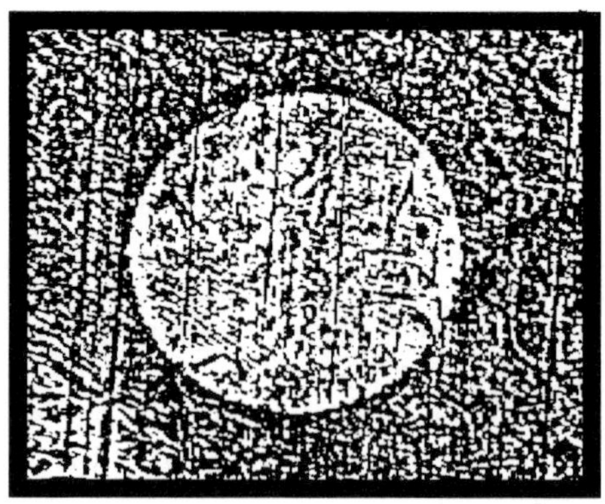

c) nach 52 Stunden

Tafel 4.8: Meßaufbau (a) und photographierte Wirbelstruktur in metallisiertem Polypropylen-Schichtkondensator
(bei 450 V/ 60 Hz/ 100°C)
Beobachtung der Wirbelentstehung (b) und (c).
(Vergrößerung 110 fach), nach Yializis u.a.<i>

<i>: A. Yializis, S. W. Cichanowski, D. G. Shaw: Electrode Corrosion in Metallized Polypropylene Capacitors, Proceedings of IEEE, International Symposium on Electrical Insulation, Bosten, Mass., June 1980;

4.8 Kondensatorverluste

Als nächstes werden die dielektrischen Verluste in einem mit Wechselspannung gespeisten Kondensator gemessen und ebenfalls über der Frequenz aufgetragen. Dabei ergibt sich zunächst ein frequenzunabhängiger Verlauf, der zu höheren Frequenzen hin allerdings zunimmt und denselben charakteristischen Kennlinienverlauf zeigt wie die schon oben erwähnte Rauschleistung (Tafel 4.7, Kennlinie a).

Diese exzellente Übereinstimmung legt die Annahme nahe, daß es sich bei den dielektrischen Verlusten um nichts anderes handelt als um ***Wirbelverluste***.
Die von zeitvariablen Feldern hervorgerufenen Wirbelerscheinungen finden sich also nicht nur in ferromagnetischen und leitfähigen Stoffen, sondern gleichermaßen als duale Erscheinung in Dielektrika und Nichtleitern.

Als praktische Anwendungsbeispiele seien das Hochfrequenzschweißen oder der Mikrowellenherd genannt. Der Vorgang läßt sich mit anderen Worten wie folgt beschreiben: Bei beiden Beispielen geht die Ursache von hochfrequenten Wechselfeldern aus, die als elektromagnetische Welle in ein Dielektrikum eingestrahlt werden, sich dort zu Potentialwirbeln aufrollen und schließlich im Wirbelzentrum zerfallen. Bei diesem Diffusionsvorgang entsteht die gewünschte und genutzte Wärmewirkung.

Das in Richtung auf das Wirbelzentrum gerichtete Streben verleiht dem Potentialwirbel des elektrischen Feldes eine ***strukturbildende Eigenschaft***. Als Folge dieses *"**Konzentrationseffekts**"* sind kreisförmige Wirbelstrukturen zu erwarten, vergleichbar mit den sichtbaren Wirbeln in der Strömungslehre (z. B. Tornados und Windhosen). Gleichzeitig tritt der duale Gegenwirbel, der auseinanderstrebende Wirbelstrom auf. Er nimmt, wie allgemein bekannt, die vorgegebene Struktur des Leiters an, so daß in der Fachliteratur sinngemäß von einem *"**Skineffekt**"* die Rede ist.
Treffen nun Leiter und Nichtleiter wie in einem Kondensator aufeinander, so bilden sich an der Grenzfläche sichtbare Strukturen aus. Es wären wohl Kreise zu erwarten, wenn der im Innern nach außen strebende Wirbelstrom und der von außen kommende und sich konzentrierende Potentialwirbel gleich mächtig sind.

Tatsächlich werden solche Kreisstrukturen auf dem Aluminium von Hochspannungskondensatoren beobachtet, wenn diese längere Zeit in Betrieb waren. Die Entstehung dieser Kreise, deren Ursache bis heute als ungeklärt gilt, ist von wissenschaftlicher Seite bereits experimentell untersucht und auf internationaler Ebene diskutiert worden (Tafel 4.8)[<i, ii>].

Diese kreisförmigen Wirbelstrukturen können als ein sichtbarer Beweis[<iii>] für die Existenz von Potentialwirbeln des elektrischen Feldes angesehen werden.

<ii>: D. F. Taylor, On the Mechanism of Aluminium Corrosion in Metallized Film Capacitors, IEEE Transactions on EI-19,August 1984,No.4,pp.288-293.

<iii>: Meyl, Konstantin: Wirbel des elektrischen Feldes, EMC Journal 1/95, 6.J, ISSN 0945-3857, S. 56-59.

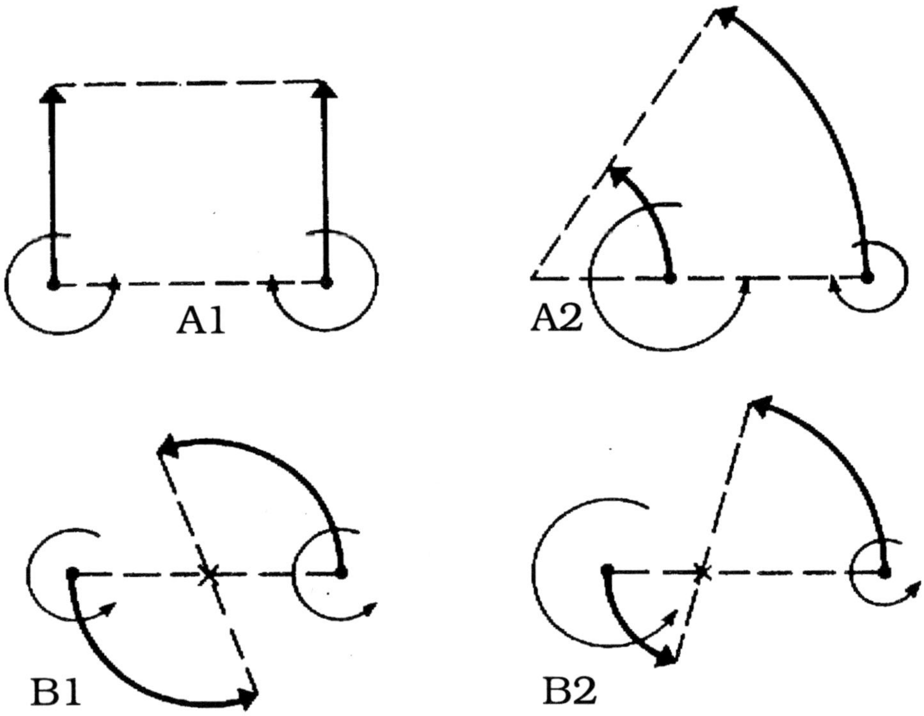

Tafel 4.9: Bewegung zweier Punktwirbel (nach Lugt<i>).
A. bei entgegengesetzter Drehrichtung
B. bei gleicher Drehrichtung
1. bei gleicher Wirbelstärke
2. bei ungleicher Wirbelstärke

praktisches Beispiel zu Fall A1:
Wirbelpaar hinter einem Flugzeug

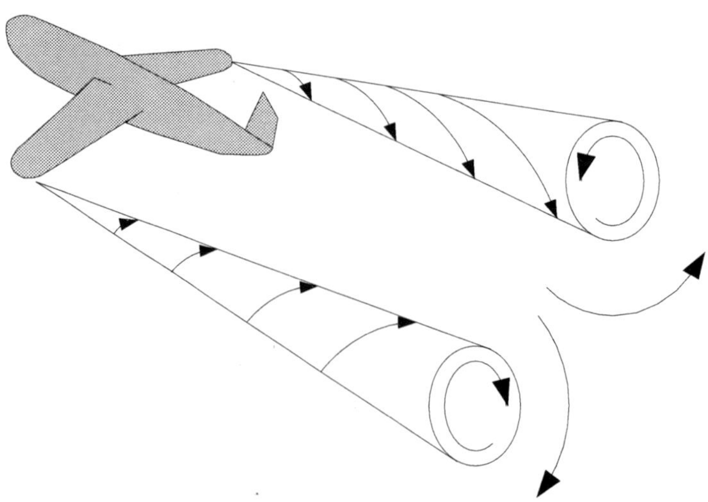

4.9 Wirbellinien und Wirbelstraßen

Es ist wohl davon auszugehen, daß die Wirbel des elektrischen Feldes in Bezug auf die elektromagnetische Umweltverträglichkeit Relevanz besitzen. Dies gilt dann nicht nur für mikrokosmische und mikroskopische Wirbel, sondern auch für makroskopische und größere Dimensionen. Dabei können sich einzelne Wirbel zu Ballen und Linien zusammenschließen. Für das Studium dieses Vorgangs wird zweckmäßigerweise wieder auf Erfahrungen der Strömungstechnik zurückgegriffen.

Das Zusammenwirken einzelner Punktwirbel ist in der Strömungstechnik eingehend untersucht worden. Ein einzelner Wirbel dreht ohne äußere Beeinflussung auf der Stelle. Das ändert sich bei zwei benachbarten Wirbeln. Jetzt kommt es auf ihre Stärke und ihren Drehsinn an. Haben sie bei gleicher Stärke entgegengesetzten Drehsinn, so bewegen sich ihre Drehzentren in gleicher Richtung geradlinig vorwärts. Bei gleicher Drehrichtung hingegen drehen beide Wirbel umeinander (Tafel 4.9).

Auf diese Weise sind eine Vielzahl von Punktwirbeln in der Lage, im ersten Fall ganze *Wirbelstraßen* und im zweiten Fall *kreisrunde Wirbelballen* auszubilden. Prinzipiell kann ein *Wirbelband* auch aus einer Vielzahl gleichgerichteter Potentialwirbel bestehen; allerdings neigt es dazu, sich bei einer äußeren Störung zu einem Wirbelballen aufzurollen, wie an Hand von Computersimulationen sehr anschaulich gezeigt werden kann<i>.

Als Ausgangspunkt für eine Diskussion kann die These aufgestellt werden, daß auch elektrische Feldwirbel, in der Natur üblicherweise aus einer Vielzahl einzelner Punktwirbel zusammengesetzt, als Wirbelbänder und Wirbelballen in Erscheinung treten.

Vielleicht sehen Historiker in dieser Eigenschaft eine Antwort auf die Frage, wie es den Römern möglich war, kerzengerade Straßen in die Wildnis zu bauen. Ihre Landvermesser, die Auguren, verfügten weder über Laser, noch über sonstige geeignete Meßgeräte. Ihr wichtigstes Handwerkszeug war der Lituus, der Krummstab, der an seinem oberen Ende wirbelförmig im Sinne einer spiralförmig gewickelten Flachspule eingerollt war.
Es stellt sich die Frage, wofür dieser seltsame Gegenstand verwendet wurde. Haben die römischen Landvermesser mit diesem Krummstab vielleicht irgendwelche Wirbellinien aufgespürt und sich daran orientiert?
Die Geschichte birgt noch viele Geheimnisse, doch es soll zunächst bei dieser Andeutung bleiben. Für Spekulationen und Diskussionen soll das anschließende Seminar Gelegenheit bieten<ii>.

<i>: Lugt, Hans J.: Wirbelströmung in Natur und Technik, Rosenhead Bild 3.24, S. 75; Grabowski, Bild 3.25, S. 76; Roberts u.Chr. Bild 3.26, S. 77.

<ii>: K.Meyl: Elektromagnetische Umweltverträgl., Teil 2, Seminarumdruck, INDEL Verl. Villingen-Schwenningen, ab 1998, ISBN 3-9802 542-9-1

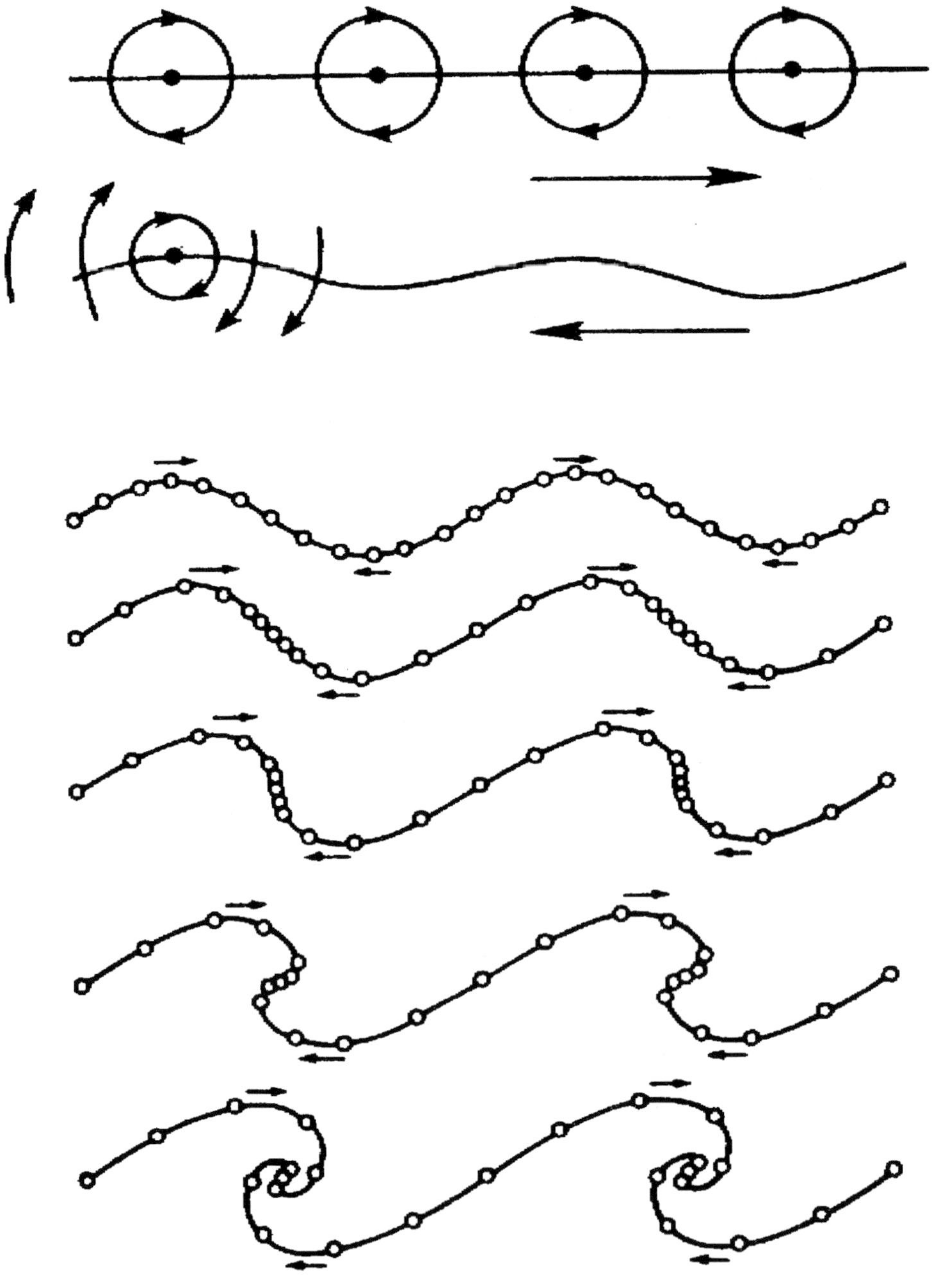

Tafel 4.10: Das Aufrollen einer Wirbelkette zu einem Wirbelballen bei einer geringsten Störung (Fall B1 in Tafel 4.9) (Rosenhead <i>).

<i>: L. Rosenhead: Formation of vortices from a surface of discontinuity. Proc. Roy. Soc. A 134, 1931, 170. Entnommen aus: Lugt, Hans J.: Wirbelströmung in Natur und Technik. G. Braun Verlag Karlsruhe 1979; Seite 75, ISBN 3-7650-2028-1

4.10 Wasserkolloide als Wirbelballen

Wir müssen uns klar machen, daß wir uns in der Biosphäre in einem relativ idealen Dielektrikum aufhalten. Die beiden "Kondensatorplatten" bilden dabei die Ionosphäre und die Erde. Der Potentialwirbel wird, wie gesagt, durch eine schlechte Leitfähigkeit und durch eine hohe Dielektrizität begünstigt. Er wird folglich in der Biosphäre dominieren und sich auswirken. In welcher Art und Weise er sich auswirkt, das ist das zentrale Thema der elektromagnetischen Umweltverträglichkeit.

Das Leben auf dieser Welt besteht überwiegend aus Wasser, und Wasser hat eine sehr hohe Dielektrizität! Damit steigt die Wirksamkeit und die Langlebigkeit der Potentialwirbel. So enthalten der menschliche Kopf beispielsweise 70% und Pflanzen über 90% Wasser! Allerdings handelt es sich nicht einfach um H_2O, sondern um strukturiertes Wasser in einer kolloidalen Form. Bei diesen Wasserkolloiden könnte es sich um Wirbelballen handeln, denn sie bestehen aus einer größeren Zahl von Wassermolekülen in kugelförmiger Anordnung. Sie bilden eigenständige und unlösliche Partikel mit negativer elektrischer Ladung (Tafel 4.11).
Dank dieser Struktur ist Wasser nicht gleich Wasser. Es gibt Heilwasser zu kaufen und entsprechende Quellen sind bekannt und berühmt. Manche Wirkung läßt sich an Hand einer chemischen Analyse erklären, aber eben nicht alles.

Das höchste Alter erreichen auf dieser Welt die Bewohner von Hunza, in den Bergen Nordindiens am Ausläufer des Hindu Kush, 2500 Meter hoch gelegen. Sie trinken ein trübes Gletscherwasser, das stark kolloidal ist. Es wäre daher naheliegend, daß die Pflanzen und auch wir für unseren Körperbau ein solches Wasser benötigen. Es sind Verfahren bekannt, bei denen durch mechanische oder chemische Behandlung die vorteilhaften Wirbelballen, sprich Kolloide, künstlich hergestellt werden[i]. Levitiertes Wasser, wie es heute genannt und zum Verkauf angeboten wird, soll angeblich gesünder sein. Leider wird auf diesem Gebiet überwiegend empirisch gearbeitet, da sich die Wissenschaft nur wenig bis gar nicht mit dieser Thematik beschäftigt.
Ein anderes Problem ist, daß die Kolloide schnell wieder zerfallen. Die gleichnamig negative Ladung begünstigt diesen Prozeß. Die Flüssigkristalle müssen von außen stabilisiert werden. Im Falle des Hunza-Wassers sind die Kolloide von einer pflanzlichen Fettsäureschicht umgeben und dadurch geschützt[ii]. Dies kommt möglicherweise der Natur sehr entgegen, wenn auch in biologischen Systemen die Wasserkolloide auf diesem Wege stabilisiert werden.
Jeder von uns weiß, daß frisches Quellwasser viel besser schmeckt als abgestandenes, abgefülltes Wasser, auch wenn die chemische Analyse absolut identisch ausfällt. Die klassische Naturwissenschaft kann hierfür keine Ursache nennen - ein weiteres Kausalitätsproblem. Potentialwirbel kommen mit ihrer strukturbildenden Eigenschaft jedenfalls als Ursache für die Bildung von Wasserkolloiden in Frage. Es bereitet sicher keine Schwierigkeiten, die Kolloide als Wirbelballen zu interpretieren.

<i> V. Schauberger: Die Entdeckung der Levitationskraft, Implosion 1995 Nr. 112 und:
N. Harthun: Naturgemäße Technik - Wege für die Forschung nach Viktor Schauberger, Verlag Delta Design, Berlin 1996.

<ii> Flanagan: Elexier der Jugendlichkeit, Waldthausen Verlag Ritterhude 1992, 1.Aufl., ISBN 3-926453-67-2

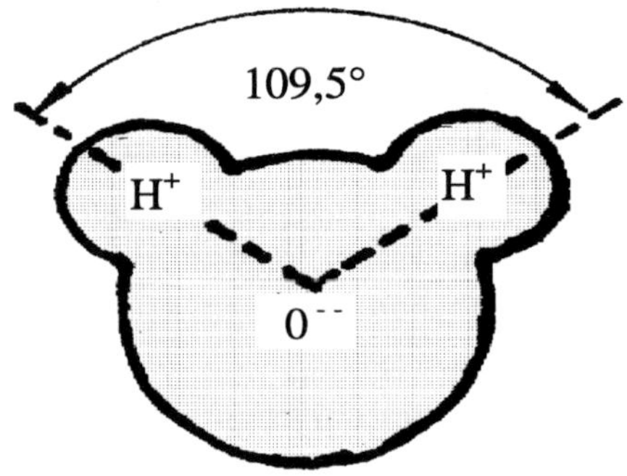

H_2O: der Bindungswinkel zwischen 2 H-Molekülen = 104,5°
Bindungswinkel im angeregten Zustand = 109,5°

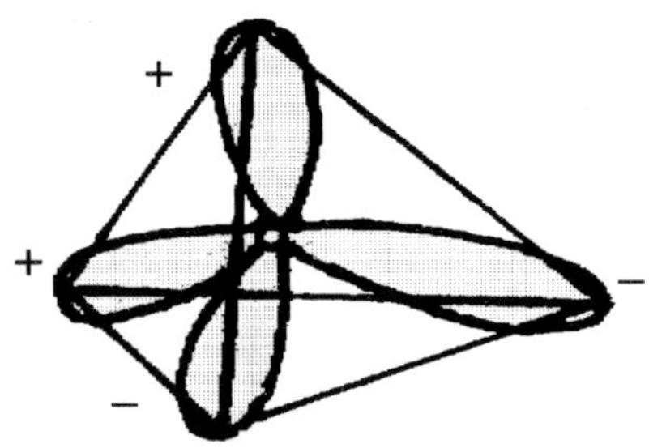

Elektronenorbital-Energiediagramm (anger. H_2O) = Tetraeder
stabilste Flüssigkristall = 8 Tetraeder = Oktaederstern

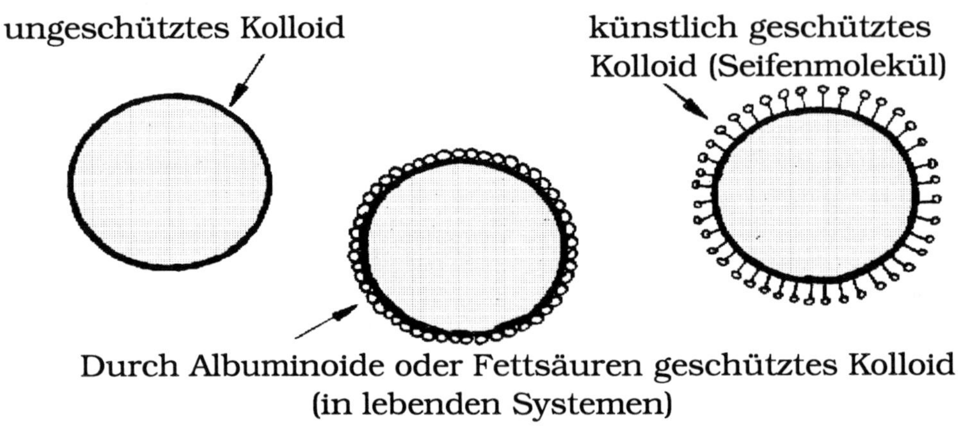

Tafel 4.11: Wassermoleküle und Wasserkolloide

4.11 Transportphänomen

Das Wirbelprinzip ist sich selbst ähnlich. Das heißt, daß die Eigenschaften eines einzelnen Wirbels auch bei der Ansammlung unzählig vieler Wirbel in ähnlicher Art und Weise wieder auftreten und beobachtet werden können. Ein Wirbelballen verhält sich daher ganz ähnlich wie ein einzelner isolierter Wirbel. Derselbe Konzentrationseffekt, der den Wirbel zusammenhält, zeigt seine Wirkung beim Wirbelballen und hält auch ihn zusammen.
Entsprechendes gilt für eine vollkommen anders geartete, grundlegende Eigenschaft von Potentialwirbeln. Sie besteht darin, ***Materie im Wirbel zu binden und mit sich fortzutragen.*** Allgemein bekannt sind die Ringwirbel, die geschickte Zigarettenraucher in die Luft blasen können. Natürlich können auch Nichtraucher diese Luftwirbel mit dem Mund erzeugen, nur bleiben diese unsichtbar. Allein durch die Eigenschaft des Ringwirbels, den Rauch in sich zu binden, wird er für das menschliche Auge sichtbar.
Wenn unser Potentialwirbel etwas transportiert, dann sollte es wohl ein dielektrischer Stoff sein, also vorzugsweise Wasser. Sind wir in unserer Umgebungsluft also von Potentialwirbeln umgeben, die wir beispielsweise als Rauschen nachweisen können, so sind sie mit ihrem "***Transportphänomen***" in der Lage, Wasser aufzunehmen und im Wirbel zu halten. Auf diese Weise ist die *Luftfeuchtigkeit* erklärbar als die Fähigkeit der Luftteilchen, vergleichsweise schwere Wassermoleküle zu binden. Zerfällt der Wirbel, so gibt er die Wasserpartikel zwangsläufig frei, und es *regnet.* Dies ist lediglich eine reizvolle Alternative zur klassischen Darstellung ohne Anspruch auf Vollständigkeit.
Das Phänomen haben schon die Römer zur Wasser- und Quellensuche ausgenutzt. Dazu schreibt Vitruv[i] (ab 23 v.Chr.) in seinem 8. Buch über die Architektur: "Man lege sich vor Sonnenaufgang an den Stellen, wo man das Wasser suchen muß,... auf die Erde und beschaue die Gegend... Dann soll man da, wo sich kräuselnde und in die Luft aufsteigende, feuchte Dünste zeigen, graben. Wo sich nämlich kein Wasser befindet, kann dieses Kennzeichen nicht auftreten". Zu bestimmten Tages- und Jahreszeiten gelegentlich in Wiesen und Kornfeldern beobachtbare Streifen oder kreisrunde, meist feuchte Stellen mit abweichender Vegetation müssen als untrügliches Zeichen für die Existenz dieses Phänomens gewertet werden.
Bei den besprochenen ***Wasserkolloiden*** taucht dieses Transportphänomen wieder auf. Die beteiligten Wassermoleküle formen sich zu einem kugelartigen Gebilde mit negativer Ladung. Sie kehren also ihre negativ geladene Seite nach außen und zeigen mit dem positiv geladenen Ende in Richtung Kugelmitte. Dort kann sich, von außen nicht mehr erkennbar, ein negativ geladenes Ion aufhalten, das festgehalten wird, nicht mehr entweichen kann und dem ganzen Kolloid eine charakteristische Eigenschaft verleiht. Auf diese Weise kennt die Natur die unterschiedlichsten Wasserkolloide, aus denen sich Pflanzen und Tiere zusammensetzen. Ab einer Temperatur von 41°C zerfallen die ***Flüssigkristalle*** allerdings. Dies ist nicht ohne Zufall die Temperatur, bei der der Mensch stirbt.
Für den elektrischen Tod reichen bereits 10 Millivolt pro Flüssigkristall.
Die zu einem Kolloid identische Struktur finden wir beim Aufbau der ***Atome***. Hier wird der Atomkern im Innern einer wirbelartigen Elektronenwolke, der Atomhülle festgehalten. Auf das Transportphänomen werden wir ein letztes Mal stoßen, wenn die ***Elementarteilchen*** hergeleitet werden. Schon beim Photon ist die Neigung eines Elementarwirbels erkennbar, einen anderen in seinem Innern aufzunehmen. Lediglich die Gleichwertigkeit von Elektron und Positron verhindern beim Photon eine stabile Konfiguration.

<i> Vitruvius Pollio, Marcus: Zehn Bücher über Architektur, WBG 1987

Im Kapitel Wirbelberechnug verwendete Differentialoperationen:

Fettdruck = Feldzeiger (Vektor)

Gradient der skalaren Ortsfunktion V:

$$\text{grad } V = \mathbf{e}_x \cdot \delta V/\delta x + \mathbf{e}_y \cdot \delta V/\delta y + \mathbf{e}_z \cdot \delta V/\delta z$$

Divergenz des Vektors **A**:

$$\text{div } \mathbf{A} = \delta A_x/\delta x + \delta A_y/\delta y + \delta A_z/\delta z$$

Rotation (Wirbeldichte) des Vektors **A**:

$$\begin{aligned} \text{rot } \mathbf{A} = \; & \mathbf{e}_x \cdot (\delta A_z/\delta y - \delta A_y/\delta z) + \\ & + \mathbf{e}_y \cdot (\delta A_x/\delta z - \delta A_z/\delta x) + \\ & + \mathbf{e}_z \cdot (\delta A_y/\delta x - \delta A_x/\delta y) \end{aligned}$$

Laplaceoperator Δ:

$$\Delta \mathbf{A} = \delta^2\mathbf{A}/\delta x^2 + \delta^2\mathbf{A}/\delta y^2 + \delta^2\mathbf{A}/\delta z^2$$

Rechenregeln:

$$\Delta \mathbf{A} = \text{grad div } \mathbf{A} - \text{rot rot } \mathbf{A}$$

$$\text{div rot } \mathbf{A} = 0$$

$$\mathbf{A} \times \mathbf{B} = -\mathbf{B} \times \mathbf{A}$$

$$\text{div } (\mathbf{A} \times \mathbf{B}) = \mathbf{B} \text{ rot } \mathbf{A} - \mathbf{A} \text{ rot } \mathbf{B}$$

* wichtige Gleichungen sind eingerahmt.
* neue Gleichungen sind doppelt unterstrichen.

Tafel 5.0: Formelsammlung zur Vektoranalysis

5. Herleitung und Interpretation

Wirbel bereiten jedem Meßtechniker große Probleme. Sie haben nämlich die unangenehme Eigenschaft, um den Meßfühler herum zu verwirbeln, und sei dieser noch so klein. Wirbel weichen der geringsten Störung aus und lassen sich kaum noch reproduzierbar nachweisen.

Von dem bekannten Wirbelstrom wissen wir von dieser Problematik. Wir sind gezwungen, *anstelle des Wirbels* irgendwelche *Wirkungen*, die von dem Wirbel ausgehen, zu messen und auszuwerten. Dies können Messungen der Wirbelverluste sein oder Rückwirkungen auf das anregende Feld. Dies setzt allerdings voraus, daß die Wirkung auch tatsächlich eintrifft.
So ist die Voraussetzung für eine Temperaturerhöhung durch Wirbelverluste, daß der Wirbel zerfällt. In einem idealen Medium wird er uns diesen Gefallen leider nicht tun.

Als Wirbel des Dielektrikums wird der Potentialwirbel in Luft oder in Wasser ziemlich ideale Verhältnisse vorfinden. Wie soll ein Wirbel nachgewiesen werden, von dem keine Wirkung ausgeht? Die klassische Meßtechnik ist hier mit ihrem Latein am Ende.

Aus der Dualität zu dem bekannten Wirbelstrom und an Hand der Anschauung konnten im vorigen Kapitel zahlreiche Eigenschaften des Potentialwirbels abgeleitet werden. Es sind aber noch nicht alle. Die mathematische Berechnung des elektrischen Wirbelfelds, der wir uns jetzt zuwenden wollen, wird noch weitere bedeutsame und höchst interessante Eigenschaften offenlegen.

Die Anschauung ist zwar wichtig, aber sie kann keine exakte Berechnung ersetzen. Ein konsequent mathematisch hergeleitetes Ergebnis hat mitunter mehr Aussagekraft als ein ganzes Buch voll Erklärungen. Es wird uns eine große Hilfe sein, die allen Überlegungen zugrunde liegende Feldgleichung herzuleiten und zu diskutieren.

Die Vektoranalysis erleichtert uns die mathematische Arbeit. Deshalb wählen wir anstelle der integralen Schreibweise (Gleichungen 1 und 2 bzw. 8) zweckmäßigerweise die Differentialform (Gleichung 11 und 12).

1. Durchflutungsgesetz:

$$\text{rot}\,\mathbf{H} = \mathbf{j} + \delta\mathbf{D}/\delta t \qquad (11)$$

mit:

Ohmsche Gesetz:	$\mathbf{j} = \sigma \cdot \mathbf{E}$	(9)
dielektr.Verschiebung:	$\mathbf{D} = \varepsilon \cdot \mathbf{E}$	(6)
Relaxationszeit:	$\tau_1 = \varepsilon/\sigma$	(10)

$$\boxed{\text{rot}\,\mathbf{H} = \varepsilon \cdot (\mathbf{E}/\tau_1 + \delta\mathbf{E}/\delta t)} \qquad (11^*)$$

2. Induktionsgesetz (nach Dualitätsregeln erweitert):

$$-\text{rot}\,\mathbf{E} = \mathbf{B}/\tau_2 + \delta\mathbf{B}/\delta t \qquad (12)$$

mit:

Induktion:	$\mathbf{B} = \mu \cdot \mathbf{H}$	(5)

$$\boxed{-\text{rot}\,\mathbf{E} = \mu \cdot (\mathbf{H}/\tau_2 + \delta\mathbf{H}/\delta t)} \qquad (12^*)$$

$$-\text{rot rot}\,\mathbf{E} = \mu \cdot (1/\tau_2) \cdot \text{rot}\,\mathbf{H} + \mu \cdot \delta(\text{rot}\,\mathbf{H})/\delta t \qquad (13)$$

Einsetzen von Gleichung 11*:

$$-\text{rot rot}\,\mathbf{E} = \mu \cdot \varepsilon \cdot (\mathbf{E}/\tau_1\tau_2 + (1/\tau_2) \cdot \delta\mathbf{E}/\delta t + (1/\tau_1) \cdot \delta\mathbf{E}/\delta t + \delta^2\mathbf{E}/\delta t^2) \qquad (13^*)$$

$$-\text{rot rot}\,\mathbf{E} = \Delta\mathbf{E} - \text{grad div}\,\mathbf{E} = \Delta\mathbf{E}\,,$$

da:	$\text{div}\,\mathbf{E} = 0$	(7*)
Abkürzung:	$\mu \cdot \varepsilon = 1/c^2$	(14)

3. Fundamentale Feldgleichung:

$$\boxed{\underbrace{\Delta\mathbf{E} \cdot c^2}_{a} = \underbrace{\delta^2\mathbf{E}/\delta t^2}_{b} + \underbrace{(1/\tau_1) \cdot \delta\mathbf{E}/\delta t}_{c} + \underbrace{(1/\tau_2) \cdot \delta\mathbf{E}/\delta t}_{d} + \underbrace{\mathbf{E}/\tau_1\tau_2}_{e}} \qquad (15)$$

Tafel 5.1: Herleitung der fundamentalen Feldgleichung

MEYL's universale Feldformel löst Ihre Probleme im Nu! (bei 30°, 60° und 90°)

5.1 Fundamentale Feldgleichung

Es wird von dem Durchflutungsgesetz ausgegangen, das für die Stromdichte an jeder Stelle des Raumes einen Wert liefert, der mit der Wirbeldichte der magnetischen Feldstärke übereinstimmt

$$\text{rot}\,\mathbf{H} = \mathbf{j} + \delta\mathbf{D}/\delta t \qquad (11)$$

Eingesetzt werden: das Ohmsche Gesetz: $\mathbf{j} = \sigma \cdot \mathbf{E}$, (9)

die dielektrische Verschiebung: $\mathbf{D} = \varepsilon \cdot \mathbf{E}$ (6)

und die Relaxationszeit: $\tau_1 = \varepsilon/\sigma$, (10)

die angibt, wie schnell die Stromwirbel zerfallen. Soweit kann auf bekannte Zusammenhänge zurückgegriffen werden.

Das Resultat lautet:

$$\boxed{\text{rot}\,\mathbf{H} = \varepsilon \cdot (\mathbf{E}/\tau_1 + \delta\mathbf{E}/\delta t)} \qquad (11^*)$$

Die neuen elektrischen Feldwirbel verlangen als Erweiterung die Einführung einer entsprechenden Zeitkonstante τ_2, die den Zerfall der Potentialwirbel beschreiben soll. Das erweiterte Induktionsgesetz liefert jetzt eine Potentialdichte, die an jeder Stelle des Raumes mit der Wirbeldichte der elektrischen Feldstärke übereinstimmt:

$$-\,\text{rot}\,\mathbf{E} = \mathbf{B}/\tau_2 + \delta\mathbf{B}/\delta t \qquad (12)$$

mit der Induktion $\mathbf{B} = \mu \cdot \mathbf{H}$. (5)

Das Resultat erfüllt die geforderte Dualität zur Gleichung 11^*:

$$\boxed{-\,\text{rot}\,\mathbf{E} = \mu \cdot (\mathbf{H}/\tau_2 + \delta\mathbf{H}/\delta t)} \qquad (12^*)$$

Bei nochmaliger Anwendung der Rotation auf Gleichung 12^*

$$-\,\text{rot rot}\,\mathbf{E} = \mu \cdot (1/\tau_2) \cdot \text{rot}\,\mathbf{H} + \mu \cdot \delta(\text{rot}\,\mathbf{H})/\,\delta t \qquad (13)$$

und Einsetzen von Gleichung 11^* erhalten wir:

$$-\,\text{rot rot}\,\mathbf{E} = \mu \cdot \varepsilon \cdot (\mathbf{E}/\tau_1\tau_2 + (1/\tau_2) \cdot \delta\mathbf{E}/\delta t + (1/\tau_1) \cdot \delta\mathbf{E}/\delta t + \delta^2\mathbf{E}/\delta t^2) \qquad (13^*)$$

Nach den Regeln der Vektoranalysis kann noch weiter vereinfacht werden:
$-\,\text{rot rot}\,\mathbf{E} = \Delta\mathbf{E} - \text{grad div}\,\mathbf{E}$, wobei daran erinnert sei, daß die Divergenz zu verschwinden hat ($\text{div}\,\mathbf{E} = 0$, Tafel 3.2, Gleichung 7^*), wenn der entsprechende Feldwirbel eingefügt werden soll!

Ferner ist die bekannte Abkürzung einsetzbar: $\mu \cdot \varepsilon = 1/c^2$ (14)

Damit vereinfacht sich der Zusammenhang mit der Lichtgeschwindigkeit c zur gesuchten Feldgleichung:

$$\boxed{\underbrace{\Delta\mathbf{E} \cdot c^2}_{a} = \underbrace{\delta^2\mathbf{E}/\delta t^2}_{b} + \underbrace{(1/\tau_1) \cdot \delta\mathbf{E}/\delta t}_{c} + \underbrace{(1/\tau_2) \cdot \delta\mathbf{E}/\delta t}_{d} + \underbrace{\mathbf{E}/\tau_1\tau_2}_{e}} \qquad (15)$$

Die Gleichung regelt die räumliche (a) und zeitliche (b, c, d) Verteilung eines Feldvektors. Sie beschreibt die elektromagnetische Welle (a, b) mit den dämpfend wirkenden Einflüssen. Als Dämpfungsterm treten der bekannte Wirbelstrom (c) und zusätzlich der neu eingeführte Potentialwirbel (d) auf.

Feldvektor: ψ = **E**, **H**, **j**, **B** oder **D**

1. elliptische Potentialgleichung:
   (stationär: $t \longrightarrow \infty$ bzw. $\delta/\delta t = 0$)

$$\underbrace{\Delta\psi \cdot c^2}_{a} = \underbrace{\psi/\tau_1\tau_2}_{e} \qquad (16)$$

2. hyperbolische Gleichung:
   (ungedämpfte Wellengleichung)

$$\underbrace{\Delta\psi \cdot c^2}_{a} = \underbrace{\delta^2\psi/\delta t^2}_{b} \qquad (17)$$

3. parabolische Gleichung:
   (Wirbelgleichung)

$$\underbrace{\Delta\psi \cdot c^2}_{a} = \underbrace{(1/\tau) \cdot \delta\psi/\delta t}_{c/d} \qquad (18)$$

Zerfallszeit der Wirbelströme =
Relaxationszeit: $\tau_1 = \varepsilon/\sigma$ (10)

Zerfallszeit der Potentialwirbel =
Relaxationszeit: $\tau_2 \sim \mu \cdot \sigma$ (19)

Tafel 5.2: mathematisch zerlegbare Einzelfälle

5.2 Mathematische Interpretation der fundamentalen Feldgleichung

Jeder Fachmann wird überrascht sein, die ***Poisson-Gleichung*** (a, e) als Term in der Wellengleichung wiederzufinden. Dieser Umstand zwingt uns eine völlig neue Interpretation stationärer Felder auf. Als Bindeglied steht der neue Dämpfungsterm dazwischen, der durch die Potentialwirbel gebildet wird (d).
Starten wir mit einer mathematischen Analyse. Wir haben die Rotation auf Gleichung 12* angewendet, Gleichung 11* eingesetzt und eine Bestimmungsgleichung für die elektrische Feldstärke **E** erhalten. Natürlich hätten wir genauso gut die Rotation auf Gleichung 11* anwenden und Gleichung 12* einsetzen können. Dies hätte die Bestimmungsgleichung für die magnetische Feldstärke **H** ergeben.
Setzen wir das Ohmsche Gesetz ein (9) und kürzen die spezifische Leitfähigkeit heraus, oder setzen wir die Materialbeziehungen (5) oder (6) ein und kürzen durch μ beziehungsweise ε, so kann die Feldgleichung ebenfalls für die Stromdichte **j**, für die Induktion **B** oder für die dielektrische Verschiebung **D** angeschrieben werden.
Es ist schon phänomenal, daß in allen Fällen die Gleichung 15 ihre Form überhaupt nicht ändert. Der Feldvektor ist also beliebig auswechselbar! Dieser Umstand begründet den Anspruch dieser Feldgleichung, fundamental genannt zu werden.
Es macht Sinn, stellvertretend für die möglichen Feldgrößen **E**, **H**, **j**, **B** oder **D** einen neutralen Beschreibungsvektor ψ einzuführen.

Die fundamentale Feldgleichung 15 setzt sich aus drei verschiedenartigen Typen von partiellen Differentialgleichungen zusammen: einer hyperbolischen (b), einer parabolischen (c und d) und einer elliptischen (e). Auf der linken Seite findet sich jeweils der Laplace-Operator (a), der die räumliche Verteilung der Feldgröße beschreibt.
Die Potentialgleichung vom elliptischen Typ (e) ist als ***Poissongleichung*** bekannt. Sie beschreibt den stationären Grenzfall eines abgeklungenen zeitlichen Vorgangs ($t \rightarrow \infty$, bzw. $\delta/\delta t = 0$). Mit dieser Gleichung können Potentiale und Spannungen genauso wie stationäre elektrische Ströme berechnet werden (16).
Die als ***Wellengleichung*** bekannte hyperbolische Gleichung (b) weist eine zweite Ableitung nach der Zeit auf, worin eine Invarianz gegenüber Zeitumkehr zum Ausdruck kommt; oder anders ausgedrückt: die Richtung der Zeitachse läßt sich durch einen Vorzeichenwechsel von t umkehren, ohne daß dies einen Einfluß auf den Frequenzgang hat. Wellenvorgänge sind daher reversibel. Gleichung 15 macht deutlich, daß eine Welle ohne Dämpfung in der Natur gar nicht vorkommen kann. Es müßten dazu nämlich beide Zeitkonstanten (τ_1 und τ_2) unendlich werden, was praktisch nicht realisierbar ist. Ungedämpfte Wellen könnten sich rein theoretisch unserer Meßtechnik entziehen (17).
Die beiden Wirbelgleichungen vom parabolischen Typ (c und d) weisen nur eine erste Ableitung nach der Zeit auf. Sie sind damit nicht mehr invariant gegen Zeitumkehr. Die Vorgänge der Wirbelbildung und des Wirbelzerfalls, der sogenannten Diffusion, sind folglich irreversibel. So gesehen ist es nur verständlich, wenn der Vorgang des sich auflösenden Wirbels, der seine gespeicherte Wirbelenergie z. B. in Form von Wirbelverlusten als Wärme abgibt, nicht umgekehrt ablaufen kann.
Dieser ***irreversible Diffusionsprozess*** erhöht im streng thermodynamischen Sinne die Entropie des Systems (18).
Da es für mathematische Berechnungen eine nützliche Vereinfachung darstellt, werden die unterschiedlichen Gleichungstypen häufig isoliert abgehandelt. Die physikalische Wirklichkeit sieht allerdings anders aus.

Feldvektor: ψ = **E**, **H**, **j**, **B** oder **D**

1. Grenzfall: keine Leitfähigkeit (Vakuum)
($\sigma = 0$; $1/\tau_1 = \sigma/\varepsilon = 0$):

$$\underbrace{\Delta\psi \cdot c^2}_{a} = \underbrace{\delta^2\psi/\delta t^2}_{b} + \underbrace{(1/\tau_2)\cdot \delta\psi/\delta t}_{d} \qquad (20)$$

(Potentialwirbeldämpfung)

2. Grenzfall: ideale Leitfähigkeit (Supraleiter)
($1/\sigma = 0$; $1/\tau_2 = 0$):

$$\underbrace{\Delta\psi \cdot c^2}_{a} = \underbrace{\delta^2\psi/\delta t^2}_{b} + \underbrace{(1/\tau_1)\cdot \delta\psi/\delta t}_{c} \qquad (21)$$

(Wirbelstromdämpfung)

3. Diffusionsgleichung

$$\underbrace{\Delta\psi \cdot c^2}_{a} = \underbrace{(1/\tau)\cdot \delta\psi/\delta t}_{c/d} + \underbrace{\psi/\tau_1\tau_2}_{e} \qquad (22)$$

(Wirbel)

Tafel 5.3: zwei Grenzfälle der Wellendämpfung und die Diffusionsgleichung für den Wirbelzerfall

5.3 Physikalische Interpretation der fundamentalen Feldgleichung

In der Natur treten die verschiedenen Gleichungstypen immer in einer kombinierten Weise auf.

1. Nehmen wir den konkreten Fall des **teilchenfreien Vakuums**. Hier ist die spezifische Leitfähigkeit Null. Die für den Wirbelzerfall zuständige Relaxationszeitkonstante $\tau_1 = \varepsilon/\sigma$ tendiert nach Gleichung 1O gegen unendlich, und die Terme (c) und (e) verabschieden sich aus der Feldgleichung 15. Es bleibt die durch Potentialwirbel (d) gedämpfte Wellengleichung (b) übrig (Gleichung 2O).

2. Der umgekehrte Fall (mit $\tau_2 \longrightarrow \infty$) wird folglich in widerstandslosen, also ***supraleitenden Materialien*** auftreten. Wir haben es jetzt mit dem bekannten Fall der Wirbelstrom gedämpften Welle zu tun (Gleichung 21).

Praktisch alle in der Natur vorkommenden Materialien erfüllen diese Grenzbedingungen jedoch nicht, woraus folgt, daß beide Dämpfungsterme immer gemeinsam auftreten und zudem noch der stationäre Term (e) wirksam wird.
Zwar demonstriert jede ***Antenne***, daß die elektromagnetische Welle in hochfrequente Wechselströme und -spannungen umsetzbar ist, die dann im Empfänger verstärkt werden. Daß dieser Übergang jedoch über einen Wirbel erfolgt, war bis zum Anschreiben dieser fundamentalen Gleichung unverstanden. Zur Anwendung kommen entweder Stabantennen aus gut leitfähigem Material, oder Hohlleiter und Hornstrahler, die, mit Luft gefüllt, nur eine minimale Leitfähigkeit haben. Tatsächlich kann die Welle auf zwei duale Arten umgesetzt werden: über das Aufrollen zu Stromwirbeln oder zu Potentialwirbeln (Tafel 1.4).
Jetzt sind wir endlich auch in der Lage zu erklären, warum Hohlleiter den besseren Wirkungsgrad ermöglichen: Es ist dem Konzentrationseffekt der Potentialwirbel zu verdanken, daß die HF-Leistung im Innern gebunden wird und nicht wie bei einer Leitung auf Grund des Skin-Effekts noch vor Erreichen der Antenne abstrahlen kann.
Physikalisch hat man sich diesen Zusammenhang, der den Übergang einer elektromagnetischen Welle in einen Wirbel beschreibt, demnach in der Art vorzustellen, daß sich die Welle bei einer äußeren Störung spontan zu einem Wirbel aufrollen kann. Je mehr Wirbel generiert werden, um so größer ist folglich die ***Dämpfung der Welle*** (Gleichungen 2O und 21).

3. Die Lebensdauer der Wirbel ist begrenzt und wird von der elektrischen Leitfähigkeit bestimmt. Die zunächst gespeicherten Wirbel zerfallen mit der jeweiligen Zeitkonstante τ. Diesen Vorgang beschreibt die **Diffusionsgleichung** 22. Das Endstadium der zerfallenen Wirbel beschreibt schließlich die Poisson-Gleichung (a, e: Gleichung 16).

Wenn der Wirbel zerfällt, setzt er die im Wirbel gespeicherte Energie in Wärme um. Die Vorgänge sind uns vom Wirbelstrom her bekannt. Wir sprechen von ***Stromwärmeverlusten***, die die stationären Ströme im Leitermaterial verursachen.
Neu allerdings ist die Vorstellung, derartige Wirbelphänomene könnten als ***dielektrische Verluste*** in Kondensatoren oder in der Luft auftreten. Der Mikrowellenherd oder das Hochfrequenzschweißen sind gute Beispiele hierfür.

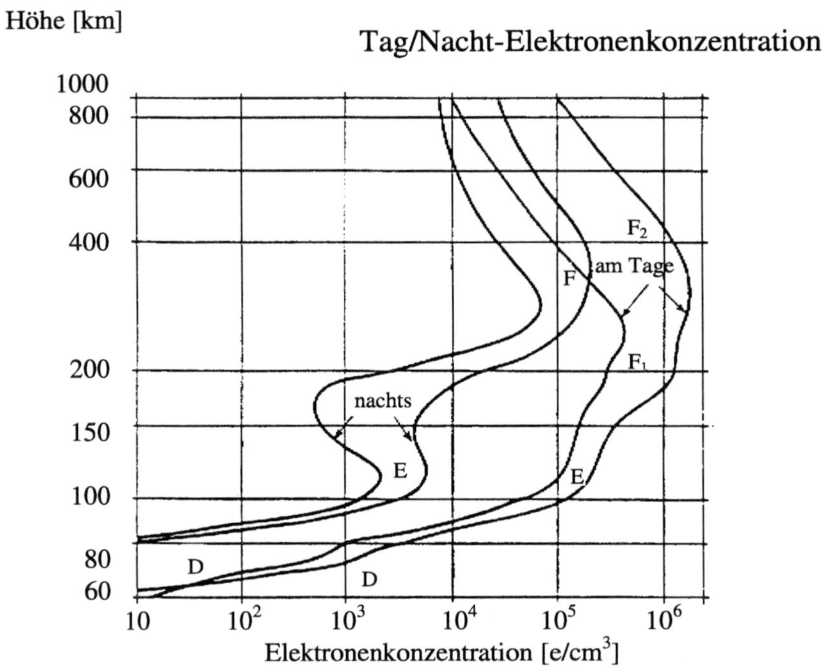

Tafel 5.4: Die Höhenabhängigkeit der Ionisierung in der Ionosphäre für mittlere Breiten<i>.
Linke Kurve: bei Sonnenfleckenminimum
Rechte Kurve: bei Sonnenfleckenmaximum

<i>: H.L. König: Unsichtbare Umwelt (Wetterfühligkeit), 5. Aufl., Bild 6, Seite 11, Verlag Moos & Partner München, ISBN 3-89164-058-7

5.4 Phänomenologische Interpretation der fundamentalen Feldgleichung

Wie wirkt sich eine ***Wirbeldämpfung*** in der Praxis aus? Zunächst können wir feststellen, daß der Rundfunkempfang schlechter wird. "Das Nutzsignal geht im Rauschen unter" erklärt der Radiotechniker und meint, die Zahl der Wirbel nimmt zu Lasten der Wellenintensität zu.
Wieso, fragt der Schüler, ist es im Weltraum so kalt? Die Sonne scheint dort doch Tag und Nacht und zudem viel intensiver als auf der Erde! Die korrekte Antwort müßte lauten, daß wegen der ausgesprochen geringen Leitfähigkeit kein Diffusionsprozeß ablaufen kann. Wir verdanken die Wärme auf unserer Erde allein dem hier ablaufenden Wirbelzerfall. Verantwortlich ist die Leitfähigkeit der Atmosphäre.
In 60 km bis 500 km Höhe über der Erdoberfläche, die als Ionosphäre bezeichnet wird, liegen die Gase überwiegend in ionisierter Form vor. Es herrscht eine sehr gute Leitfähigkeit, und die Folge sind Wirbelstromverluste. Dementsprechend hoch sind die meßbaren Temperaturen. Neben dem Diffusionsvorgang erledigen die Wirbelströme eine Dämpfung der kosmischen Strahlung. Wir sagen, das Sonnenlicht wird gefiltert und auf eine für die Natur erträgliche Intensität gebracht.
Allerdings werden nicht alle Frequenzen in gleichem Maße gedämpft (Tafel 2.8). Wir beobachten eine Blauverschiebung, wenn wir in den eigentlich schwarzen Himmel schauen. Der blaue Himmel zeigt keinerlei Flecken oder Wolken. Der Grund ist in dem Skineffekt der Wirbelströme zu suchen, die nach außen streben. Da hier kein Leiterrand vorhanden ist, kann sich auch keine Haut (englisch: skin) bilden. Die Wirbel breiten sich gleichmäßig über die Ionosphäre aus.
Der Potentialwirbel hingegen vermag sich zu strukturieren. Er benötigt lediglich eine schlechte Leitfähigkeit, und die findet er in niedriger Höhe zwischen 1 km und 1O km. Er dämpft die Welle und damit auch das Licht, weshalb wir sagen, es wird dunkler, die Sonne verschwindet hinter Wolken.
Die Wolken bilden gut sichtbar die besprochenen Wirbelballen und Wirbelbänder aus. Wolken können sich bei intensiver Sonneneinstrahlung praktisch aus dem Nichts bilden, d.h. die Wellen können sich zu Wirbeln aufrollen. In der Regel geschieht dies aber über den Weltmeeren. Hier kommt noch das Transportphänomen zum Tragen. Die Wasseroberfläche begünstigt wegen der hohen Dielektrizität die Entstehung von Potentialwirbeln. Dabei binden die Wirbel einzelne Wassermoleküle und tragen diese mit sich fort. Findet ein Diffusionsvorgang statt, bei dem die Wirbel zerfallen, so regnet es. Dies kann auf zweierlei Art und Weise geschehen:

1. Entweder die Leitfähigkeit nimmt zu. Wenn sich beispielsweise durch eine intensive Sonneneinstrahlung Luftionen bilden, vermag die Sonne Wolken und Nebel aufzulösen. Oder die Luft wird in höhere Schichten mit besserer Leitfähigkeit gehoben, weil ein Berg dies erzwingt, so regnet es am Gebirgsrand.
2. Potentialwirbel haben ein senkrecht auf ihnen stehendes elektrisches Feld zur Folge. Schließen sich an einer Stelle besonders viele Wirbel zusammen, die die Wolke besonders dunkel bis schwarz erscheinen lassen, besteht die Gefahr, daß die Ionisationsfeldstärke für Luft erreicht wird, bei der sich ein leitender Luftkanal bildet, über den sich die aufgespeicherten Ladungen entladen. Auch der Blitz ist ein Diffusionsvorgang, bei dem Potentialwirbel zerfallen und Regen entstehen kann.

In Zusammenhang mit der elektromagnetischen Umweltverträglichkeit kommen besonders der Speicherung und dem Zerfall elektrischer Wirbel große Bedeutung zu. Es besteht nicht nur ein akademisch-wissenschaftliches Interesse an der Frage, wieviele Potentialwirbel generieren, wieviele gespeichert sind und wieviele zerfallen, wenn wir mit einem Handy telefonieren, wenn wir uns unter einer Hochspannungsleitung aufhalten oder wenn wir Speisen zu uns nehmen, die in einem Mikrowellenherd erwärmt wurden. Die notwendige mathematische Beschreibung liefert die fundamentale Feldgleichung 15.

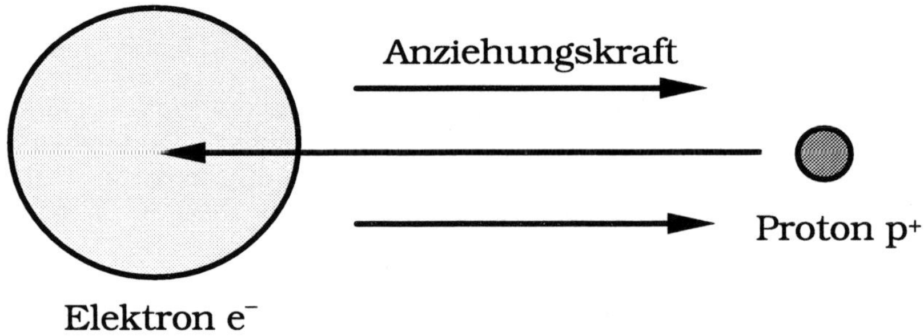

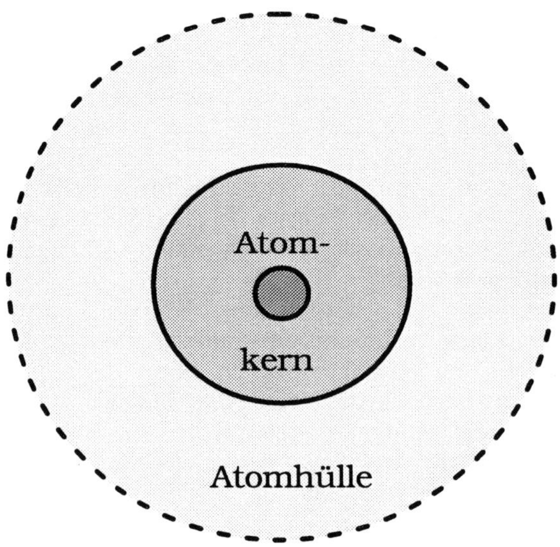

Tafel 5.5: Der Aufbau der Atome aus der Sicht der Fundamentalen Feldgleichung

Bedingung für Gleichgewicht: $\tau_1 = \tau_2$ (23)

5.5 Atomistische Interpretation der fundamentalen Feldgleichung

Wenden wir uns wieder den kleineren, den atomistischen Dimensionen zu. Hier finden sich positiv geladene Protonen und negativ geladene Elektronen. Beides sind *Materieteilchen* und das soll heißen, daß beide von außen betrachtet den ***identischen Wirbelsinn*** besitzen. Auf Grund der ungleichen Ladungsverhältnisse ziehen sie sich gegenseitig an und rotieren als unterschiedlich schweres Pärchen nach Tafel 4.9 um einen gemeinsamen Schwerpunkt herum. Chemiker sagen: "Das leichte Elektron umkreist den schweren Atomkern". Mit kleinen Kügelchen versuchen sie, den Atomaufbau zu erklären.
Aber das Modell taugt nicht; es widerspricht in elementarster Weise der Kausalität. Wir haben es mit dem Problem zu tun, daß nach den Gesetzen der Elektrodynamik das zentralbeschleunigte Elektron elektromagnetische Wellen abstrahlen und ununterbrochen Energie verlieren müßte, um schließlich in den Kern zu stürzen.
Unsere Erfahrung lehrt, daß dies glücklicherweise nicht zutrifft - und **Nïels Bohr** war zur Rettung seines Atommodells gezwungen, mit einem in der Willkür begründeten Postulat die Gesetze der Physik außer Kraft zu setzen.
Tatsächlich besteht dieser Zustand nur eine sehr kurze Zeit, und dann passiert etwas Unglaubliches: Das Elektron ist nicht mehr als einzelnes Teilchen auszumachen. *"Es sei über die Elektronenbahn verschmiert"*, sagen die einen; *"Es besitzt eine Doppelnatur"*, sagt **Heisenberg**. Neben dem korpuskularen Charakter soll das Elektron bei seiner "zweiten Natur" eine ***Materiewelle*** ausbilden. *"Beim Aufenthaltsort handelt es sich um eine Resonanz als Maximum einer Aufenthaltswahrscheinlichkeit"*, erklären uns **de Broglie** und **Schrödinger**.

Die Erklärungen können kaum überzeugen. Verliert das Elektron in seiner zweiten Natur seinen Teilchencharakter, so wird es auch seine typischen Eigenschaften, wie zum Beispiel seine Masse und seine Ladung verlieren, was aber nicht der Fall ist.
Die Wirbeltheorie liefert klare und kausale Antworten: Da dem Elektron als Kügelchen ständig Energie entzogen würde, bildet sich eine andere Konfiguration aus, die dieses Problem nicht kennt. Es kommt das Transportphänomen zum Tragen. Das Elektron öffnet sein Wirbelzentrum und nimmt die winzigen Protonen und Neutronen als Atomkern in sich auf. Die Bohrsche Elektronenbahn ist damit keine Bahn mehr, sondern wird von dem ganzen Teilchen als Kugelschale eingenommen. Dies bestätigen die unverstandenen Messungen genauso wie die Aufnahmen einzelner Atome mit dem Rasterelektronenmikroskop.
Jetzt hat ein Elektron in seinem Innern aber die entgegengesetzte ~~Wirbelrichtung~~ Ladung wie das Proton von außen. Als Folge kommt es zu einer ***Abstoßungskraft***, die als nach außen gerichteter Stromwirbel interpretierbar ist. Die ***Anziehungskraft*** auf Grund der entgegengesetzten Ladung wirkt dem entgegen und ist als Potentialwirbeleffekt interpretierbar.
Wenn beide Wirbel gleich mächtig sind:

$$\tau_1 = \tau_2 \quad , \qquad (23)$$

oder *wenn beide Kräfte im Gleichgewicht sind,* würde man üblicherweise sagen, befindet sich das Gebilde, das wir Atom nennen, in einem stabilen Zustand.
Es wird wohl eine Folge der unverträglichen Wirbelrichtung sein, weshalb sich ein sehr großer Abstand einstellt, wenn das Elektron zu einem Hüllelektron wird. Allzuviele Elektronen haben auf so einer Schale nicht Platz. Durch die Eigenrotation, den Elektronenspin, bilden sie ein magnetisches Dipolmoment aus, das zu einer magnetischen Anziehung zweier Elektronen führt, wenn sie ihre Spinachse antiparallel stellen.
Als "reibungslos" gegeneinander rotierendes Paar bilden sie zwei Halbschalen einer Kugel aus und besetzen damit die innerste Schale in der Hülle eines Atoms. Ist die positive Ladung des Kerns damit noch nicht ausgeglichen, so bleibt weiteren Elektronen nur die Möglichkeit, eine weitere Schale zu bilden. Jetzt nimmt dieses Elektron das ganze Gebilde in sich auf. Die neue Schale liegt weiter außen und bietet naturgemäß auch mehr als nur zwei Wirbeln Platz.

Zeitlich periodischer Ansatz:

$$\mathbf{E}(\mathbf{r},t) = \psi(\mathbf{r},t) \cdot e^{-\omega t} \tag{27}$$

mit Kreisfrequenz $\omega = 1/\tau = (1/\tau_1 + 1/\tau_2)/2$ (28)

Wir setzen den Ansatz 27 und seine Ableitungen:

$$\delta \mathbf{E}/\delta t = -\omega \cdot \psi \cdot e^{-\omega t} + (\delta\psi/\delta t) \cdot e^{-\omega t}$$

$$\delta^2 \mathbf{E}/\delta t^2 = \omega^2 \cdot \psi \cdot e^{-\omega t} - 2\omega \cdot (\delta\psi/\delta t) \cdot e^{-\omega t} + (\delta^2\psi/\delta t^2) \cdot e^{-\omega t} \tag{27*}$$

in die Fundamentale Feldgleichung 15 ein:

$$\Delta \mathbf{E} \cdot c^2 = \delta^2 \mathbf{E}/\delta t^2 + (1/\tau_1) \cdot \delta \mathbf{E}/\delta t + (1/\tau_2) \cdot \delta \mathbf{E}/\delta t + \mathbf{E}/\tau_1\tau_2$$

und dividieren durch den Zeitzeiger $e^{-\omega t}$:

(29)

$$\begin{aligned} \Delta\psi \cdot c^2 = \; & \psi/\tau_1\tau_2 && \text{(a) = (e)} \\ & - \omega \cdot \psi \cdot (1/\tau_1 + 1/\tau_2) && \text{(c, d)} \\ & + (1/\tau_1 + 1/\tau_2) \cdot \delta\psi/\delta t && \text{(c, d)} \\ & + \omega^2 \cdot \psi - 2\omega\delta\psi/\delta t + \delta^2\psi/\delta t^2 && \text{(b)} \end{aligned}$$

Einsetzen der Kreisfrequenz nach Gleichung 28:

(29*)

$$\begin{aligned} \Delta\psi \cdot c^2 = \; & \psi/\tau_1\tau_2 && \text{(a) = (e)} \\ & - (\psi/2) \cdot (1/\tau_1 + 1/\tau_2)^2 && \text{(c, d)} \\ & + (1/\tau_1 + 1/\tau_2) \cdot \delta\psi/\delta t && \text{(c, d)} \\ & + (\psi/4) \cdot (1/\tau_1 + 1/\tau_2)^2 && \text{(b)} \\ & - (1/\tau_1 + 1/\tau_2) \cdot \delta\psi/\delta t + \delta^2\psi/\delta t^2 && \text{(b)} \end{aligned}$$

Zusammengefaßt mit Gleichung 28:

$$\Delta\psi \cdot c^2 = \psi/\tau_1\tau_2 - \omega^2 \cdot \psi + \delta^2\psi/\delta t^2 \tag{30}$$

Tafel 5.6: Herleitung der Klein-Gordon-Gleichung aus der fundamentalen Feldgleichung

5.6 Herleitung der Klein-Gordon-Gleichung

Das gültige Atommodell wirft heute noch Kausalitätsprobleme auf, wie erklärt worden ist. Eine Verbesserung lieferte eine Gleichung, die der Mathematiker Schrödinger 1926 als Modellbeschreibung vorschlug. Dieser Gleichung fehlt dadurch die physikalische Wurzel, aber sie erntete trotzdem internationale Anerkennung, da sie experimentell bestätigt werden konnte. Vom Ergebnis her konnte dann rückwärts blickend die physikalische Interpretation der *Aufenthaltswahrscheinlichkeit der Wellenresonanz* nachgeschoben werden.

$$i \cdot \hbar \cdot \delta\psi/\delta t = U \cdot \psi - (\hbar^2/2m) \cdot \Delta\psi \qquad (24)$$

Die **Schrödinger-Gleichung** gilt für Materiefelder (der Masse m), deren Wechselwirkung mit einem äußeren Kraftfeld die Energie U angibt. Man kann sie durch Umformung aus einer Wellengleichung gewinnen, was als mögliche Begründung dafür angesehen werden könnte, warum sie üblicherweise als Wellengleichung bezeichnet wird, obwohl es sich in Wirklichkeit um eine Diffusionsgleichung, also um eine Wirbelgleichung handelt!
Für die Herleitung gibt Schrödinger den Ansatz einer harmonischen Schwingung an für die komplexe Wellenfunktion ψ:

$$\psi(\mathbf{r},t) = \phi(\mathbf{r}) \cdot e^{-i\omega t}, \qquad (25)$$

wenn die gesamte Zeitabhängigkeit durch die eine Frequenz $f = W/h$ beschreibbar ist

(de-Broglie-Beziehung): $$\omega = 2\pi f = W \cdot 2\pi/h = W/\hbar \qquad (26)$$

Das hochgesteckte Ziel lautet: Wenn der Aufbau des Atoms von der Fundamentalen Feldgleichung 15 bestimmt wird, so müßte sich die experimentell abgesicherte Schrödinger-Gleichung herleiten lassen und den besprochenen Spezialfall mathematisch beschreiben. Auch wir wählen zuerst einmal einen zeitlich periodischen Ansatz:

$$\mathbf{E}(\mathbf{r},t) = \psi(\mathbf{r},t) \cdot e^{-\omega t}, \qquad (27)$$

mit der Kreisfrequenz $$\omega = 1/\tau = (1/\tau_1 + 1/\tau_2)/2 . \qquad (28)$$

Wir setzen den Ansatz 27 und seine Ableitungen in die Feldgleichung 15 ein und dividieren durch den Zeitzeiger $e^{-\omega t}$:

$$\Delta\psi \cdot c^2 = \psi/\tau_1\tau_2 - \omega \cdot \psi \cdot (1/\tau_1 + 1/\tau_2) + (1/\tau_1 + 1/\tau_2) \cdot (\delta\psi/\delta t) + \\ + \omega^2 \cdot \psi - 2\omega\delta\psi/\delta t + \delta^2\psi/\delta t^2 \qquad (29)$$

Wird als nächster Schritt die Kreisfrequenz nach Gleichung 28 eingesetzt, dann ergibt sich zusammengefaßt das vorläufige Zwischenergebnis:

$$\Delta\psi \cdot c^2 = \psi/\tau_1\tau_2 - \omega^2 \cdot \psi + \delta^2\psi/\delta t^2 \qquad (30)$$

Die hergeleitete Gleichung 30 stellt formal betrachtet die *Klein - Gordon - Gleichung* dar, die zur Beschreibung von Materiewellen in der Quantenmechanik verwendet wird und die besonders in der Quantenfeldtheorie (z.B. Mesonen) eine bedeutende Rolle spielt. Auch wenn sie häufig als relativistisch invariante Verallgemeinerung der Schrödinger-Gleichung angesehen wird, so ist sie bei genauerer Betrachtung mit dieser unvereinbar und als "echte" Wellengleichung auch nicht imstande, Wirbelprobleme richtig zu behandeln, wie z.B. die mit der Schrödinger-Gleichung berechenbare Quantelung unseres Mikrokosmos.

Schrödinger-Ansatz $\psi(\mathbf{r},t) = \phi(\mathbf{r}) \cdot e^{-i\omega t}$ (25)

mit: $f = W/h$; de-Broglie-Beziehung:

$$\omega = 2\pi f = W \cdot 2\pi/h = W/\hbar \quad (26)$$

die Ableitungen:

$$\delta\psi/\delta t = -i\,\omega \cdot \psi$$

nach ψ umgeformt:

$$\psi = (i/\omega) \cdot \delta\psi/\delta t \quad (31)$$

2. Ableitung:

$$\delta^2\psi/\delta t^2 = -i\,\omega \cdot \delta\psi/\delta t \quad (32)$$

In Gleichung 3O eingesetzt:

$$\Delta\psi \cdot c^2 = \psi/\tau_1\tau_2 - 2\,i\,\omega \cdot \delta\psi/\delta t \quad (33)$$

= gesuchte Schrödinger-Gleichung (übliche Schreibw.):

$$i \cdot \hbar \cdot \delta\psi/\delta t = U \cdot \psi - (\hbar^2/2m) \cdot \Delta\psi \quad (24)$$

Koeffizientenvergleich erforderlich:
Einstein-Beziehung (mit der Lichtgeschwindigkeit c):

mit (26): $W = m \cdot c^2 = \omega \cdot \hbar$ (34)

Koeffizient des Imaginärteils: $-2\,i\,\omega = 2(\omega/i) = 2mc^2/i\,\hbar$ (35)

Koeffizientenvergleich für den Realteil: $1/\tau_1\,\tau_2\,c^2 \overset{!}{=} U \cdot 2m/\hbar^2$ (36)

Kinetische Energie eines mit v bewegten Teilchens:

$$½ \cdot m \cdot v^2 = W - U \quad (37)$$

v = Gruppengeschwindigkeit der Materiewelle:

$$v = hf/mc = \hbar\,\omega/mc \quad (38)$$

Gl.37: $U = W - ½ \cdot m \cdot (\hbar\,\omega/mc)^2$ (37*)

Gl.34: $W = \omega \cdot \hbar$; $(\hbar\,\omega/mc) = c$; bzw: $m/\hbar = \omega/c^2$

In Gl.37* lautet der gesuchte Koeffizient (nach Gl.36):

$$U \cdot 2m/\hbar^2 = 2\omega/c^2\hbar \cdot [\omega \cdot \hbar - ½ \cdot m \cdot c^2]$$
$$= 2\omega/c^2\hbar \cdot [\omega \cdot \hbar - ½ \cdot \omega \cdot \hbar] = \underline{\underline{(\omega/c)^2}} \quad (39)$$

Tafel 5.7: Herleitung der zeitabhängigen Schrödinger-Gleichung

5.7 Herleitung der zeitabhängigen Schrödinger-Gleichung

Mit dem Schrödinger-Ansatz 25 und dessen Ableitungen wird die Herleitung fortgesetzt:

$$\psi(\mathbf{r},t) = \phi(\mathbf{r}) \cdot e^{-i\omega t}, \tag{25}$$

$$\delta\psi/\delta t = -i\omega \cdot \psi, \quad \text{bzw.} \quad \psi = (i/\omega) \cdot \delta\psi/\delta t \tag{31}$$

$$\delta^2\psi/\delta t^2 = -i\omega \cdot \delta\psi/\delta t \tag{32}$$

Die für eine harmonische Schwingung gewonnenen Zusammenhänge nach Gleichung 31 und 32 werden jetzt in Gleichung 3O eingesetzt:

$$\Delta\psi \cdot c^2 = \psi/\tau_1\tau_2 - 2i\omega \cdot \delta\psi/\delta t \tag{33}$$

Dies ist bereits die gesuchte **Schrödinger-Gleichung**, wie wir sofort sehen werden, wenn wir die Koeffizienten erst einmal analysiert haben. Da neben Gleichung 26 für die Gesamtenergie W auch die Einstein-Beziehung gilt (mit der Lichtgeschwindigkeit c):

$$W = m \cdot c^2 = \omega \cdot \hbar, \tag{34}$$

können wir den Koeffizienten des Imaginärteils ersetzen durch:

$$2(\omega/i) = 2\,m\,c^2/i\hbar \tag{35}$$

Damit Gleichung 33, wie gefordert, aus der Schrödinger-Gleichung 24 hervorgeht, wird für den Realteil ein Koeffizientenvergleich angestellt:

$$1/\tau_1\tau_2\, c^2 \overset{!}{=} U \cdot 2m/\hbar^2 \tag{36}$$

Beträgt die kinetische Energie eines mit der Geschwindigkeit v bewegten Teilchens:

$$½ \cdot m \cdot v^2 = W - U, \tag{37}$$

so hat dieses nach De Broglie die Wellenlänge h/mv. Die Betrachtung als Materiewelle verlangt eine Übereinstimmung mit der Wellenlänge c/f einer elektromagnetischen Welle (mit der Phasengeschwindigkeit c). Das Teilchen besitzt daher die Geschwindigkeit v, die mit der Gruppengeschwindigkeit der Materiewelle übereinstimmt:

$$v = hf/mc = \hbar\omega/mc, \tag{38}$$

um diese in Gleichung 37 einzusetzen:

$$U = W - ½ \cdot m \cdot (\hbar\omega/mc)^2 \tag{37*}$$

Nach Gleichung 34 beträgt zum einen die Gesamtenergie $W = \omega \cdot \hbar$ und zum anderen gilt die Relation $(\hbar\omega/mc) = c$ bzw: $m/\hbar = \omega/c^2$.

Eingesetzt in die Gleichung 37* lautet der gesuchte Koeffizient (nach Gl.36):

$$U \cdot 2m/\hbar^2 = 2\omega/c^2\hbar \cdot [\omega \cdot \hbar - ½ \cdot m \cdot c^2]$$

$$= 2\omega/c^2\hbar \cdot [\omega \cdot \hbar - ½ \cdot \omega \cdot \hbar] \;\; \underline{\underline{= (\omega/c)^2}} \tag{39}$$

Koeffizientenvergleich 36 wird erfüllt, wenn:

$$1/\tau_1\tau_2 c^2 \overset{!}{=} U \cdot 2m/\hbar^2 = (\omega/c)^2 \qquad (40)$$

Die Kreisfrequenz ω ist durch Gleichung 28 gegeben. Es muß also gelten:

$$1/\tau_1\tau_2 \overset{!}{=} \tfrac{1}{4}(1/\tau_1 + 1/\tau_2)^2 \qquad (41)$$

bzw.:

$$\sqrt{1/\tau_1\tau_2} \overset{!}{=} \tfrac{1}{2}(1/\tau_1 + 1/\tau_2) \qquad (42)$$

arithmetisches Mittel = geometrisches Mittel, wenn gilt:

$$1/\tau_1 = 1/\tau_2 \text{ und: } \boxed{\tau_1 = \tau_2} \qquad (23)$$

Gl. 33 wird durch c^2 dividiert;
die Gl. 40 und 35 werden eingesetzt:

$$\boxed{\Delta\psi = U \cdot \psi \cdot (2m/\hbar^2) + (2m/i\hbar) \cdot \delta\psi/\delta t} \qquad (24^*)$$

zeitabhängige Schrödinger-Gleichung 24.

$\delta\psi/\delta t$ nach Gl. 31 mit $\omega = W/\hbar$ nach Gl. 34 ersetzen:

$$\Delta\psi = U \cdot \psi \cdot (2m/\hbar^2) + (2m/i\hbar) \cdot \psi \cdot (-i) \cdot W/\hbar \qquad (43)$$

Schrödinger-Ansatz 25 für die Ortsvariable $\phi(\mathbf{r})$:

$$\Delta\phi = (U2m/\hbar^2 - W \cdot 2m/\hbar^2) \cdot \phi \qquad (44)$$

$$\boxed{\Delta\phi = -2m/\hbar^2 (W - U) \cdot \phi} \qquad (45)$$

zeitunabhängige Schrödinger-Gleichung.

Tafel 5.8: Herleitung der zeitunabhängigen Schrödinger-Gleichung

5.8 Herleitung der zeitunabhängigen Schrödinger-Gleichung

Das Ziel ist erreicht, wenn wir in der Lage sind, den Koeffizientenvergleich 36 zu erfüllen:

$$U \cdot 2m/\hbar^2 \overset{!}{=} (\omega/c)^2 = 1/\tau_1\tau_2c^2 \qquad (4O)$$

Die Kreisfrequenz ω ist durch Gleichung 28 gegeben. Es muß also gelten:

$$\tfrac{1}{4}\,(1/\tau_1 + 1/\tau_2)^2 \overset{!}{=} 1/\tau_1\tau_2 \qquad (41)$$

bzw.:

$$\tfrac{1}{2}\,(1/\tau_1 + 1/\tau_1) \overset{!}{=} \sqrt{1/\tau_1\tau_2} \qquad (42)$$

Bekanntlich stimmen das arithmetische und das geometrische Mittel nur für den Fall überein, daß die Variablen identisch sind. In diesem Fall muß, wie bereits in Gleichung 23 gefordert, gelten:

$$\tau_1 = \tau_2 \,. \qquad (23)$$

Wir können hieraus die Schlußfolgerung ziehen, daß die Schrödinger-Gleichung gerade auf den beschriebenen *Sonderfall* (nach Gl.23) anwendbar ist, *bei dem der Wirbelstrom, der das Teilchen oder seine kreisförmige Bahn zu vergrößern trachtet und der Potentialwirbel, der die Atome zusammenhält und der auch für die Stabilität der Elementarteilchen verantwortlich ist, von identischer Größenordnung sind.*

Zur Kontrolle werden die Gleichung 33 durch c^2 dividiert und die Gleichungen 4O und 35 eingesetzt:

$$\Delta\psi = U \cdot \psi \cdot (2m/\hbar^2) + (2m/i\hbar) \cdot \delta\psi/\delta t \qquad (24^*)$$

Das ist die nach $\Delta\psi$ aufgelöste ***zeitabhängige Schrödinger-Gleichung*** *24.*

Als nächstes ersetzen wir $\delta\psi/\delta t$ nach Gleichung 31 mit $\omega = W/\hbar$ nach Gleichung 34:

$$\Delta\psi = U \cdot \psi \cdot (2m/\hbar^2) + (2m/i\hbar) \cdot \psi \cdot (-i) \cdot W/\hbar \qquad (43)$$

Unter Trennung der Ortsvariablen $\phi(\mathbf{r})$ von der Zeit durch den Schrödinger-Ansatz 25 erhalten wir:

$$\Delta\phi = (U\,2m/\hbar^2 - W \cdot 2m/\hbar^2) \cdot \phi \qquad (44)$$

Diese Gleichung 44 für die Ortsfunktion $\phi(\mathbf{r})$ ist die ***zeitunabhängige Schrödinger-Gleichung:***

$$\Delta\phi = -2m/\hbar^2\,(W - U) \cdot \phi \qquad (45)$$

Die Lösungen dieser Gleichung, die allen an sie zu stellenden Bedingungen (der Endlichkeit, der Stetigkeit, der Eindeutigkeit usw.) genügen, werden als *Eigenfunktionen* bezeichnet. Die Existenz entsprechender diskreter Werte der Energie W, auch *Eigenwerte der Schrödinger-Gleichung* genannt, sind die mathematische Begründung für die verschiedenen Quantenpostulate.

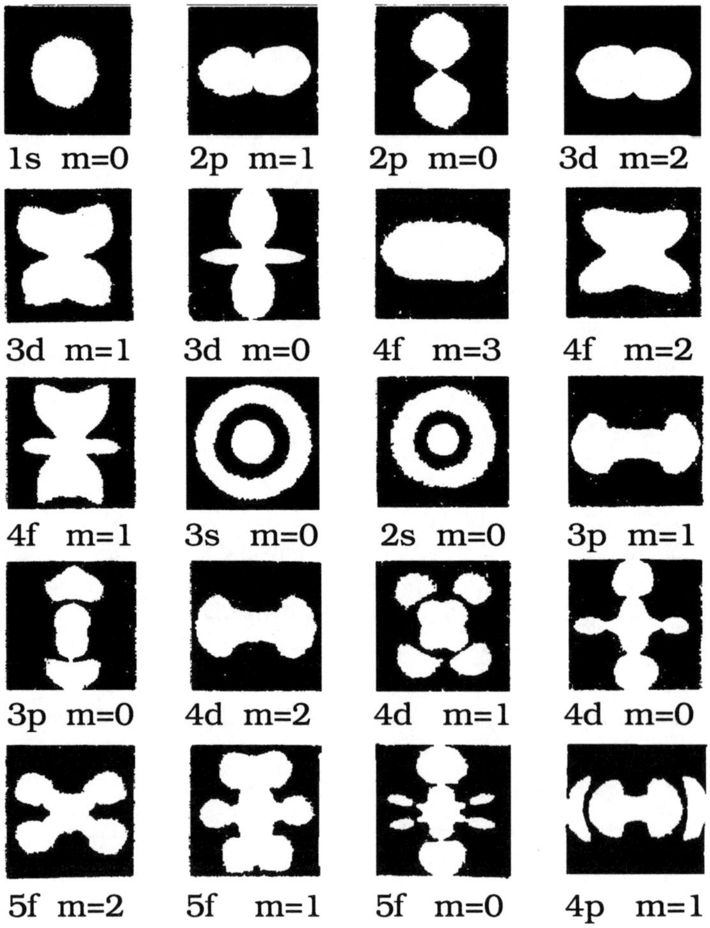

Tafel 5.9: Photographien von Modellen der Wahrscheinlichkeitsdichten für verschiedene Zustände des Wasserstoffatoms.
Die Dichten sind rotationssymmetrisch bezüglich der vertikalen Achse<i>.

<i>: entnommen aus U. Gradmann/H. Wolter: Grundlagen der Atomphysik, AVG, Frankfurt a. M. 1971, S. 190.

5.9 Interpretation der Schrödinger-Gleichung

Die Interpretation der Schrödinger-Gleichung ist unter Physikern nach wie vor umstritten, denn die Vorstellung von Wellenpaketen widerspricht dem korpuskularen Charakter der Elementarteilchen. Hinzu kommt die Schwierigkeit, daß Wellenpakete bei genauerer Betrachtung niemals zusammenhalten, mehr oder weniger schnell auseinanderlaufen, und wirklich nichts kann sie daran hindern. Bei einem Teilchen stellt der Zusammenhalt aber eine physikalische Tatsache dar. Von Kausalität kann da keine Rede mehr sein.
Das monokausale Zerlegen in zwei verschiedene Ebenen der Wirklichkeit, in eine raumzeitliche Lokalisierung und in eine energetische Beschreibung, stellt keine Lösung dar, sondern eher das Gegenteil, die Aufhebung der angeblichen Doppelnatur. Wie gezeigt worden ist, vermag der Potentialwirbel mit Hilfe seines Konzentrationseffekts dieses zu leisten.
Allerdings geht von der Einführung dieses neuen Feldphänomens der Zwang aus, die Ursachen für die berechenbaren und meßtechnisch überprüfbaren Lösungen der Schrödinger-Gleichung neu zu interpretieren. Naturgesetze kennen keine Wahlmöglichkeit! Wenn sie als richtig erkannt wurden, müssen sie auch zwingend angewendet werden.

Vor dreihundert Jahren noch stritten sich die Gelehrten, ob eine Zerlegung physikalischer Phänomene zulässig sei, wie **Newton** es vorgeschlagen hatte, um sie anschließend einzeln von anderen Einflüssen isoliert im Labor zu untersuchen, oder ob man nicht ganzheitlich vorgehen sollte, wie beispielsweise **Descartes** mit seiner kartesischen Wirbeltheorie. Er dachte sich die Himmelskörper in ätherischen Wirbeln schwebend.
Man war sich durchaus bewußt, daß das Ganze mehr sein muß als die Summe der Einzelerkenntnisse, aber die seit **Demokrit** diskutierte Wirbelvorstellung mußte den überwältigenden Erfolgen der Newton'schen Methode Platz machen und wurde nach 2100 Jahren eingestampft, um mittlerweile fast vergessen zu sein.
Heute, wo dieses Erfolgsrezept in vielen Bereichen schon an die Grenzen der physikalischen Möglichkeiten stößt, sollten wir uns an die Lehren der Alten erinnern und den Wirbelbegriff wieder aufgreifen. Es ist natürlich zutreffend, daß nur Details mathematisch berechenbar sind und daß die Natur, das große Ganze, unberechenbar bleibt, worin Probleme gesehen werden können.
Betrachten wir die Fundamentale Feldgleichung 15, so finden wir bestätigt, daß tatsächlich kein Mathematiker in der Lage ist, für diese vierdimensionale partielle Differentialgleichung eine allgemeingültige Lösung anzugeben. Nur einschränkende Spezialfälle für eine harmonische Anregung oder für bestimmte räumliche Randbedingungen sind berechenbar. Die abgeleitete Schrödinger-Gleichung ist ein solcher Fall und für uns besonders interessant, da es eine Eigenwertgleichung ist. Die Eigenwerte beschreiben auf mathematischem Wege meßtechnisch überprüfbare Strukturen der Potentialwirbel.
Auch andere Eigenwertgleichungen sind ableitbar, wie die Klein-Gordon-Gleichung oder die Lionville-Gleichung, die in Chaostheorien erfolgreich Anwendung findet. So öffnet sich unser Blick, wenn chaotische Systeme wie Turbulenzen als Spezialfälle der gleichen Feldgleichung berechnet werden und daraus ableitbar sein sollen.
Die in Bildern festgehaltenen und veröffentlichten Strukturen, die nachts in Kornfeldern entstanden sein sollen, sehen häufig wie die Eigenwerte einer entsprechenden Gleichung aus. Die reifen Ähren liegen dabei in sauberen Wirbelstrukturen platt am Boden. Möglicherweise haben Potentialwirbel die Ähren auf derart hohe Feldstärkewerte aufgeladen, daß sie durch die Coulombkräfte zu Boden gezogen wurden.

Konsequenzen, die aus der Herleitung der Schrödinger-Gleichung aus der Fundamentalen Feldgleichung 15 resultieren:

1. *Jedes Experiment, das die Schrödinger-Gleichung bestätigt, vermag damit gleichzeitig die Existenz der neu entdeckten Potentialwirbel und die Richtigkeit des feldtheoretischen Ansatzes zu bestätigen.*

2. *Eigenschaften der Atomhülle und des Atomkerns, die mit der Schrödinger-Gleichung beschreibbar sind, können ab sofort als elektromagnetische Erscheinung gedeutet werden.*

3. *Es existieren keine Teilchen oder Wellenpakete aus Materiewellen, sondern nur aus Potential- und Stromwirbeln zusammengesetzte Konfigurationen.*

4. *Es existiert keine Materie! Was wir als Materie bezeichnen, ist nichts anderes als ein elektromagnetischer Schwingungszustand des leeren Raumes.*

Den Zusammenhang zwischen der Schwingungsenergie und der Masse beschreibt die nach Albert Einstein benannte Beziehung

$$E = mc^2 \quad .$$

Tafel 6.1: Herleitung der Schrödinger-Gleichung, Beweiskraft und Konsequenzen

6. Objektivitätstheorie

6.1 Beweisführung

Eine neue Theorie hat nur dann Chancen auf Anerkennung, wenn sie beweisbar ist. Dazu werden physikalische Phänomene im Sinne der neuen Theorie berechnet und unabhängig davon Experimente durchgeführt. Wenn die Berechnungen durch reproduzierbare Meßergebnisse bestätigt werden, so wird damit die Richtigkeit des Ansatzes unter Beweis gestellt.
Im vorliegenden Fall haben wir an Stelle des üblichen quantenphysikalischen den feldtheoretischen Ansatz gewählt. Dieser hatte als neues Phänomen den Wirbel des elektrischen Feldes zu Folge. Dies ergab gegenüber der gebräuchlichen Maxwelltheorie geänderte Feldgleichungen in einer dualen Formulierung. Werden die beiden Gleichungen, die jeweils ein quellenfreies Wirbelfeld beschreiben, ineinander eingesetzt, ist das Resultat eine nur noch in Zeit und Raum formulierte, allgemein gültige und daher fundamentale Feldgleichung (15, Tafel 5.1).
Diese Gleichung kennt viele Sonderfälle; einer davon, die Schrödinger-Gleichung konnte auf dem Weg über einen zeitlich harmonischen Ansatz hergeleitet werden. Es wurde darauf verzichtet, spezielle Lösungen der Schrödinger-Gleichung anzugeben, da diese in zahlreichen Lehrbüchern abgedruckt sind.
Auf der anderen Seite sind Experimente bekannt, die in der Lage sind, die theoretischen Lösungen zu bestätigen und damit die Schrödinger-Gleichung zu beweisen. Die Eigenwerte der Gleichung beschreiben beispielsweise den schalenförmigen Aufbau der Atome mit den von **Niels Bohr** angegebenen Radien.
Jetzt wurde diese bereits bewiesene Gleichung aber aus dem neuen feldtheoretischen Ansatz abgeleitet. Damit muß für den Spezialfall, den Geltungsbereich der Schrödinger-Gleichung, die neue Theorie als bewiesen gelten (Tafel 6.1).
Wir geben uns damit noch nicht zufrieden und setzen noch einen weiteren Stein darauf: wir werden uns die Quanteneigenschaften der Elementarteilchen berechnen. Diese sind bisher nur gemessen worden. Heute wird lediglich nach Symmetrien und nach Erklärungsmodellen gesucht, wie z.B. der Quark-Hypothese. Von einer Berechnung ist die Wissenschaft meilenweit entfernt. Wir werden die Berechnungsergebnisse den Meßwerten gegenüberstellen. Nachrechnen und vergleichen kann dann jeder für sich.
Die Verhältnisse in einem Elementarteilchen sind allerdings völlig andere. Es handelt sich um den Wirbel selbst, während das Atommodell lediglich Wirbeleigenschaften, sogenannte Fernwirkungen beschreibt. Die Größenunterschiede und Abstände liegen bei einem Atom mehr als fünf Zehnerpotenzen über denen eines Teilchens!
Dabei tritt ein neues Kausalitätsproblem zutage, mit dem wir uns jetzt auseinandersetzen müssen: Die Frage nach der von **Einstein** postulierten Konstanz und Universalität der Lichtgeschwindigkeit. Von einem relativistischen und subjektiven Beobachterstandpunkt aus gesehen, mag Einstein durchaus Recht haben. Aber darf eine solche Theorie verallgemeinert werden? Wie sind die Messungen zur Lichtgeschwindigkeit und zur Relativität von Raum und Zeit bei objektiver Betrachtungsweise zu beurteilen? Die aktuellen Messungen von Überlichtgeschwindigkeit sprechen eine deutliche Sprache und stellen eine Herausforderung dar (Tafel 3.1, Verletzung des Kausalitätsprinzips Nr. 5).

Das Elektron als Kugelkondensator (s. Tafel 4.3):

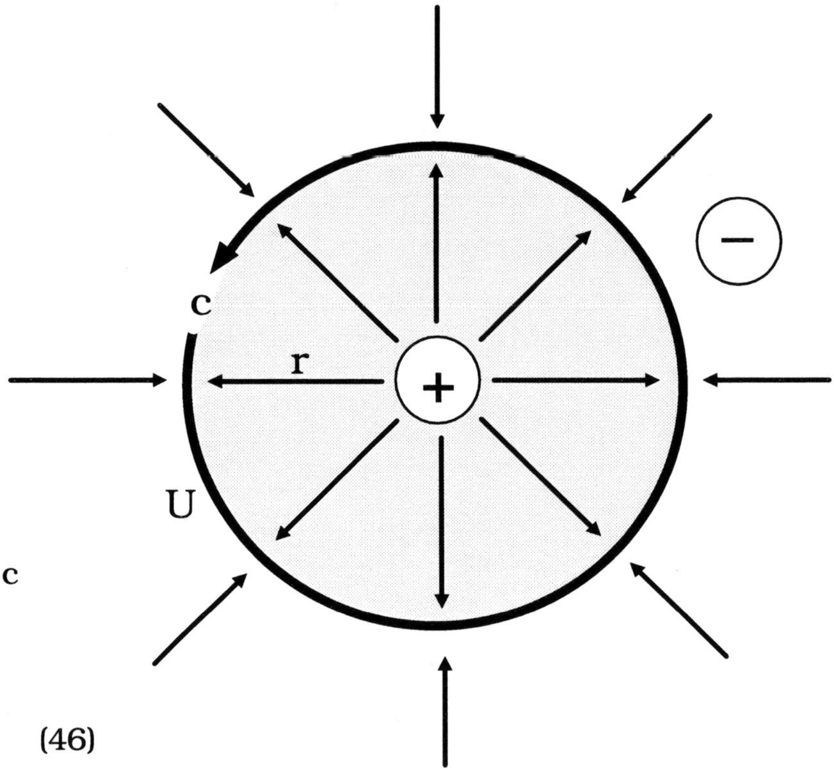

Mit Umfang

$U = 2\pi r \sim c$

gilt:

$r \sim c$ (46)

Feldtheoretischer Ansatz (Wirbelteilchen):

Die im Innern des Teilchens gebundene Energiemenge ist identisch mit der freien und meßbaren Energiemenge außerhalb des Teilchens.

(Bei unveränderter Teilchenzahl):

In einem abgeschlossenen System ist die Summe der Energie konstant.

(Das Teilchen = elektromagnetischer Wirbel)

Energie ist eine Zustandsbeschreibung des Elektromagnetismus.

Tafel 6.2: Herleitung des Energiesatzes

6.2 Energieerhaltungssatz

Ausgangspunkt für unsere Überlegungen sei die elektromagnetische Welle in einem teilchenfreien Vakuum. Hier treten keine Wirbel auf, so daß sich die ebene Welle ungedämpft mit Lichtgeschwindigkeit ausbreiten kann, wodurch ein Energietransport erfolgt. Elektrische und magnetische Energie sind jeweils gleich groß.
Stellen wir uns nun vor, die Symmetrie wird gestört, indem die Welle einseitig "abgebremst" wird. Als mögliche Folge *rollt sich die Welle zu einem Kugelwirbel auf.*
Wie wir noch sehen werden, ist ein solcher Vorgang beispielsweise beim Auftreffen auf ein starkes Feld möglich. Dabei wird ein Teil an Energie im Innern gebunden. Dieser entzieht sich von nun an jeder Meßmöglichkeit. Messen können wir nur noch den zweiten Teil an Feldenergie, mit dem das Teilchen mit seiner Umgebung in eine Wechselwirkung tritt.
Wir können davon ausgehen:

Die im Innern des Teilchens gebundene Energiemenge ist identisch mit der freien und meßbaren Energiemenge außerhalb des Teilchens.

Die gleiche Energie W_e = 0,51 MeV, die wir dem Elektron auf Grund seiner Masse mit Hilfe der Einstein-Beziehung (48) beimessen, ist also in seinem Innern gebunden. Diese Feststellung ist auch auf andere Elementarteilchen und damit auf die ganze Materie übertragbar.
Wir erkennen hier wieder das Prinzip der Dualität zwischen dem nach außen drängenden Wirbelstrom im Innern des Elementarwirbels und dem sich konzentrierenden Potentialwirbel außen. Beide sind also auch energetisch betrachtet gleich groß.
Während es sich bei der elektromagnetischen Welle um eine symmetrische Schwingung um "Null" herum handelt, entsteht durch den Vorgang der Quantisierung, durch das Aufrollen zu einem Kugelwirbel, ein von Null verschiedener energetischer Zustand des Raumes. Die Größenordnung wird durch die Anzahl an Elementarwirbeln bestimmt, aus denen die Teilchen und die ganze Materie bestehen.
Antimaterie bildet den entgegengesetzten energetischen Zustand, und dieser liegt wiederum bei den Materieteilchen in ihrem Innern in einer gebundenen Form vor.
Solange wir keine neuen Elementarwirbel künstlich erzeugen und damit die Anzahl der vorhandenen konstant halten, wird sich der energetische Zustand nicht ändern, oder wie es in Lehrbüchern formuliert wird:

In einem abgeschlossenen System ist die Summe der Energie konstant.

Der Energieerhaltungssatz ist kein Axiom, sondern folgt zwanglos aus der Wirbeltheorie. Er ist nicht elementar, sondern eine konsequent ableitbare Folge des feldtheoretischen Ansatzes, nach dem allein das Feld als Ursache für alle anderen physikalischen Phänomene auftritt, auch für die Energieerhaltung! Da es sich ursächlich um das elektromagnetische Feld handelt, muß gelten:

Energie ist eine Zustandsbeschreibung des Elektromagnetismus.

Jetzt können wir endlich erklären, warum sich Energie umformen läßt. Es sind nur unterschiedliche Ausbildungsformen ein und desselben Phänomens!
Natürlich erklärt diese Aussage des feldtheoretischen Ansatzes noch nicht, was beispielsweise die Temperatur mit dem Elektromagnetismus zu tun hat. Ich bitte um etwas Geduld; es wird keine Frage unbeantwortet gelassen.

Aus

$$c \sim r \tag{46}$$

folgt:

Die Lichtgeschwindigkeit bestimmt die Größe der Elementarteilchen.

Energie eines Kondensators:

$$W = Q^2/C, \tag{47}$$

angeschrieben für das Elektron (mit Einstein-Beziehung):

$$W_e = e^2/C_e = m_e c^2 = 0{,}51 \text{ MeV} \tag{48}$$

Kapazität eines Kugelkondensators:

$$C_e = \varepsilon_0 \cdot 4\pi r_e \tag{49}$$

"klassischer" Elektronenradius<i>:

$$r_e = e^2/\varepsilon_0 \cdot 4\pi \cdot W_e \tag{50}$$

$$r_e = 2{,}82 \cdot 10^{-15} \text{ m} \tag{51}$$

bei Kuchling<ii> beträgt der Elektronenradius:

$$r_e = 1{,}41 \cdot 10^{-15} \text{ m}\,. \tag{52}$$

Tafel 6.3: Berechnung des Elektronenradius

<i>: Mende, Simon: Physik, Gl. 10.39, VEB-Leipzig, 4. Aufl.

<ii>: Kuchling: Physik, Gl. At4, VEB-Leipzig, bis einschl. 11. Auflage 1974

6.3 Elektronenradius

Bei dem entscheidenden Vorgang, bei dem sich die elektromagnetische Welle zu einem Wirbel aufrollt, ist aus Gründen der Kontinuität zu erwarten, daß die **Ausbreitungsgeschwindigkeit** gleich bleibt, daß also für die Wirbelschwingung genau wie für die elektromagnetische Welle die Lichtgeschwindigkeit bestimmend ist. Die **Ausbreitungsrichtung** erfolgt beim Wirbel senkrecht zu der in Tafel 6.2 eingetragenen Feldrichtung der elektrischen Feldstärke. Auch darin unterscheiden sich die beiden Feldphänomene nicht.

Fassen wir zusammen: die Ausbreitung erfolgt mit Lichtgeschwindigkeit c längs einer Kreisbahn mit dem Umfang $U = 2\pi r$. Somit gilt:

$$c \sim r \qquad (46)$$

Nach dieser Gleichung werden der Radius und damit *die Größe des Elektrons von der Lichtgeschwindigkeit festgelegt*. Somit stellt sich die Frage nach der Größe des Elektrons.

Die Energieinterpretation sagt voraus, daß für den theoretischen Fall einer Größenänderung zwar die Energiedichte im Innern des Teilchens beeinflußt wird, daß die Menge der eingeschlossenen Energie jedoch unverändert bleibt. Wir können also weiter davon ausgehen, daß die gebundene Energiemenge unabhängig von der Größe des Teilchens ist!

Folglich wird für das Elementarquantum die Energie W_e = O,51 MeV angenommen, die es nach der Einstein-Beziehung $W_e = m_e c^2$ hat. Für die Elektronenmasse m_e wird der meßtechnisch ermittelte Wert eingesetzt.

Ein realitätsnahes Modell des negativ geladenen Teilchens stellt die Kugelelektrode eines Kugelkondensators dar mit der oben angegebenen Energie W_e (nach Gl. 48) und der Kapazität C_e (nach Gleichung 49, Tafel 6.3).

Auf diesem Wege wird der klassische Elektronenradius errechnet zu[<i>]: $r_e = 2{,}82 \cdot 10^{-15}$ m.

Bei Kuchling ist er aber nur halb so groß[<ii>], was nach Gleichung 46 soviel bedeuten würde, daß bei Kuchling das Licht nur halb so schnell unterwegs wäre[<iii>]. Wer also vorsichtig ist, der zieht es vor, zu diesem heiklen Thema zu schweigen und wer ehrlich ist, gesteht ein, nichts Genaues zu wissen.

Nicht nur das Elektron, auch alle anderen Elementarteilchen werden dem feldtheoretischen Ansatz zufolge aus konzentrierten Potentialwirbeln geformt. Für diese muß die Gleichung 46 daher in gleicher Weise gelten, so daß wir in der Verallgemeinerung festhalten können:

Die Lichtgeschwindigkeit bestimmt die Größe der Elementarteilchen.

Diese Aussage ist unvereinbar mit der Annahme einer konstanten Lichtgeschwindigkeit! Danach hätten alle Elementarteilchen identische Größe. Bekanntlich sind aber die Bausteine des Atomkerns, die Protonen und Neutronen sehr viel kleiner als einzelne Elektronen. Die Konstanz der Lichtgeschwindigkeit ist in Frage zu stellen.

Diese Frage ist von derart elementarer Bedeutung, daß wir uns mit diesen Überlegungen nicht zufrieden geben und zusätzlich eine mathematische Herleitung im Sinne des Feldansatzes unternehmen.

<iii>: Unterschiedsbetrag = Thomas-Faktor

Maxwell'sche Gesetze, quellenfrei (Tafel 3.2 und 3.3):

$$\text{Div}\,\mathbf{D} = 0 \quad (7) \quad \text{und} \quad \text{Div}\,\mathbf{B} = 0 \quad (3)$$

Induktionsgesetz und **Durchflutungsgesetz**

(mit $1/\tau_2 = 0$): (mit $j = 0$ bzw. $1/\tau_1 = 0$):

$$\boxed{\text{rot}\,\mathbf{E} = -\,d\mathbf{B}/dt} \quad (12) \qquad \boxed{\text{rot}\,\mathbf{H} = d\mathbf{D}/dt} \quad (11)$$

mit: $\mathbf{B} = \mu \cdot \mathbf{H}$ (5) und $\mathbf{D} = \varepsilon \cdot \mathbf{E}$ (6)

bei nochmaliger Anwendung der Rotation auf Gleichung 12 und Einsetzen von Gleichung 11 (vgl. Tafel 5.1, Gleichung 13):

$$-\,\text{rot rot}\,\mathbf{E} = \mu \cdot d(\text{rot}\,\mathbf{H})/dt = \mu \cdot \varepsilon \cdot d^2\mathbf{E}/dt^2 \quad (53)$$

dank fehlender Divergenz: $\text{div}\,\mathbf{E} = 0$ (7*)

(Tafel 5.2):

= Wellengleichung: $\boxed{\Delta\,\mathbf{E} \cdot c^2 = d^2\mathbf{E}/dt^2}$ (17*)

mit der Lichtgeschwindigkeit c: $\mu \cdot \varepsilon = 1/c^2$ (14)

Hertz'sche Welle = Transversalwelle = Ebene Welle mit:

Ausbreitungsrichtung: $v = dx/dt$ (54)

$$\mathbf{E} = E_z, \quad \mathbf{D} = D_z, \quad \mathbf{H} = H_y, \quad \mathbf{B} = B_y \quad (55)$$

Rotor-Operation (in y-Richtung): mit Gleichung 12:

$$\text{rot}\,\mathbf{E} = -\,d\mathbf{E}/dx = -\,d\mathbf{B}/dt \quad (56)$$

mit (54): $\mathbf{E} = (dx/dt) \cdot \mathbf{B} = v \cdot \mathbf{B}$ (57)

oder allg.: $\boxed{\mathbf{E} = \mathbf{v} \times \mathbf{B}}$ (58)

Tafel 6.4: Herleitung der Transformationsgesetze

<i>: G.Bosse leitet in seinem Lehrbuch in umgekehrter Richtung das Induktionsgesetz aus dem Transformationsgesetz 58 her, das er wiederum aus Betrachtungen zur Lorentzkraft ableitet. G. Bosse, Grundlagen der Elektrotechnik II, BI 183, Hochschultaschenbücher-Verlag, Mannheim 1967

6.4 Maxwell'sche Feldgleichungen

Den Ausgangspunkt für die anstehenden Überlegungen sollen die Transformationsgesetze des elektromagnetischen Feldes bilden. Um Zweifel hinsichtlich der Interpretation auszuschließen, werden die Gleichungen aus den Maxwell'schen Gesetzen abgeleitet unter der Annahme daß keine Quellen oder Ladungsträger auftreten (Tafel 3.2 und 3.3) und folglich auch keine Stromdichte ($\mathbf{j}$ = O) zu erwarten ist. Dies entspricht dem Verschwinden der zeitunabhängigen Terme, die letztendlich für das Auftreten von Kraftwirkungen wie z.B. der Lorentzkraft verantwortlich sind. Erst am Ende dieser Herleitung werden wir den Sinn dieser Annahme (mit $1/\tau_1 = O$ und $1/\tau_2 = O$) verstehen können.
Die Vorgehensweise entspricht zunächst der von Tafel 5.1. Hier war die fundamentale Feldgleichung aus dem Induktionsgesetz und dem Durchflutungsgesetz hergeleitet worden. Mit den getroffenen Annahmen bleibt diesmal die in Tafel 5.2 behandelte ungedämpfte Wellengleichung übrig (17, hier 17*). Wem die Herleitung noch gegenwärtig ist, kann an dieser Stelle einsteigen.
In ausreichender Entfernung von der Quelle haben wir es mit einer ebenen Welle zu tun, bei der die Feldgrößen nur von der Fortpflanzungsrichtung x abhängen. Die Hertz'sche Welle ist eine Transversalwelle, bei der die Feldzeiger senkrecht zur Ausbreitungsrichtung schwingen und zudem senkrecht aufeinander stehen:

$$v = dx/dt \quad (54), \qquad \mathbf{E} = E_z\,, \quad \mathbf{D} = D_z\,, \quad \mathbf{H} = H_y\,, \quad \mathbf{B} = B_y \quad (55)$$

Der Rotor, angewendet auf den elektrischen Feldzeiger, weist selber in y-Richtung: $\mathrm{rot}\,\mathbf{E} = -\,d\mathbf{E}/dx$. Diese für die Transversalwelle durchgeführte Rotor-Operation wird nun mit dem Induktionsgesetz (12) verglichen:

$$\mathrm{rot}\,\mathbf{E} = -\,d\mathbf{E}/dx = -\,d\mathbf{B}/dt \qquad (56)$$

Mit der Geschwindigkeitfestlegung (53) lautet der auf mathematischem Weg gewonnene Zusammenhang:

$$\mathbf{E} = (dx/dt)\cdot\mathbf{B} = v\cdot\mathbf{B} \qquad (57)$$

Das Ergebnis dieser Herleitung ist zunächst nur unter der eingeführten Vereinfachung, beispielsweise für den Fall der transversalen elektromagnetischen Welle, gültig. Bekannter ist daneben die verallgemeinerte Formulierung, die unter anderem von G. Bosse<i> als Transformationsgesetz bezeichnet wird.

$$\boxed{\mathbf{E} = \mathbf{v}\times\mathbf{B}} \qquad (58)$$

Mit dem Durchflutungsgesetz (11) wäre jetzt noch in analoger Weise zu verfahren. Das Resultat lautet:

$$\boxed{\mathbf{H} = -\,\mathbf{v}\times\mathbf{D}} \qquad (59)$$

Diese Gleichung 59 wird unter anderen von Simonyi angegeben<ii>. Jetzt, wo wir wissen, unter welchen Umständen sich diese Transformationsgleichungen aus den Maxwell-Gleichungen herleiten lassen, kann die eigentliche Arbeit beginnen.

<ii>: K. Simonyi, Theoretische Elektrotechnik,
7. Aufl. VEB Verlag Berlin 1979. S. 921 - 924.

Transformationsgesetze:

(58): $\mathbf{E} = \mathbf{v} \times \mathbf{B} = \mathbf{v} \times \mu \cdot \mathbf{H}$ (6O)

und

(59): $\mathbf{H} = -\mathbf{v} \times \mathbf{D} = -\mathbf{v} \times \varepsilon \cdot \mathbf{E}$ (6O*)

Wir erfahren das magnetische Feld als elektrisches Feld und das elektrische Feld als magnetisches Feld einzig und allein auf Grund der gleichen Relativbewegung!

Bewegungsrichtungskomponente senkrecht zu der durch die Feldzeiger aufgespannten Fläche:

$$E = v \cdot \mu \cdot H \quad (61)$$

und

$$H = -v \cdot \varepsilon \cdot E \quad (61^*)$$

mit den Materialbeziehungen:

$$B = \mu \cdot H \quad (5)$$

$$D = \varepsilon \cdot E \quad (6)$$

mit der Lichtgeschwindigkeit:

$$c = 1/\sqrt{\mu \cdot \varepsilon} \quad (14)$$

Zusatzfeld:

$$E_z = -v^2 \cdot \mu \cdot \varepsilon \cdot E = -(v^2/c^2) \cdot E \quad (62)$$

bzw.

$$H_z = -v^2 \cdot \varepsilon \cdot \mu \cdot H = -(v^2/c^2) \cdot H \quad (62^*)$$

Grundfeld: E bzw. H (bei v = O)

meßbares Gesamtfeld: (bei $v \neq O$)

$$E_0 = E + E_z \quad (63)$$

bzw.

$$H_0 = H + H_z \quad (63^*)$$

Tafel 6.5: Die Transformationseigenschaften des elektromagnetischen Feldes.

6.5 Transformationsgleichungen

Den auf Tafel 6.5 noch einmal angeschriebenen Transformationsgesetzen (58 und 59) des elektromagnetischen Feldes zu Folge lassen sich magnetische Erscheinungen auf elektrische zurückführen und umgekehrt. Die mathematische Formulierung offenbart uns die zwei Seiten ein und derselben Medaille und weist auf eine perfekte Dualität zwischen beiden Feldern und ihren Beschreibungsgrößen hin.
Da, wie hier gezeigt, ein Weg existiert, auf dem sich die Transformationsgleichungen aus den Maxwell'schen Feldgleichungen ableiten lassen, kommt ihnen die gleiche allgemeingültige und umfassende Bedeutung zu. Sie können mit dem gleichen Recht als das Fundament des Elektromagnetismus bezeichnet werden. Worin, wird der immer neugierige Forscher fragen, besteht ihre Botschaft für die Physik? Die Materialbeziehungen 5 und 6 werden dazu ergänzt:

$$\mathbf{E} = \mathbf{v} \times \mu \cdot \mathbf{H} \quad (60) \quad \text{und} \quad \mathbf{H} = -\mathbf{v} \times \varepsilon \cdot \mathbf{E} \quad . \quad (60^*)$$

Die vorliegenden Gleichungen sagen aus, daß wir eine elektrische Feldstärke **E** messen, wenn wir uns gegenüber einem magnetischen Feld **H** mit der Geschwindigkeit **v** bewegen und umgekehrt.
Das elektrische und das magnetische Feld erweisen sich letztendlich als eine ***Erfahrung*** des beobachtenden Menschen und wir können sagen:

Wir erfahren das magnetische Feld als elektrisches Feld und das elektrische Feld als magnetisches Feld einzig und allein auf Grund der Relativbewegung!

Angenommen, v sei diejenige Komponente der Relativgeschwindigkeit (54), die senkrecht auf der durch die Feldzeiger (55) aufgespannten Fläche steht, so lauten die Transformationsgleichungen (57 mit 5) jetzt:

$$E = v \cdot \mu \cdot H \quad (61) \quad \text{und} \quad H = -v \cdot \varepsilon \cdot E \quad . \quad (61^*)$$

Bewegen wir uns mit der Geschwindigkeit v in einem vorhandenen Grundfeld mit der Feldstärke E, so beobachten wir nach Gleichung 61^* ein magnetisches Feld, das wiederum nach Gleichung 61 als elektrisches Zusatzfeld E_z zu interpretieren ist:

$$E_z = -v^2 \cdot \mu \cdot \varepsilon \cdot E = -(v^2/c^2) \cdot E \quad . \quad (62)$$

In Dualität liefert Gleichung 61 in Gleichung 61^* eingesetzt für die magnetische Feldstärke ein entsprechendes Zusatzfeld H_Z:

$$H_z = -v^2 \cdot \mu \cdot \varepsilon \cdot H = -(v^2/c^2) \cdot H \quad . \quad (62^*)$$

Die in einem Labor meßbaren Überlagerungsfelder verdanken wir offensichtlich einzig und allein der Relativgeschwindigkeit v, mit der sich das Labor bewegt. Jetzt gilt es aber zu beachten, daß ein irdisches Labor mit der Erde mitrotiert, die Erde um die Sonne kreist und die Sonne wiederum um das Zentrum der Milchstraße rotiert. Schließlich ist die ganze Milchstraße mit einer galaktischen, für uns kaum noch faßbaren Geschwindigkeit im Kosmos unterwegs. Berücksichtigen wir weiter, daß bei jedem Teilsystem ein Zusatzfeld als Folge der Relativbewegung gegenüber dem übergeordneten System auftritt, so reiht sich ein Zusatzfeld an das nächste und überlagert sich diesem.
Stellen wir uns vor, die Relativgeschwindigkeit ließe sich gegen Null reduzieren - *und vielleicht bewegen wir uns ja um einen solchen kosmischen Punkt herum* - so wäre hier auch kein Überlagerungsfeld meßbar.

Zusatzfeld (von Tafel 6.5):

und

$$E_z = -(v^2/c^2) \cdot E \tag{62}$$

$$H_z = -(v^2/c^2) \cdot H \tag{62*}$$

Superposition der Felder:
Das Zusatzfeld (E_z bzw. H_z) überlagert sich dem Grundfeld (E bzw. H) zu dem messbaren Gesamtfeld (E_0 bzw. H_0)]:

$$E_0 = E + E_z = E \cdot (1 - v^2/c^2) \tag{63}$$

$$H_0 = H + H_z = H \cdot (1 - v^2/c^2) \tag{63*}$$

umgeformt:

$$\left(1 - \frac{v^2}{c^2}\right) = \frac{E_0}{E} = \frac{H_0}{H} \tag{64}$$

daneben gilt für die Lorentzkontraktion:

$$\left(1 - \frac{v^2}{c^2}\right) = \left(\frac{1}{l_0}\right)^2 \tag{64*}$$

Aus dem Vergleich folgt

$$\frac{E_0}{E} = \frac{H_0}{H} = \left(\frac{1}{l_0}\right)^2 \tag{64**}$$

die Proportionalität:

$$E, H \sim 1/l^2 \quad \text{und} \quad E_0, H_0 \sim 1/l_0^2 \tag{65}$$

Tafel 6.6: Die Feldabhängigkeit der Lorentzkontraktion

6.6 Feldüberlagerung

Feldvektoren lassen sich superpositionieren. Aus diese Weise überlagern sich die geschwindigkeitsabhängigen Zusatzfelder E_z bzw. H_z nach Gleichung 60 dem jeweiligen Grundfeld (E bzw. H) zu dem messbaren Gesamtfeld (E_0 bzw. H_0):

$$E_0 = E + E_z = E \cdot (1 - v^2/c^2) \tag{63}$$

$$H_0 = H + H_z = H \cdot (1 - v^2/c^2) \tag{63*}$$

In dem Ergebnis erscheint etwas überraschend der aus der speziellen Relativitätstheorie bekannte Faktor $(1-v^2/c^2)$, der beispielsweise in der Lorentz-Kontraktion auftritt.
Schreiben wir die beiden Gleichungen nach dem charakteristischen Faktor um und halten die über die Lorentz-Transformation auf rein mathematischem Weg gewonnene Längenkontraktion $(1-v^2/c^2) = (l/l_0)^2$ dagegen, so wird deutlich, daß die Lorentzkontraktion physikalisch gesehen ihre Ursache in den geänderten Feldverhältnissen haben müßte, die ein mit relativistischer Geschwindigkeit bewegter gegenüber einem ruhenden Körper vorfindet.

$$1 - \frac{v^2}{c^2} = \frac{E_0}{E} = \frac{H_0}{H} \overset{!}{=} \left(\frac{l}{l_0}\right)^2 \tag{64}$$

Die Gleichung ist eine zwanglose Konsequenz bekannter physikalischer Gesetzmäßigkeiten. Tatsächlich wurde in dieser Herleitung keine neue Größe eingeführt und trotzdem ergibt sich ein völlig neues Bild für die naturwissenschaftliche Realität[<i>].

In unserem Beobachtersystem, in dem das Feld E_0 vorherrscht, besitzt ein Maßstab seine Ruhelänge l_0. In einem anderen System, das sich mit der Geschwindigkeit v relativ zu dem Beobachter bewegt, hat das hier vorherrschende Feld E die Länge l des entsprechenden Meßstabes zur Folge. In welchem Zusammenhang die Größen zueinander stehen, wird durch Gleichung 64 beschrieben. Danach gilt die Proportionalität:

$$E, H \sim 1/l^2 \quad \text{und} \quad E_0, H_0 \sim 1/l_0^2 \tag{65}$$

Als Außenstehende können wir unmittelbar beobachten, wie ein mit v sehr schnell bewegter Körper auf Grund seiner Relativgeschwindigkeit das berechnete Zusatzfeld und dadurch eine Längenkontraktion erfährt. Bewegt sich der Beobachter mit dem Körper mit, so stellt er rein subjektiv keine Längenkontraktion fest, da er selber und seine gesamte Meßtechnik der gleichen Längenkontraktion unterworfen sind.
Aus dem axiomatischen Ansatz, was wäre, wenn das Feld, das selber nur eine Erfahrung darstellt, den wahrnehmbaren Raum und seine Abmessungen bestimmen würde, kann schnell eine fundamentale Erkenntnis erwachsen, wenn die beschriebenen Erfahrungen sich mit realen Beobachtungen decken sollten.

<i>: Da es bei dieser Betrachtungsweise auf den subjektiven Beobachterstatus ankommt, ist es nicht völlig ausgeschlossen, daß in der Interpretation der Transformationsgleichungen (58 und 59) ein Fehler steckt. Da bei der Herleitung der Längenkontraktion aus der Lorentztransformation aber von demselben Beobachterstandpunkt ausgegangen wird, wäre auch derselbe Fehler zu erwarten. Durch die Gleichsetzung beider Resultate (64) wird sich ein gleich gearteter Fehler auf beiden Seiten in jedem Fall aufheben und das Resultat bleibt über alle Zweifel erhaben!

$$\boxed{E, H \sim 1/l^2} \quad \text{und} \quad \boxed{E_0, H_0 \sim 1/l_0^2} \qquad (65)$$

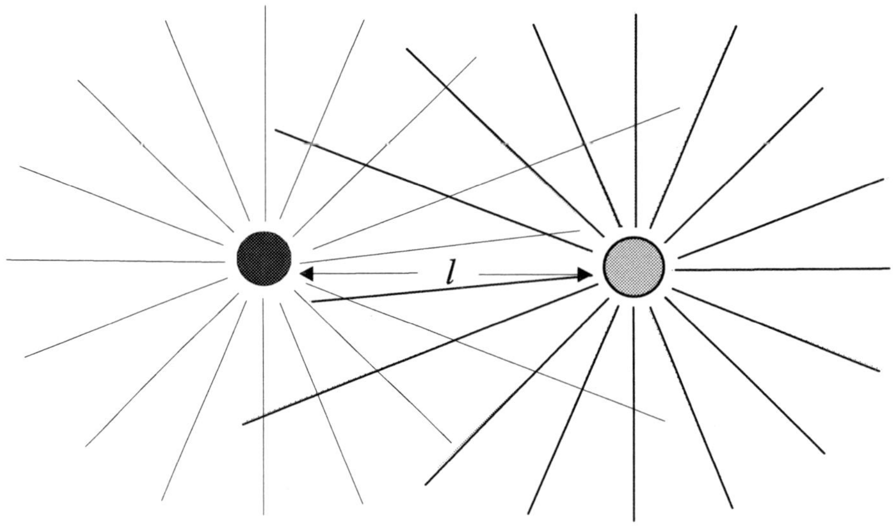

A: (Modell): zwei Materieteilchen jeweils im Feld des anderen

Zwei Elementarteilchen oder zwei aus diesen zusammengesetzte Materieansammlungen vermögen auf Grund ihrer Felder den Abstand untereinander zu verringern, was wir als Anziehungskraft interpretieren.

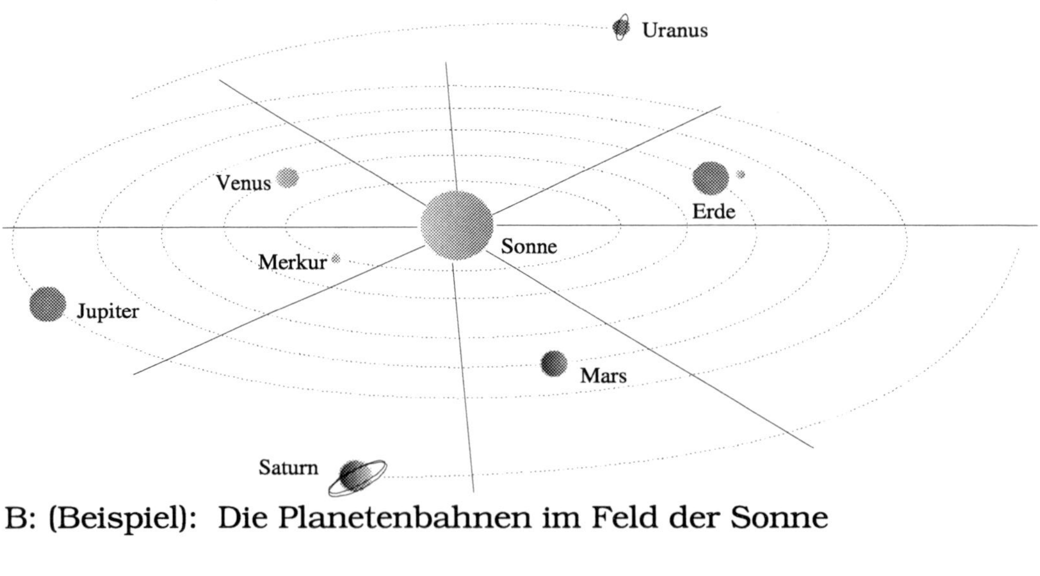

B: (Beispiel): Die Planetenbahnen im Feld der Sonne

Tafel 6.7: Der Feldeinfluß auf Wechselwirkungen

6.7 Feldabhängige Raumkrümmung

Angenommen, eine Materieansammlung, so groß wie unsere Erde, wollte in dem Abstand Erde-Sonne an der Sonne vorbeifliegen. Es würde ihm aber nicht gelingen. Denn die von der Sonne ausgehenden Felder nehmen mit zunehmender Entfernung ab und nach Gleichung 65 nimmt die Größe der Materieteilchen als Folge zu. Der Planet wird daher auf seiner sonnenzugewandten Seite stärker kontrahiert, als auf der abgewandten "Nachtseite". Er krümmt sich zur Sonne hin, und seine Flugbahn wird zu einer Kreisbahn um die Sonne herum. Das ist die *als Gravitation bekannte Wechselwirkung!*

Dem Erdbewohner offenbart sich diese Krümmung lediglich in der Beobachtung, daß die Sonnenscheindauer am Tag länger ist, als sie unter der Annahme der Erde als homogene Kugel zu erwarten wäre. In diesem Zusammenhang wird gerne von einer Krümmung des Raumes gesprochen. Tatsächlich handelt es sich um eine Krümmung der Materie unter dem Einfluß der feldabhängigen Längenkontraktion.
Genau dieser Kontraktion verdanken die Planeten ihre kreisförmigen Bahnkurven um die Sonne herum und keinesfalls dem Kräftegleichgewicht von Anziehungskraft und Fliehkraft (Tafel 6.7 B). Es ist offensichtlich ein grundlegender Irrtum, die Gravitation hätte ursächlich etwas mit einer Kraftwirkung zu tun!
Wenn wir in diesem Zusammenhang unserer subjektiven Anschauung zuliebe von einer Anziehungskraft sprechen, so müssen wir uns darüber klar werden, daß es sich lediglich um einen in der Zweckmäßigkeit begründeten Hilfsbegriff handeln kann.

Ein Gedankenexperiment soll uns Klarheit verschaffen (Tafel 6.7 A). Das Feld, das jedes Materieteilchen umgibt, reicht bis ins Unendliche, verliert aber mit zunehmendem Abstand an Wirksamkeit. Beträgt der Abstand zwischen zwei Teilchen l, so befindet sich ein Teilchen im Feld des anderen. Als Folge des Feldes reduziert sich die Länge l und dadurch nimmt das die Größe bestimmende Feld zu, was wiederum zu einer weiteren Längenreduzierung führt usw. Es kann folglich beobachtet werden, daß sich die Teilchen aufeinander zu bewegen. Wir sprechen von einer Anziehungskraft, da wir den Feldeinfluß nicht mit den Sinnen erfassen können.
So wird uns die konsequente Folge, daß wir und unsere Umgebung am Tage kleiner sein müßten als in der Nacht, genauso verborgen bleiben. Wir erfahren die Wirkung nur indirekt als Erdanziehung.

Da wir einer subjektiv beobachteten Kraftwirkung ihre Ursache nicht ansehen, wird genau wie bei der Gravitation auch bei der elektromagnetischen Wechselwirkung die Feldabhängigkeit der Längenkontraktion verantwortlich sein. Die folgende Feststellung gilt daher für beide Wechselwirkungen gleicher Maßen:

Zwei Elementarteilchen oder zwei aus diesen zusammengesetzte Materieansammlungen vermögen auf Grund ihrer Felder den Abstand untereinander zu verringern, was wir als Anziehungskraft interpretieren.

Jetzt ist noch die Frage offen, warum die Gravitation nur Anziehungskräfte kennt, während die elektromagnetische Wechselwirkung auch Abstoßungskräfte zuläßt und welches die jeweils ursächlichen Felder sind.

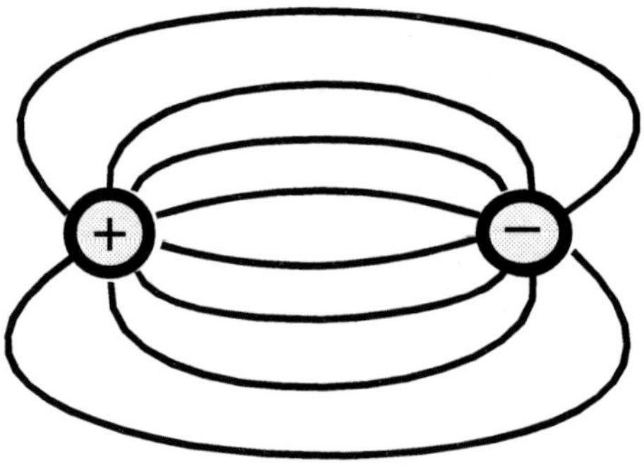

A: Die E-Feldlinien bei ungleich geladenen Teilchen

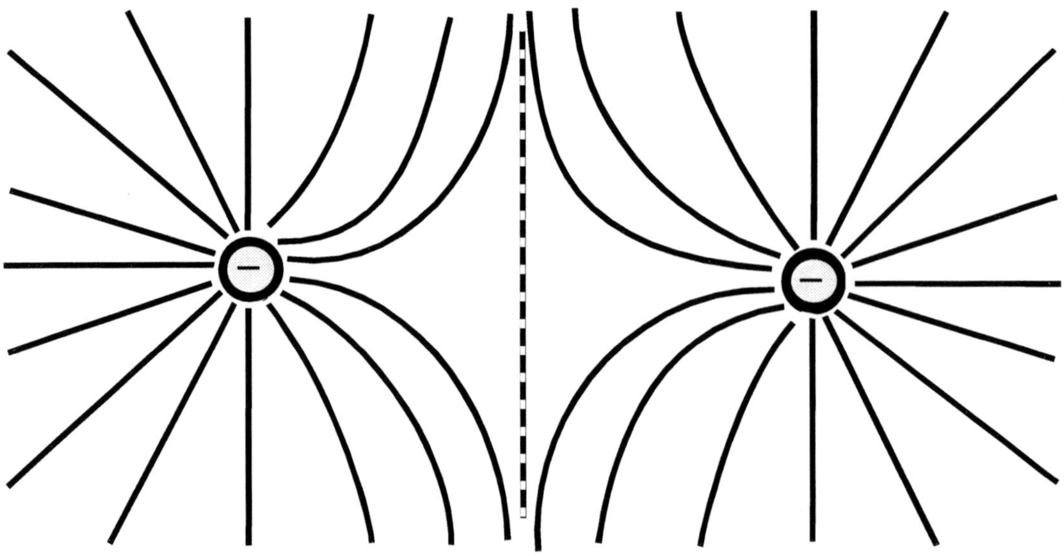

B: Die E-Feldlinien bei gleichnamig geladenen Teilchen

Die elektromagnetische Wechselwirkung eines Teilchens ist eine Folge des Einflusses der von ihm ausgehenden offenen Feldlinien auf die Abmessungen des Raumes.

Tafel 6.8: Der Einfluß der offenen E-Feldlinien

6.8 Elektromagnetische Wechselwirkung

Eine überzeugende Antwort auf die offene Frage liefert uns die Analyse des Feldlinienverlaufs einerseits bei geladenen Teilchen und andererseits bei ungeladenen Teilchen, die an der elektromagnetischen Wechselwirkung nicht teilnehmen.
Betrachten wir zunächst elektrisch geladene Teilchen, wie z. B. Elektronen, Protonen oder Ionen. Allen gemeinsam ist, daß die gegen Unendlich verlaufenden Feldlinien des elektrischen Feldes offen sind. Mit diesem Feld vermag das Teilchen mit seiner Umgebung in eine Wechselwirkung zu treten. Wir messen eine Ladung und eine elektromagnetische Kraftwirkung. Im Falle ungleicher Ladungen werden bekanntlich eine Feldverstärkung und anziehend wirkende Kräfte beobachtet, während sich bei gleicher Ladung eine Feldreduzierung ergibt und eine Abstoßung wahrgenommen wird.

Stellen wir eine Verbindung zwischen den Feldverhältnissen und der elektromagnetischen Wechselwirkung her im Sinne der Proportionalität (65), dann vermag das Teilchen in Wirklichkeit lediglich mit Hilfe seines elektrischen Feldes den Abstand zu anderen Teilchen zu beeinflussen. Bei ungleicher Ladung entsteht eine Feldlinienverdichtung, bei der das eine Teilchen sich in dem gebündelten Feld des anderen aufhält und umgekehrt. Dadurch kommt es zu einer Kontraktion aller Längen und zu der beobachtbaren Anziehung (Tafel 6.8 A).
Bei gleichen Ladungen liegt das Gegenteil vor, bei dem es sogar zu einer lokalen Feldfreiheit kommen kann (Tafel 6.8 B). Wenn auf der gestrichelt gezeichneten Linie das Feld gegen Null tendiert, dann wird der Abstand (nach Gl. 65) gegen Unendlich gehen. Die beobachtbare Wirkung, daß sich die beiden Körper voneinander entfernen, wird folglich bis Unendlich reichen.

Tatsächlich erweist sich *die elektromagnetische Wechselwirkung als eine Folge der feldabhängigen Längenkontraktion.*

Die elektromagnetische Wechselwirkung eines Teilchens ist eine Folge des Einflusses der von ihm ausgehenden offenen Feldlinien auf die Abmessungen des Raumes, in dem es sich befindet.

Wichtig ist, daß die Feldlinien offen sind, weshalb sie von gleichnamigen Ladungen weggebogen und zu ungleichnamigen hingelenkt werden. Subjektiv stellen wir fest, daß als Folge der Feldreduzierung abstoßende und als Folge der Feldverdichtung anziehende Kraftwirkungen beobachtet werden (Tafel 6.8).
Jedes elektrische Feld hat bekanntlich ein auf ihm senkrecht stehendes magnetisches Feld zur Folge. Die Feldlinien des magnetischen Feldes verlaufen parallel zur Teilchenoberfläche und sind in sich geschlossen (Tafel 6.9 A)!
Es bilden sich deshalb auch keine magnetischen Pole aus, die meßbar wären. Magnetisch verhält sich das Teilchen wegen des in sich geschlossenen Feldlinienverlaufs nach außen neutral. Eine künstliche Feldreduzierung und als Folge beobachtbare Abstoßungskräfte wie bei der elektromagnetischen Wechselwirkung sind daher prinzipiell unmöglich.

Die Wirkung des magnetischen Feldes beschränkt sich also auf eine geometrische Beeinflussung der Umgebung, nämlich die Raumkrümmung, mit der wir das Phänomen der Massenanziehung und der Gravitation begründet haben.

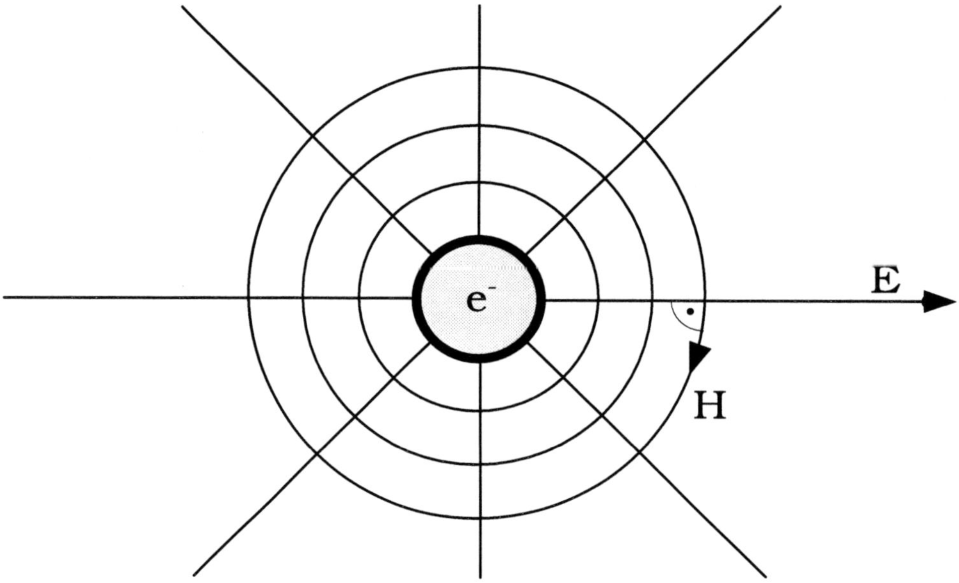

A: Die offenen E-Feldlinien und geschlossenen H-Feldlinien eines elektrisch geladenen Teilchens (z.B. e^-)

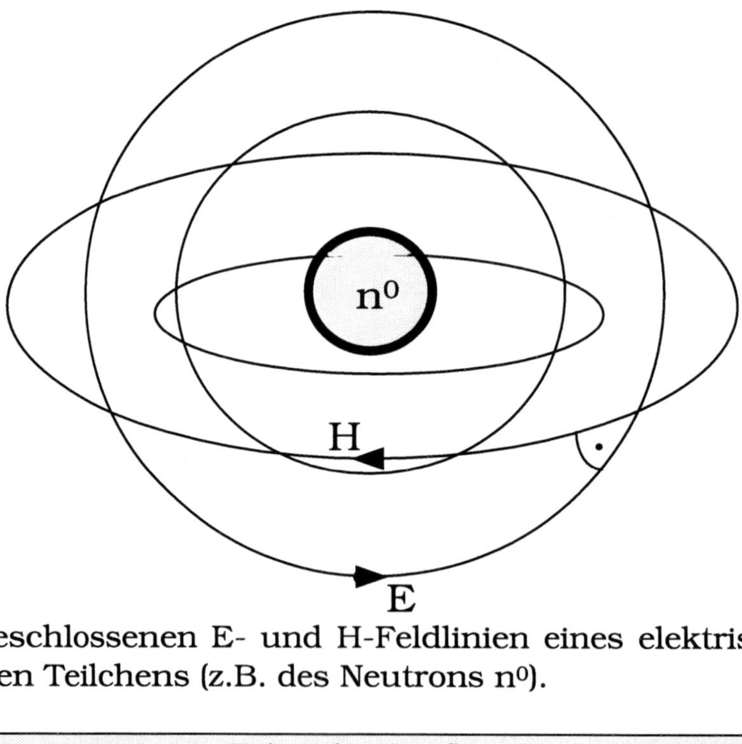

B: Die geschlossenen E- und H-Feldlinien eines elektrisch ungeladenen Teilchens (z.B. des Neutrons n^0).

Die Gravitation ist eine Folge des Einflusses der parallel zur Oberfläche der Teilchen verlaufenden und in sich geschlossenen Feldlinien auf die Abmessungen des Raumes, in dem sie sich befinden.

Tafel 6.9: Der Einfluß der offenen E-Feldlinien

6.9 Gravitation

Bei ungeladenen, neutralen Teilchen (Neutron, Atom, Molekül etc.) sind sowohl die magnetischen als auch die darauf senkrecht stehenden elektrischen Feldlinien in sich geschlossen. Beide verlaufen jetzt parallel zur Oberfläche des Teilchens (Tafel 6.9 B).
Wie gesagt, ist die Dichte von in sich geschlossenen Feldlinien von außen nicht beeinflußbar. Eine Erhöhung bei Annäherung an ein Teilchen hat ausnahmslos eine Abnahme der Längenmaße und damit eine höhere Anziehungskraft zur Folge. Für diesen Fall in sich geschlossener Feldlinien, für den es generell keine Feldschwächung und keine Abstoßungskräfte geben kann, gilt also:

Die Gravitation ist eine Folge des Einflusses der parallel zur Oberfläche der Teilchen verlaufenden und in sich geschlossenen Feldlinien auf die Abmessungen des Raumes, in dem sie sich befinden.

Beide Wechselwirkungen haben logischerweise eine unendliche Reichweite. Beide bilden in der Einflußnahme der Felder auf die Größenverhältnisse eine Wesenseinheit.
Es ist sicher von größter Bedeutung, daß bei dieser Ableitung der Feldabhängigkeit der Lorentzkontraktion aus den bekannten Transformationsgleichungen des elektromagnetischen Feldes auf die Einführung neuer Beschreibungsgrößen oder Vernachlässigungen vollständig verzichtet werden konnte.
Allein durch konsequente Herleitung und Interpretation des Ergebnisses konnte die Vereinheitlichung bereits gelingen, und ließen sich mit der hergeleiteten feldabhängigen Lorentzkontraktion die elektromagnetische Wechselwirkung und die Gravitation auf ein einziges grundlegendes Phänomen zurückführen. Dabei ist zu beachten, daß der Beobachter derselben Lorentzkontraktion unterworfen ist wie seine Meßtechnik und er die Feldabhängigkeit letztendlich gar nicht erkennen kann. Lediglich als außenstehender Beobachter ist es ihm in seltenen Fällen möglich, die Krümmung des Raumes in Gegenwart starker Felder zu sehen.

Für einen Astronauten ergeben sich hieraus praktische Konsequenzen. Landet er nämlich auf dem Jupiter, würde er flache Hügel für gigantische Berge halten, so klein wäre er! Umgekehrt müssen ihm bei einer Landung auf dem Mond hohe Berge wie unbedeutende Hügel vorkommen, nicht wegen falscher Höhenangaben des irdischen Kontroll- und Meßzentrums, sondern nur wegen seiner eigenen Körpergröße. Die Apollomissionare waren auf diesen Umstand nicht vorbereitet und waren nach ihrer Mondlandung völlig überrascht, wie wenig die erlernte Schulphysik noch Gültigkeit besitzt, kaum daß man die Erde verlassen hat. Sie haben Photos mitgebracht, die die feld- und damit gravitationsabhängige Lorentzkontraktion beweisen.

Daß von den Wechselwirkungen Kraftwirkungen ausgehen sollen, ist eine in der reinen Zweckmäßigkeit begründete Hilfsvorstellung und Hilfsbeschreibung des beobachtenden Menschen. Die Lorentzkraft ist somit nicht mehr als Ursache anzusehen. Sie tritt überhaupt erst als Eigenschaft der Feldgrößen in Erscheinung. So gesehen war es nur konsequent, auf Raumladungen und Ströme in Folge bewegter Ladungen zu verzichten und von einer quellen- und quantenfreien Feldbeschreibung auszugehen (Tafel 6.4: $\mathbf{j} = 0$).
Von einer einheitlichen Theorie wird verlangt, daß sie neben der elektromagnetischen Wechselwirkung und der Gravitation auch die starke und die schwache Wechselwirkung einzubinden versteht. Wir werden auch dieses Problem noch lösen.

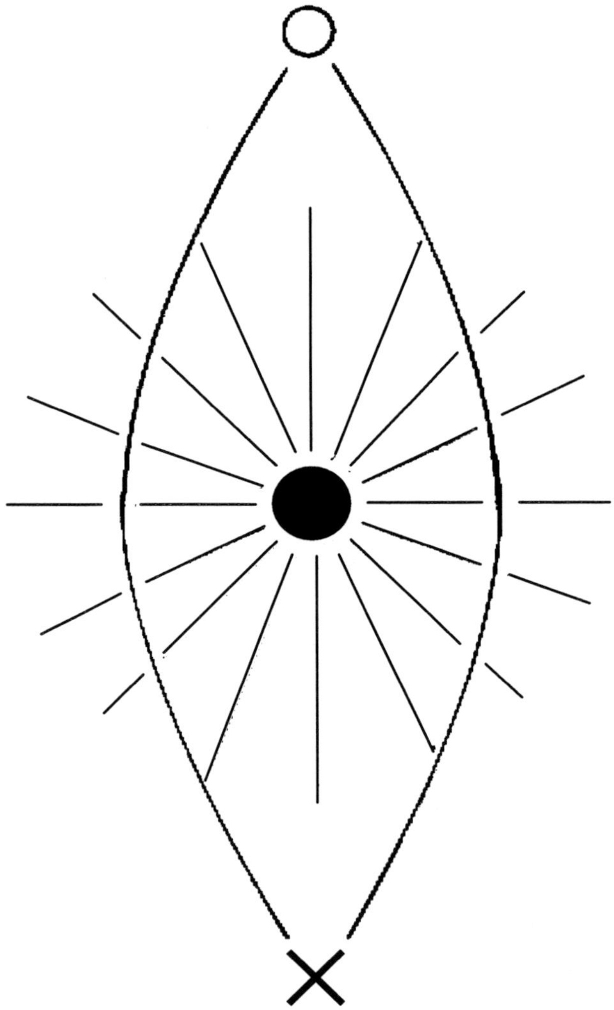

Tafel 6.10: Ablenkung des Lichtes durch ein starkes Gravitationsfeld

$$\text{Lichtgeschwindigkeit der Welle:} \quad c = \lambda \cdot f \tag{66}$$

Für die Wellenlänge λ gilt (wegen Gl. 65): E, H $\sim 1/\lambda^2$

Aus Gleichung 66 folgt (mit f = konst.):

$$E \sim 1/c^2 \quad , \quad H \sim 1/c^2 \tag{67}$$

Lichtgeschwindigkeit ist feldabhängig!

6.1O Feldabhängige Lichtgeschwindigkeit

Jetzt wird aber nicht nur Materie zu einem Schwerefeld hin gekrümmt. Denken wir doch nur an das viel zitierte Phänomen, daß der Lichtstrahl eines Sterns, wenn er auf seinem Weg zu uns sehr dicht an der Sonne vorbeigeht, zu dieser hin abgelenkt wird, wie dies erstmals 1919 bei einer Sonnenfinsternis beobachtet worden ist (Tafel 6.10).
Ganz offensichtlich bremst das Feld der Sonne auch die Lichtgeschwindigkeit. Auf der sonnenzugewandten Seite des Lichtstrahls ist das Feld etwas größer und die Lichtgeschwindigkeit entsprechend langsamer als auf der abgewandten Seite, womit der Lichtstrahl seine Richtung in der beobachtbaren Weise ändert. Gerade dieser Zusammenhang wird gerne als Folge einer Krümmung des Raumes interpretiert.
Das extrem starke Feld eines schwarzen Loches kann das Licht bis auf eine Kreisbahn herunter ablenken, um es auf diese Weise einzufangen und an sich zu binden. Das Licht umkreist jetzt das schwarze Loch wie Planeten die Sonne.

Dem aufgeschlossenen Leser dürfte sich schon an dieser Stelle die Bestätigung der Proportionalität 46 erschließen ($c \sim r$), die aus dem Wirbelmodell abgeleitet worden war (Tafel 6.2).
Dem Zweifler sei noch eine weitere Herleitung angeboten: Für den Grenzfall, daß die Relativgeschwindigkeit v gegen die Lichtgeschwindigkeit c tendiert (Tafel 6.6), geht nach Gleichung 63 das meßbare Gesamtfeld E_0 (und auch H_0) gegen Null und Gleichung 62, mit $E_z = - E$ (und $H_z = - H$) geht zweifach differenziert wieder in die Wellengleichung (17*) über (Tafel 6.4).
Die Geschwindigkeit $v = c$ bildet sozusagen die Fluchtgeschwindigkeit, mit der die elektromagnetische Welle dem kosmischen Feld davonläuft. Unter diesen Umständen kann auf die Welle natürlich weder eine Massenanziehung noch eine elektromagnetische Wechselwirkung ausgeübt werden.
Für E_0 gegen Null tendiert gleichzeitig l_0 gegen Unendlich (Gleichung 65, Tafel 6.6); d.h. die Welle breitet sich im ganzen Raum aus. Dieses Ergebnis entspricht voll und ganz den Beobachtungen und Erfahrungen.

Für die Wellenlänge λ und letztlich für die Ausbreitungsgeschwindigkeit c ist nur das Eigenfeld der Welle E bzw. H verantwortlich. Wegen

$$c = \lambda \cdot f \tag{66}$$

und der Proportionalität aus Gleichung 65:

$$E, H \sim 1/\lambda^2 \tag{67*}$$

erhalten wir den neuen Zusammenhang:

$$\boxed{E, H \sim 1/c^2} \tag{67}$$

Nimmt die Lichtgeschwindigkeit in Gegenwart von Materie ab, so wissen wir jetzt auch warum. Es ist das Feld, das die Materie umgibt, das die Lichtgeschwindigkeit bremst. Deshalb vermag ein Schwerefeld einen Lichtstrahl in der gleichen Weise abzulenken wie vorbeifliegende Materie. Schließlich rückt die Lichtgeschwindigkeit in der Proportionalität 67 an die Stelle des Längenmaßes (in 65).
Wenn aber die Meßlatte versagt, wird man versuchen, sie durch eine optische Meßanordnung zu ersetzen. Auf diesem Wege müßte die Feldabhängigkeit der Lorentzkontraktion doch meßbar sein; sie ist es aber nicht!

Aus dem Vergleich der hergeleiteten Proportionalitäten:

$$E, H \sim \underset{(65):}{\frac{1}{l^2}} \sim \underset{(67):}{\frac{1}{c^2}}$$

folgt:

$$\boxed{l \sim c} \qquad (68)$$

Die Lichtgeschwindigkeit ist zum Meßweg proportional.

Die variable Lichtgeschwindigkeit wird mit sich selber gemessen.

Das Ergebnis ist in allen Fällen ein konstanter Wert.

Die Konstanz der Lichtgeschwindigkeit beruht auf einer vom Prinzip her fehlerhaften Messung!

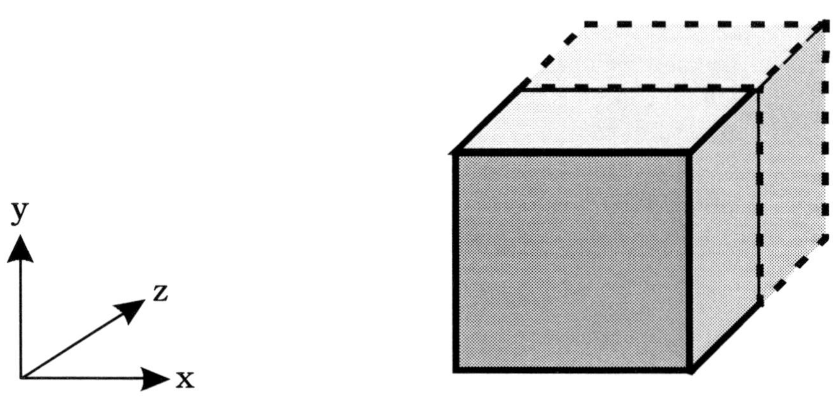

Wegen c ~ r: physische Längenkontraktion

Tafel 6.11: Herleitung der Längenkontraktion (Feldabhängige Lorentzkontraktion)

6.11 Universalität

Wieso läßt sich die Meßlatte nicht durch eine optische Meßanordnung ersetzen? Den entscheidenden Hinweis liefert der Vergleich der beiden hergeleiteten Proportionalitäten 65 und 67. Danach gilt sowohl für die Lorentzkontraktion als auch für die Lichtgeschwindigkeit die gleiche Feldabhängigkeit:

$$1/l^2 \sim 1/c^2 \qquad \text{oder} \qquad \boxed{l \sim c} \tag{68}$$

Hat sich die Meßlatte als unbrauchbar erwiesen, so werden wir dasselbe Desaster erleben, wenn wir optisch, d.h. mit Lichtgeschwindigkeit messen.
Offensichtlich sind beide, die Länge l und die Lichtgeschwindigkeit c, als Länge pro Zeiteinheit in gleicher Weise von der jeweiligen lokalen Feldstärke abhängig. Einerseits führen beide Meßverfahren zu demselben Resultat; was andererseits aber mit der einen Methode nicht meßbar ist, ist es mit der anderen auch nicht.
Wird jetzt gar die Lichtgeschwindigkeit optisch gemessen, so ist der Meßweg dazu proportional und es wird die unbekannte Größe mit sich selber gemessen. Das Ergebnis dieser vom Prinzip her fehlerhaften Messung ist in allen Fällen ein konstanter Wert, da hier zwei zueinander in direkter Proportionalität stehende Variable aufeinander bezogen wurden.
War das berühmte Experiment von Michelson und Morley also überflüssig, das Ergebnis trivial? Und wie steht es um das Postulat von der Universalität der Lichtgeschwindigkeit?
Betrachten wir dazu einen Würfel (Tafel 6.11). Wir nehmen an, die Lichtgeschwindigkeit sei eine vektorielle Größe, und bei unserem Experiment beispielsweise in einer Richtung doppelt so groß, wie in den beiden anderen Raumachsen. Durch den erwähnten Einfluß der Lichtgeschwindigkeit auf die räumliche Länge wird als konsequente Folge der Würfel entlang dieser Kante zu einem Quader auseinandergezogen. Wir erfassen diesen Raumkörper jedoch mit unseren Augen, also mit Lichtgeschwindigkeit und diese ist proportional zur Kantenlänge gestiegen, weshalb wir als subjektiver Beobachter nach wie vor einen Würfel vor uns sehen und keinen Quader.
Vertrauen wir einer scheinbar objektiven Messung mehr als unserem Sinnesorgan und messen die drei Kantenlängen des Quaders mittels einer Meßlatte nach, so erhalten wir dreimal die gleiche Länge, also einen Würfel.
Wir haben es wohl im wahrsten Sinne des Wortes mit einer optischen Täuschung zu tun.

Sollte die von Einstein postulierte Universalität und Konstanz der Lichtgeschwindigkeit in Wirklichkeit gar nicht existieren, wir wären in keiner Weise in der Lage, dies zu erfassen; weder zu beobachten noch zu messen!
Sogar das Galileische Additionstheorem der Geschwindigkeiten hat objektiv betrachtet nach wie vor Gültigkeit, auch wenn die scheinbare Unabhängigkeit der Lichtgeschwindigkeit von der Geschwindigkeit der Quelle uns das Gegenteil vorgaukelt.
Wird eine Lichtquelle beispielsweise auf einen Meßempfänger zu oder von ihm weg bewegt, werden sich die Geschwindigkeiten überlagern, wie bei dem Fahrgast, der in einem fahrenden Zug gegen oder in Fahrtrichtung durch den Gang marschiert. Beim Lichtstrahl überlagern sich aber auch die Felder, die die Lichtgeschwindigkeit und die Meßapparatur beeinflussen. Als Folge wird ein Meßtechniker, der selber diesem Überlagerungsfeld ausgesetzt ist, immer die identische Lichtgeschwindigkeit beobachten und "messen". Der Beobachter bildet sich daraufhin ein, es gäbe eine Universalität der Lichtgeschwindigkeit.

Das Feld übernimmt die Funktion des Äthers.

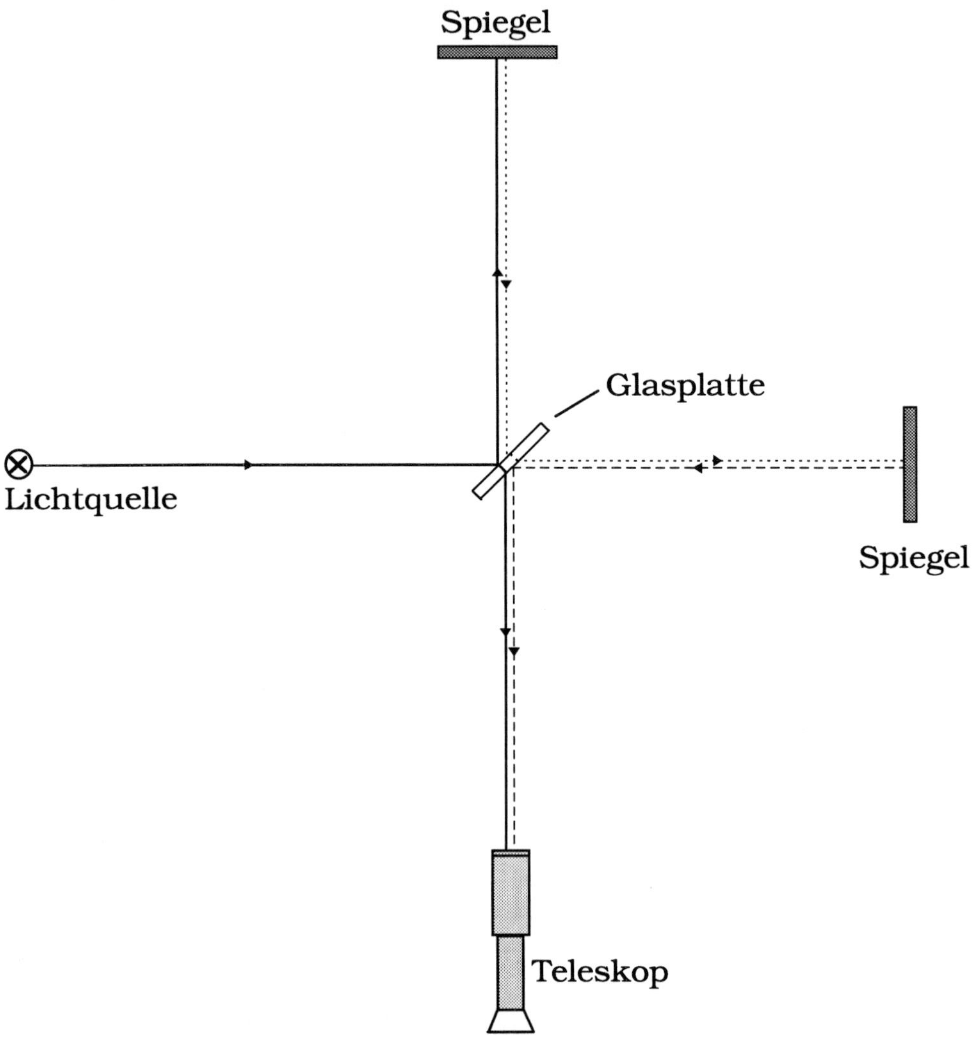

Tafel 6.12: Experiment von Michelson und Morley zum Nachweis eines Ätherwindes<i>

<i>: A.P.French: Special Relativity, Massachusetts Institute of Technology, 1966.

<ii>: Nikola Tesla: *"This is the same as writing a business letter and forgetting the subject you wish to write about"*. To Einstein's Theories, Rare Book and Manuscript Library, Columbia University, 15.4.1932.

<iii>: In gleicher Weise verfährt Einstein mit der Zeitdilatation, wenn er für die Herleitung von einer per Definition konstanten Zeit ausgeht, um am Ende seiner Herleitung eine variable Zeit und damit ein Ergebnis zu präsentieren, das dem Ansatz voll und ganz widerspricht.

6.12 Äther

Bedeutende Experimente wie die von Doppler zur Rotverschiebung oder die von Bradley zur Aberration der Sterne zeigen nur zu deutlich, wo der Einfluß der Lichtgeschwindigkeit noch subjektiv erfaßbar ist, oder bei Laborexperimenten wie dem von Michelson und Morley, wo der Einfluß nicht mehr wahrnehmbar ist, da sich die Länge des Interferometers stets proportional zur Lichtgeschwindigkeit mit verändert.
Der Blick in die Sterne ist zugleich ein Blick in kosmische Bereiche, in denen ganz andere Feldverhältnisse herrschen und als Folge auch ganz andere Werte für die Lichtgeschwindigkeit und für die Dimensionen des Raumes vorliegen. Die genannten Beobachtungen legen nahe, daß wir uns gemeinsam mit unserer Meßstation durch den Kosmos bewegen und somit eine Relativgeschwindigkeit gegenüber einem Äther vorhanden sein muß, der die jeweilige Lichtgeschwindigkeit bestimmt.
Engen wir hingegen unser Blickfeld ein und ziehen uns in ein Labor zurück, dann sind wir auch nicht mehr in der Lage, den Einfluß des Feldes auf die Lichtgeschwindigkeit zu beobachten. Die Experimente von Michelson, die Maxwell angeregt hatte und die Morley mit höherer Präzision wiederholt hatte mit dem Ziel, den Äther nachzuweisen, mußten zwangsläufig negativ ausfallen. Die Laborexperimente ergaben das irreführende Bild, als sei die Erde im Äther ruhend.
Die unverstandenen Messungen legen jedem Beobachter nahe, er würde den Mittelpunkt des Universums bilden und alles würde sich um ihn herum drehen, ganz im Sinne des Ptolemäischen Weltbildes, das, obwohl längst abgeschafft, hier nachträglich noch eine Stützung erfahren hat.
Mit einem Schwabenstreich hat Albert Einstein einen Rückfall ins finstere Mittelalter verhindert und den offenen Widerspruch in der Frage des Äthers, der einmal als bewegt und einmal als ruhend gemessen wird, aufgehoben, indem er kurzerhand den Äther abgeschafft hat. Damit hat er zweifellos ein zentrales Problem der Physik gelöst und gleichzeitig ein neues geschaffen. Bekanntlich hat die Lichtgeschwindigkeit einen bestimmten Wert, und so stellt sich die Frage, was ihre Größe festlegt. Genau zu diesem Zweck war doch ein lichttragender Äther eingeführt worden, wie immer er auch geartet sei.
Es macht wissenschaftlich wenig Sinn, eine Annahme zu treffen, wenn am Ende der Herleitung die Voraussetzung ersatzlos gestrichen wird. In einem solchen Fall steckt entweder im Ansatz oder in der Herleitung ein kapitaler Fehler[<iii>]. Nikola Tesla kommentiert die Arbeitsweise Einsteins mit dem treffenden Vergleich, als habe er über das Schreiben eines Geschäftsbriefes ganz vergessen, worüber er eigentlich schreiben wollte (Tafel 6.12[<ii>]).
Die Antwort, die alle Widersprüche beseitigt und ganz im Einklang mit allen Beobachtungen und Messungen steht, liegt auf der Hand. Selbstverständlich existiert ein lichttragender Äther, der die Ausbreitungsgeschwindigkeit bestimmt und natürlich ist er keinesfalls an den Beobachter gebunden.
Wie auf den Tafeln 6.5 und 6.6 hergeleitet, wird bei einer Relativgeschwindigkeit v ein Feld auftreten, das nach Proportionalität 67 die Lichtgeschwindigkeit bestimmt. Damit hätten wir lückenlos hergeleitet:

Das Feld übernimmt die Funktion des Äthers.

Die Gleichungen 6O beantworten auch die Frage, warum kein Ätherwind beobachtet wird, obwohl ein solcher tatsächlich vorhanden ist: wir erfahren, so haben wir festgestellt, ein E-Feld mit „Fahrtwind" als ruhendes H-Feld und umgekehrt und sind somit auch nicht in der Lage, den Fahrtwind im Äther nachzuweisen.

Kernfragen der Quantenphysik (Tafel 4.4 + Fortsetzung):

IV: Warum haben die Teilchen die Form einer Kugel?
(mit zunehmendem E-Feld nimmt c ab)

VIII: Warum ist das Elementarquantum ortsfest?
(im Wirbelzentrum: c = O, s. Tafel 4.3 und 6.2)

IX: Warum haben die Elementarteilchen einen Spin?
(Kugelform verlangt Feldkompensation)

X: Warum ist die Größe des Spin quantisiert?
(kosmisches Grundfeld determiniert den E_Z-Bedarf)

XI: Wieso kann in einem Tunnel Überlichtgeschwindigkeit auftreten?
(eine Reduzierung des kosmischen Grundfeldes ist nur lokal in einem Tunnel realisierbar)

Zu XI:

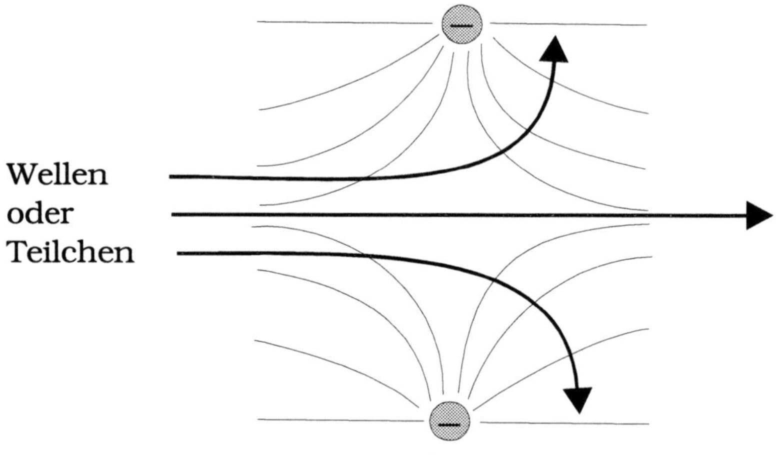

Tafel 6.13: Konsequenzen zur Feldabhängigkeit der Lichtgeschwindigkeit: Spin und Tunneleffekt[i,ii]

<i>: Nimtz,G.: Instantanes Tunneln, Tunnelexperimente mit elektromagnetischen Wellen, Phys.Bl.49, VCH Weinheim (1993) Nr.12, S. 1119-1120[*]

<ii>: Thoma,P., Weiland,T.: Wie real ist das Instantane Tunneln? Phys.Bl.50, VCH Weinheim (1994) Nr.4, S. 359-361[*]

<*>: Die Meßergebnisse sind im Einklang mit der Objektivitätstheorie, nicht aber die widersprüchlichen Interpretationsversuche i und ii u. a. m.

6.13 Spin und Tunneleffekt

Erst mit der Feldabhängigkeit der Lichtgeschwindigkeit (67) können wir verstehen, warum sich die *Elementarquanten als Kugeln* bilden können, wie in den Tafeln 4.3 und 6.2 gezeichnet. In das *Zentrum* hinein laufen die Feldlinien zusammen, d. h. das *Feld nimmt zu und die Lichtgeschwindigkeit ab*. Nur auf diese Weise ist es möglich, daß die Wirbelschwingung überall, also auch im Innern des Teilchens mit Lichtgeschwindigkeit stattfindet! Im *Zentrum* des Wirbelteilchens wird das Feld theoretisch unendlich groß und die *Lichtgeschwindigkeit Null*. Dieser Umstand begründet wiederum die *Ortsfestigkeit der Elementarteilchen* und beantwortet die Kernfrage VIII der Quantenphysik. Schließlich ist das Fehlen einer Geschwindigkeit das Charakteristikum einer Immobilie.
Die Feldabhängigkeit der Lichtgeschwindigkeit beantwortet noch weitere grundlegende und bis zum heutigen Tag unbeantwortete Kernfragen der Quantenphysik, warum die Elementarteilchen einen Spin haben (IX), und warum die Größe des Spin quantisiert ist (X).
Ein Wirbelteilchen ist schließlich nicht für sich allein auf der Welt, sondern befindet sich in dem Feld anderer Teilchen. Wir können dieses als kosmisches Grundfeld (E bzw. H) bezeichnen. Dieses Grundfeld überlagert sich dem Eigenfeld und wirkt sich im Bereich der Kugelschale, wo das Eigenfeld entsprechend gering ist, am stärksten aus. Damit die Kugelform beibehalten werden kann, muß dieser Einfluß des Grundfeldes kompensiert werden. Das *zur Kompensation erforderliche Zusatzfeld* (E_z bzw. H_z nach Gl. 62) erzeugt das Teilchen, indem es mit einer nach außen zur Kugelschale hin zunehmenden Geschwindigkeit v spiralförmig um sich selber rotiert. Deshalb besitzt das Elementarteilchen einen Spin. Der Elektronenspin ist also vom kosmischen Grundfeld her determiniert.
Eine weitere Auswirkung der feldabhängigen Lichtgeschwindigkeit ist der Tunneleffekt. Betrachten wir als Beispiel die beiden in Tafel 6.8 A gezeigten und unterschiedlich geladenen Teilchen. Die offenen, außerhalb der Teilchen verlaufenden Feldlinien des elektrischen Feldes werden überwiegend zu dem jeweils entgegengesetzt geladenen Teilchen herübergebogen. Will ein fremdes Teilchen zwischen den beiden hindurch, so gerät es in einen Bereich erhöhter Feldstärke. Es wird folglich abgebremst, da hier eine kleinere Lichtgeschwindigkeit vorliegt.
Wassermoleküle zeigen mit ihrem polaren Charakter genau diese Eigenschaft. Wasser hat eine auffallend hohe Dielektrizität ε und bremst nach Gleichung 14 ($\varepsilon \cdot \mu = 1/c^2$) die Lichtgeschwindigkeit entsprechend ab. Die Lichtbrechung an der Wasseroberfläche ist eine beobachtbare Folge der reduzierten Lichtgeschwindigkeit in Gegenwart von Materie.
Untersuchen wir jetzt den Fall, daß die beiden Teilchen die gleiche Ladung haben, wie in Tafel 6.8 B (und Tafel 6.13 zu XI) gezeigt. Die Feldlinien stoßen sich ab, so daß genau zwischen beiden Teilchen ein feldfreier Bereich entsteht, in dem die Lichtgeschwindigkeit gegen Unendlich geht! Dieser Bereich wirkt wie ein Tunnel. Schicken wir genau hier ein Teilchen hindurch, so benötigt es für das Durchlaufen des Tunnels rein theoretisch keine Zeit mehr, und das Signal wird kurzzeitig unendlich schnell.
Trifft ein Teilchen nur geringfügig neben den Tunnel, so wird es von dem betreffenden Feld einseitig abgebremst und abgelenkt. Wir nennen diesen Vorgang Reflexion oder Streuung. Nur die wenigen Teilchen, die genau den Tunnel treffen, kommen hinter der Hürde an und das im Idealfall sogar praktisch ohne Zeitverlust!
Die aktuellen Messungen der Überlichtgeschwindigkeit demonstrieren in überzeugender Weise die Überlegenheit des feldtheoretischen Ansatzes gegenüber dem heute gebräuchlichen quantenphysikalischen Ansatz.

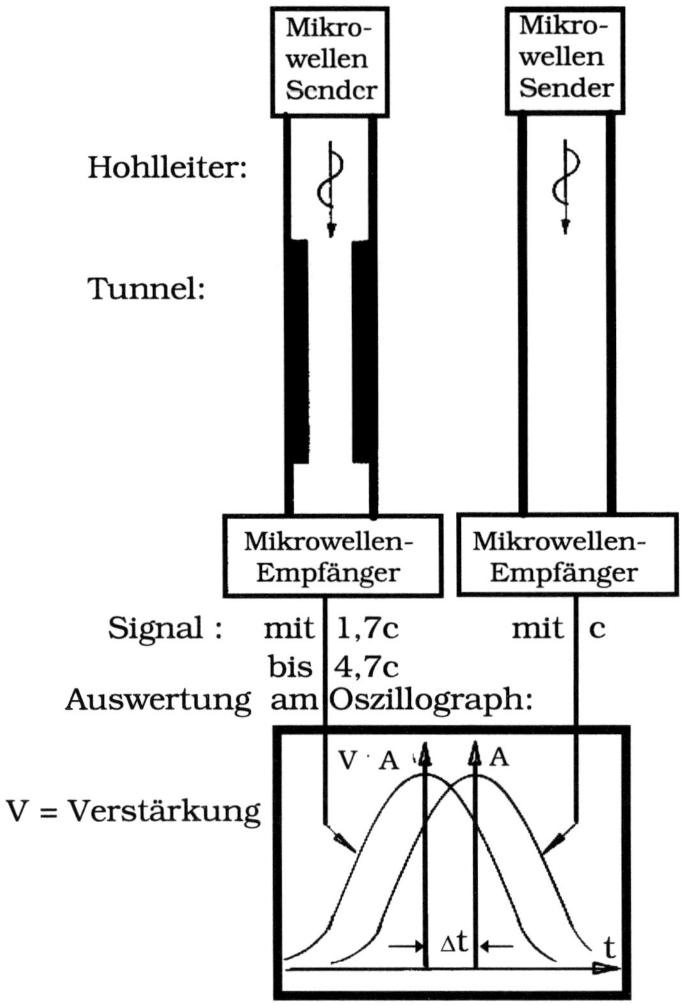

Tafel 6.14: Das Mikrowellenexperiment am II. Physikalischen Institut der Universität Köln zur Messung von Überlichtgeschwindigkeit <i>.

<ii>: Nimtz, G. : New Knowledge of Tunneling from Photonic Experiments, Proc. of the Adriatico Research Conference, 1996, World Scientific Publishing Company

6.14 Interpretation der gemessenen Überlichtgeschwindigkeit

Es kann jetzt der Versuch unternommen werden, die spektakulären Experimente zu interpretieren, bei denen Überlichtgeschwindigkeit gemessen wurde. Es wird berichtet[<i>], daß an der University of California in Berkeley von Prof. Raymond Chiao und seinen Mitarbeitern bei Versuchen mit Photonen im Schnitt 1,7 fache Lichtgeschwindigkeit gemessen worden ist. An der Technischen Universität Wien hat Prof. Dr. Ferenc Krausz mit getunneltem Laserlicht bereits das 2,4-fache der nach Einstein maximal erreichbaren Lichtgeschwindigkeit erzielt.
Die ersten Messungen von Überlichtgeschwindigkeiten wurden mit Mikrowellen an der Kölner Universität[<ii>] von Prof. Dr. Günter Nimtz und Mitarbeitern durchgeführt. Sie hatten zunächst die Messung der 2,5-fachen Lichtgeschwindigkeit veröffentlicht. Mittlerweile haben sie sogar eine Sinfonie von Mozart mit fast 5-facher Lichtgeschwindigkeit übertragen und damit Einsteins Hypothese widersprochen, nach der die Vakuumlichtgeschwindigkeit die höchste mögliche Geschwindigkeit zur Übertragung von Signalen sei.
Die unterschiedlichen Experimente sind sich nur in dem Punkt ähnlich, daß die Teilchen tunneln müssen, da man ihnen eine Barriere in den Weg stellt. Dieses "Tunneln" ist offenbar die Ursache für das Erreichen von Überlichtgeschwindigkeiten. Mit dem geltenden physikalischen Weltbild sind diese Meßergebnisse unvereinbar.
Beim Kölner Meßaufbau werden die Mikrowellen durch einen Hohlleiter geschickt, den sie mit Lichtgeschwindigkeit durchlaufen. Wird ein Teilstück mit verengtem Querschnitt eingesetzt, durch das die Mikrowellen eigentlich gar nicht hindurch passen, wird das Signal stark gedämpft. Jetzt kommt aber trotzdem ein kleiner Teil des Signals am anderen Ende der Leitung an, aber viel schneller als erlaubt, nämlich mit der meßbaren Überlichtgeschwindigkeit.
Die Antwort der vorliegenden Potentialwirbeltheorie lautet folgendermaßen: die in den Hohlleiter eingekoppelten Wellen laufen bis zum Tunneleingang, um festzustellen, daß sie da nicht hindurchpassen. Sie werden reflektiert oder absorbiert. Ein kleiner Teil jedoch rollt sich zu Potentialwirbeln auf und diese passen durch den Tunnel hindurch. Sie müssen jedoch zusätzlich komprimiert werden. Bei der Herleitung des Photons (Tafel 4.5 und 4.6) hatten wir gesehen, daß der innere Wirbel immer schneller ist als der größere, durch den er hindurchschlüpft. Die Kompression geht also einher mit einer Zunahme an Geschwindigkeit. Die Strömungstechnik kennt mit dem Venturi-Rohr eine Analogie. Auch bestätigen die strömungstechnischen Potentialwirbel genau diese Eigenschaft.
Man kann genausogut von der Lorentzkontraktion ausgehen (Tafel 6.6, Gl. 64*). Diese besagt, daß ein mit einer höheren Geschwindigkeit bewegtes Teilchen tatsächlich kleiner wird und nicht nur als optische Täuschung des Beobachters so erscheint. Da durch den Tunnel nur kleinere Teilchen hindurchpassen, müssen die am anderen Ende meßbaren auch entsprechend schneller sein; quod erat demonstrandum. Auf die gleiche Weise lassen sich auch die Experimente von Berkeley physikalisch erklären, da hier von vornherein mit Photonen gearbeitet wird[<i>]. Damit entfällt der Vorgang der sich aufrollenden Welle. Der Tunnel läßt nur komprimierte und damit schnellere Lichtteilchen durch.

<i>: R.Y. Chiao, P.G. Kwiat, A.M. Steinberg: Schneller als Licht? Spektr.d.Wiss. 10/93
<ii>: B. Schuh, Gespenstisch fixe Wellen, DIE ZEIT Nr. 45, 5.11.93, S. 43.
<ii>: Enders, A., Nimtz, G.: Photonic-tunneling experiments, Physical Review B, Vol. 47, No. 15 (1993), pp. 9605-9609.
<ii>: Enders, A., Nimtz, G.: Evanescent-mode propagation and quantum tunneling, Physical Review E, Vol. 48, No.1 (1993), pp. 632-633.

> "Die Relativitätstheorie ist keine physikalische Theorie... sie ist eine mathematische Begriffsdichtung, eine Deduktion aus unmöglichen Prämissen."<i>

Oskar Kraus

> "Die Relativitätstheorie ist eine mathematische Maskerade, hinter der sich ein unentwirrbares Knäuel von Begriffsvertauschungen, Widersprüchen, Trugschlüssen, willkürlichen Annahmen und Mißachtungen gesunder Logik verbirgt."<i>

Erich Ruckhaber

> "Die Relativitätstheorie ist nicht nur phantastisch, sondern auch von einer in der Geschichte der Wissenschaft noch nicht dagewesenen Inkonsequenz."<i>

Harald Nordenson

> "Eine Physik der Chimären, der Widerspüche und phantastischer Abstrusitäten, Nonsens!"<ii>

Johann Marinsek

> "This is absurd."<iii> (zur Masse-Energie-Interpretation)

Nikola Tesla

> "Ich habe bei meinen Versuchen Milliarden von Atomen zertrümmert, ohne irgendwelche Energieaussendungen beobachtet zu haben."<iiii>

Nikola Tesla

Tafel 6.15: Einige Stellungnahmen zur Relativitätstheorie

<i>: Walter Theimer: Die Relativitätstheorie, Seite 7, Francke Verlag, Bern, 1977, ISBN 3-7720-1260-4

<ii>: Johann Marinsek: Rationale Physik, S. 163, dbv-Verlag TU Graz, 1989, ISBN 3-7041-0176-1

<iii>: Nikola Tesla, To Einstein's Theories, Rare Book and Manuscript Library, Columbia University, 15.4.1932. Entnommen aus J.T.Ratzlaff: Tesla Said, Tesla Book Company, pp. 238, ISBN 0-914119-00-1

<iiii>: Nikola Tesla, Franz Ferzak World and Space Publications 1985.

6.15 Definition der Lichtgeschwindigkeit

Wenn sich ein Lichtsignal im Raum ausbreitet, dann befindet es sich als Folge der Ausbreitungsgeschwindigkeit c zu einem bestimmten Zeitpunkt t im Abstand r von der Lichtquelle:

$$r = c \cdot t \tag{69}$$

Sollte die Lichtgeschwindigkeit beispielsweise um Δc kleiner werden, dann hat das Lichtsignal offensichtlich um Δr weniger Weg zurückgelegt oder die Zeitspanne hat sich um Δt geändert:

$$r + \Delta r = (c + \Delta c) \cdot (t + \Delta t) \tag{7O}$$

Diese Gleichung beschreibt rein mathematisch den allgemeinsten anzunehmenden Fall. Durch das Ausmultiplizieren und Subtrahieren von Gleichung 68 beträgt die Wegänderung für sich betrachtet:

$$\Delta r = c \cdot \Delta t + t \cdot \Delta c + \Delta c \cdot \Delta t \tag{71}$$

Die Antwort der Mathematik ist, daß die Abstandsänderung ihre Ursache in einer Zeitänderung, in einer Geschwindigkeitsänderung oder in beidem haben kann. Wir wollen uns jetzt der physikalischen Interpretation zuwenden und die beiden Möglichkeiten näher in Augenschein nehmen, bei denen entweder c oder t konstant anzunehmen ist (siehe dazu Tafel 6.16).

Im ersten Fall sei die Lichtgeschwindigkeit c konstant und folglich die Änderung Δc = Null. Die mathematische Formulierung (nach Gl.71) lautet also:

Fall 1: $$c = \frac{\Delta r}{\Delta t}$$ **(Relativität)** (72)

Wenn in dieser Vorstellungswelt eine Abstandsänderung beobachtet wird, beispielsweise die Lorentzkontraktion, so muß zur Rettung dieses Zusammenhangs zwangsläufig eine Zeitänderung, beispielsweise eine Zeitdilatation den Ausgleich schaffen. Einstein spricht in treffender Weise von Relativität, da es sich bei beiden Variablen, der Längenkontraktion und der Zeitdilatation, seiner Meinung nach nur um beobachtete Änderungen handelt. Für die Zeitdilatation werden Experimente angegeben. Allerdings stehen uns für die Zeitmessung immer nur Atomuhren zur Verfügung und deren Ganggeschwindigkeit könnte natürlich auch durch die Lorentzkontraktion beeinflußt sein. Solange wir die atomaren Zerfallsmechanismen nicht kennen, kann jedenfalls nicht behauptet werden, die Zeitdilatation sein experimentell bewiesen. Ansonsten sind uns die Aussagen der Relativitätstheorie vertraut, weshalb weitere Ausführungen entbehrlich erscheinen.

Im zweiten Fall sei nun die Zeit t konstant und folglich die Änderung Δt = Null. Bei genauer Betrachtung ist dieser Fall viel naheliegender, denn wieso soll sich die Zeit auch ändern. Schließlich ist die **Zeit per Definition festgelegt** worden.

Wir sind es doch, die sagen, was Gleichzeitigkeit ist!

Die mathematische Formulierung lautet für diesen Fall (Gl. 71 mit Δt = O):

Fall 2: $$\Delta c = \frac{\Delta r}{t}$$ **(Objektivität)** (73)

Diese Gleichung erschließt uns eine bisher völlig unbekannte und grundlegend andere Sichtweise der physikalischen Wirklichkeit.

Zur Definition der Lichtgeschwindigkeit c [m/s]:

r [m] = Abstand von der Lichtquelle:

$$r = c \cdot t \tag{69}$$

Bei Änderungen, beobachtet oder gemessen:

$$r + \Delta r = (c + \Delta c) \cdot (t + \Delta t) \tag{70}$$

$$= c \cdot t + c \cdot \Delta t + \Delta c \cdot t + \Delta c \cdot \Delta t$$

Wegänderung:

$$\Delta r = c \cdot \Delta t + t \cdot \Delta c + \Delta c \cdot \Delta t \tag{71}$$

2 mögliche Ursachen:

mit $\Delta c = 0$ **Fall 1:**	mit $\Delta t = 0$ **Fall 2:**
$c = \frac{\Delta r}{\Delta t}$ (72)	$\Delta c = \frac{\Delta r}{t}$ (73)
c = konst.	t = konst.
$\Delta r \sim \Delta t$ (74)	$\Delta c \sim \Delta r$ (75)
= Zeitdilatation	= Universalität
Δr = beobachtbare Längenkontraktion	Δr = physische Längenkontraktion
Relativitätstheorie	Objektivitätstheorie

Tafel 6.16: Relativitätstheorie und Objektivitätstheorie, Herleitung und Gegenüberstellung

6.16 Relativität und Objektivität

Neu an dem zweiten Fall (Gleichung 73) ist besonders die darin enthaltene Proportionalität:

$$\Delta c \sim \Delta r \tag{75}$$

Für uns ist sie allerdings nicht neu, denn dieselbe Proportionalität haben wir aus der Modellvorstellung abgeleitet (Gleichung 46, Tafel 6.2), bei der die Elementarteilchen als Kugelwirbel aufgefaßt werden.
Gleichung 75 gibt unverhohlen zur Kenntnis, daß jede Änderung der Lichtgeschwindigkeit c [m/s] im gleichen Maße eine Änderung des Radius r [m] nach sich zieht, des Abstandes zwischen zwei Punkten im Raum oder auch der Länge eines Gegenstandes, z.B. einer Meßlatte. Eine solche Meßlatte besteht schließlich aus lauter kugelförmigen Atomen und Elementarteilchen, für deren Radius r wiederum die Proportionalität 75 gilt. Es wäre also zu setzen:

$$r \sim l \tag{76}$$

und beide zusammengenommen hatten wir bereits als Gleichung 68 (Tafel 6.11) aus der Feldabhängigkeit hergeleitet. Hier findet das Wirbelmodell genauso eine Bestätigung seiner Richtigkeit, wie die Herleitung aus den Transformationsgleichungen des elektromagnetischen Feldes. Da alle drei, die modellmäßige, die physikalische und die mathematische Herleitung zu dem gleichen Ergebnis kommen, soll dieser zweite Fall als "objektiv" bezeichnet werden.

Damit soll der erste Fall nicht abgewertet werden, der die subjektive Wahrnehmung eines Beobachters beschreibt. Er beinhaltet die *Definition von Wirklichkeit, nach der nur real ist, was auch wahrnehmbar ist.* Diese Definition liegt der Relativitätstheorie von Poincaré und Einstein zugrunde.

Mit dem zweiten Fall bei variabler Lichtgeschwindigkeit hingegen bekommen wir ernste Probleme, denn wir beobachten mit unseren Augen, und das funktioniert mit Lichtgeschwindigkeit. Wenn sie sich ändert, können wir dies, wie schon gesagt, nicht sehen. Könnten wir dies sehen, so hätte die "Wirklichkeit" ein ganz anderes Gesicht, und wir hätten sicher große Schwierigkeiten, uns in ihr zurechtzufinden. In dieser "objektiven Welt" gäbe es weder elektromagnetische Wechselwirkungen noch Gravitation, also keinerlei Kraftwirkungen. Da alle Abstände und Längenmaße von der Lichtgeschwindigkeit abhängen, sähe alles wie in einem Zerrspiegel aus.
Die Vorstellung von einer "objektiven Welt" hat zunächst auch keinen praktischen, sondern eher einen theoretischen und mathematischen Sinn. Die Unterscheidung zwischen einem Beobachtungsbereich und einem Modellbereich ist in der reinen Zweckmäßigkeit begründet.

Der *Beobachtungsbereich* soll *dem Fall 1* entsprechen und der *Modellbereich dem Fall 2*. Die mathematische Herleitung sagt uns, wie wir zwischen beiden Bereichen vermitteln können (Gleichung 71): Diese Vermittlung läuft auf eine *Transformation* hinaus, die uns die Vorschrift liefert, wie ein Übergang von der Beobachtung in eine nicht wahrnehmbare Modellvorstellung, von der Relativität in eine Objektivität zu erfolgen hat.

Relativitätstheorie	Objektivitätstheorie
Lichtgeschwindigkeit: $c = \text{konst.}$	absolute Zeit: $t = \text{konst.}$
$$c = \frac{\Delta r}{\Delta t} \quad (72)$$	$$\Delta c = \frac{\Delta r}{t} \quad (73)$$
Folgen: Zeitdilatation und Längenkontraktion beobachtbar	Folgen: Universalität und Längenkontraktion tatsächlich

Modell-Transformation:

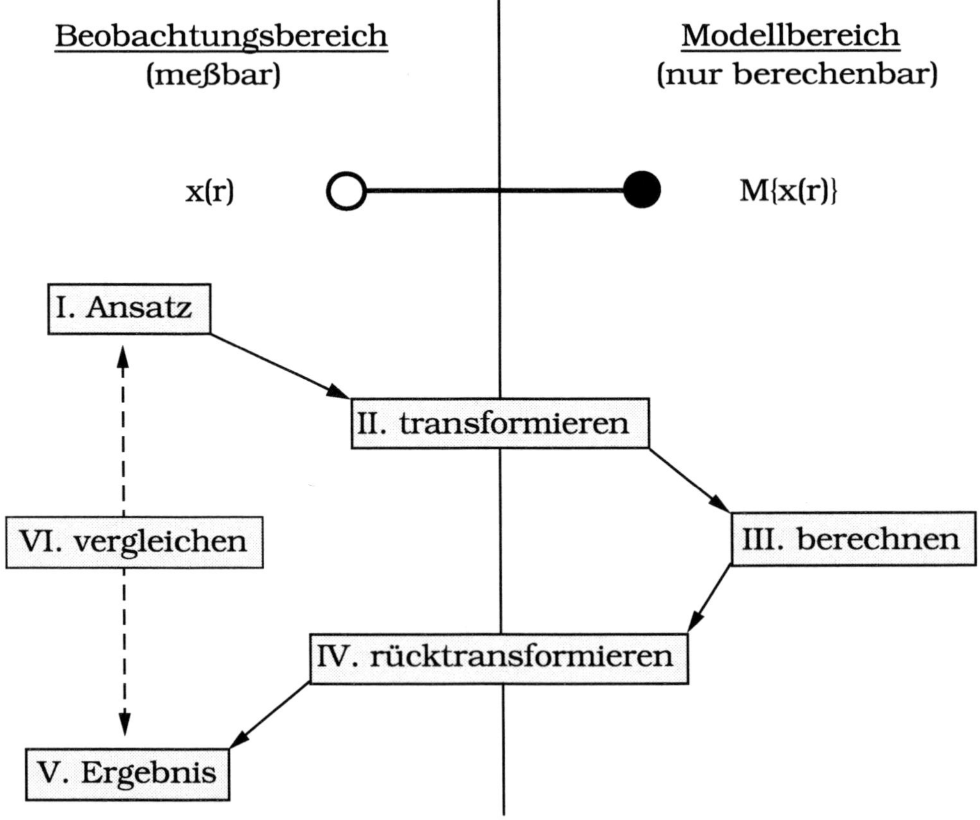

Tafel 6.17: Modell-Transformation zwischen Relativitätstheorie und Objektivitätstheorie.

6.17 Transformation

Der **Beobachtungsbereich** ist, wie der Name schon zum Ausdruck bringt, mit Hilfe unserer Sinnesorgane erfaßbar und mit entsprechenden Geräten meßbar. Die dazugehörige Mathematik liefert uns größtenteils die spezielle Relativitätstheorie. Dabei wird von einer konstanten Lichtgeschwindigkeit ausgegangen. Da eine Längenkontraktion beobachtet wird und gemessen werden kann, muß als Folge eine Zeitdilatation auftreten. So lautet die konsequente Aussage dieser Theorie. Da wir uns bereits klar machen konnten, daß es sich um eine subjektive Theorie handelt, ist natürlich Vorsicht geboten, wenn Verallgemeinerungen vorgenommen werden, wie die des induktiven Schlusses von der Längenkontraktion auf die Zeitdilatation. Wir werden in diesem Kapitel noch darauf zu sprechen kommen (Tafel 6.20).

Der **Modellbereich** hingegen ist für uns nicht beobachtbar und nur auf mathematischem Wege zugänglich. Hier ist die Zeit eine Konstante. Dagegen stehen die Radien der Teilchen und alle sonstigen Abstände und Längenmaße in direkter Proportionalität zur Lichtgeschwindigkeit. Ändert sie sich, dann führt dies zu einer Längenänderung. Die Längenkontraktion tritt physisch, also tatsächlich auf. Für die mit dieser Voraussetzung ableitbare und unabhängig vom Beobachterstandpunkt gültige Theorie wird der Name "Objektivitätstheorie" vorgeschlagen.

Die Bedeutung dieses Modellbereichs und der möglichen Modellberechnungen liegt darin begründet, daß wir viele physikalische Zusammenhänge innerhalb unseres Beobachtungsbereichs nicht erkennen und nicht mathematisch ableiten können. Außerdem wird nur allzuoft mit unzulässigen Verallgemeinerungen und mit reinen Hypothesen gearbeitet. So etwas existiert im Modellbereich erst gar nicht.

Erschließen läßt sich der Modellbereich über eine **Transformation**. Dazu wählen wir einen Ansatz x(r) in dem uns zugänglichen Beobachtungsbereich. Dieser wird dann mittels einer Rechenvorschrift M{x(r)} in den Modellbereich transformiert. Hier können wir in gewohnter Art und Weise den gesuchten Zusammenhang berechnen und das Ergebnis nach derselben Rechenvorschrift M^{-1} {x(r)} allerdings in der umgekehrten Richtung wieder zurücktransformieren. In den uns vertrauten Beobachtungsbereich zurückgekehrt, kann das Ergebnis mit Meßergebnissen verglichen und überprüft werden (Tafel 6.17).
Wir werden uns die Quanteneigenschaften der Elementarteilchen auf diesem Weg herleiten, berechnen und mit den bekannten Meßwerten vergleichen. Es sei daran erinnert, daß alle bisherigen Versuche, die Quanteneigenschaften konventionell, ohne Transformation zu berechnen, gescheitert sind. Nicht einmal eine Systematisierung mag gelingen, wenn es beispielsweise um Erklärungen für die Größenordnung einer Teilchenmasse geht.

Eine Transformation ist zunächst nicht mehr als eine in der Zweckmäßigkeit begründete mathematische Maßnahme. Wenn mit einer Transformation aber erstmalig Naturkonstanten, und als solche müssen die Quanteneigenschaften von Elementarteilchen bisher gesehen werden, hergeleitet und berechnet werden können, dann gewinnt diese Maßnahme damit auch ihre physikalische Berechtigung.
Wir stehen jetzt vor der Frage: wie lautet die Transformationsvorschrift M{x(r)}, mit der wir den Ansatz und alle Gleichungen vom Beobachtungsbereich in den Modellbereich transformieren sollen?

allgemeine Zusammenhänge:	spezielle Relativitätstheorie	Objektivitätstheorie	
Gültigkeitsbereich:	Beobachtungsbereich	Modellbereich	
Lichtgeschwindigkeit c [m/s]:	$c = c_0$ $= \text{konst.}$	$c \sim r$	(75)
Feldstärken (65)	(65) + (68)		
H [A/m] :	$H \sim 1/r^2$	$H \sim 1/r$	(77*)
E [V/m] :	$E \sim 1/r^2$	$E \sim 1/r$	(77)
wegen Gl. (14) $\varepsilon \cdot \mu = 1/c^2$ gilt:			
μ [Vs/Am] :	$\mu_0 = \text{konst.}$	$\mu \sim 1/r$	(78*)
ε [As/Vm] :	$\varepsilon_0 = \text{konst.}$	$\varepsilon \sim 1/r$	(78)
Materialgl. :			
$B = \mu \cdot H$ (5): B [Vs/m²]	$B \sim 1/r^2$	$B \sim 1/r^2$	(79*)
$D = \varepsilon \cdot E$ (6): D [As/m²]	$D \sim 1/r^2$	$D \sim 1/r^2$	(79)
z.B. Kugelkondensator			
Kapazität: C [As/V]	$= \varepsilon 4\pi r$ (49)	$C = \text{konst.}$	(80)
Ladung: Q [As]	$= C \cdot U$ (81)	$Q = \text{konst.}$	(82)
Energie: W [VAs]	$= Q^2/C$ (48)	$W = \text{konst.}$	(83)
mit Energie-Masse-Beziehung:			
(34) und (48)	$W = mc^2$		
Masse	m [kg = VAs³/m²]	$m \sim 1/r^2$	(84)
Relaxationszeit	τ_1 [s]:	$\tau_1 = \text{konst.}$	(85)
mit	$\tau_1 = \varepsilon/\sigma$ (10)		
spez.Leitfähigkeit	σ [A/Vm]:	$\sigma \sim 1/r$	(86)

Tafel 6.18: Transformation der Radiusabhängigkeiten

6.18 Tabelle zur Transformation

Der Versuch, an dieser Stelle bereits eine geschlossene mathematische Beziehung als Transformationsvorschrift anzuschreiben, wäre reine Spekulation. Eine solche Vorschrift muß an Hand zahlreicher praktischer Fälle erst verifiziert werden, d. h. auf ihre Leistungsfähigkeit und Richtigkeit hin überprüft werden. Die zu diesem Zweck erforderlichen praktischen Beispiele sind uns aber noch gar nicht bekannt, wenn wir die Transformation zum ersten Mal anwenden!
Aus diesem Grund ist es uns leider noch nicht möglich, absolute Werte auf direktem Wege zu berechnen. Wir müssen uns damit begnügen, mit Proportionalitäten zu arbeiten und Vergleiche anzustellen. In Tafel 6.18 sind die Proportionalitäten in der Art gegenübergestellt, wie sie zu transformieren wären: auf der linken Seite, wie sie aus der Sicht der speziellen Relativitätstheorie auftreten und beobachtet werden können, und rechts, wie sie sich in der Objektivitätstheorie darstellen und zu berechnen sind.
Die Änderung, die hier zu transformieren wäre, ist die physische Längenkontraktion, also die lichtgeschwindigkeitsabhängige Längenänderung. Bei Kugelsymmetrie wird aus der Länge l der Radius r (Gl. 76), und dessen Einfluß ist zu untersuchen.
Im Beobachtungsbereich hatten wir die Proportionalität hergeleitet (65 + 68):

$$E \sim 1/r^2 \quad \text{und} \quad H \sim 1/r^2.$$

Das Feld einer Punktladung oder eines Kugelkondensators bestätigt diesen Zusammenhang:

$$E = Q/\varepsilon 4\pi r^2 .$$

Da in unserer Beobachtung die Lichtgeschwindigkeit konstant erscheint, sind auch die beiden aus ihr zusammengesetzten Materialkonstanten (Gl.14: $\varepsilon \cdot \mu = 1/c^2$), die Dielektrizität ε und die Permeabilität μ, als konstant anzunehmen.
Damit gilt die gleiche Proportionalität wie für die Feldstärken auch für die Induktion B und die dielektrische Verschiebung D:

$$B \sim 1/r^2 \quad \text{und} \quad D \sim 1/r^2.$$

Im Modellbereich sieht alles ganz anders aus. Hier steht der Radius und jede Länge in direkter Proportionalität zur Lichtgeschwindigkeit. Dadurch bekommen wir Probleme mit unserem gewohnten Maßsystem, dem M-K-S-A-System (Meter-Kilogramm-Sekunde-Ampere). Die Grundeinheit Meter [m] und als Folge auch die Gewichtseinheit Kilogramm [$kg = VAs^3/m^2$] treten hier als Variable auf. Es wäre vorteilhaft, stattdessen das Volt [V] als Grundeinheit einzuführen.
In jedem Fall aber zeigt uns die Dimension einer Größe, in welcher Proportionalität sie zum Längenmaß steht. Diese ist dann im Modellbereich maßgeblich! Als Beispiel hat die Lichtgeschwindigkeit die Dimension Meter pro Sekunde. Im Modellbereich muß folglich eine Proportionalität zur Länge r [m] existieren.
Die Lichtgeschwindigkeit regelt mit Gleichung 14 wiederum die Materialkonstanten:

$$\mu\,[Vs/Am] \sim 1/r \quad \text{und} \quad \varepsilon\,[As/Vm] \sim 1/r \tag{78}$$

Modellmäßig gilt unverändert:

$$B\,[Vs/m^2] \sim 1/r^2 \quad \text{und} \quad D\,[As/m^2] \sim 1/r^2. \tag{79}$$

Setzen wir aber beide Proportionalitäten 78 und 79 in die Materialgleichungen 5 und 6 ein, so gilt für die Feldstärken:

$$H\,[A/m] \sim 1/r \quad \text{und} \quad E\,[V/m] \sim 1/r. \tag{77}$$

Weitere Radiusabhängigkeiten lassen sich in gleicher Weise entweder durch das Einsetzen in bekannte Gesetzmäßigkeiten oder direkt aus der Dimension ablesen.

Im Beobachtungsbereich:

Energiedichte eines Feldes:

$$w = (\varepsilon \cdot E^2 + \mu \cdot H^2)/2 \quad \sim \quad 1/r^4 \qquad (87)$$

Energie: $W \sim 1/r$ (88)

Mit c = konst. und $W = m \cdot c^2$: $\boxed{m \sim 1/r}$ (89)

e^- ist größer und leichter als p^+ oder n^0!

$$\boxed{\frac{m}{m_0} \overset{(89)}{=} \frac{r_0}{r} \overset{(76)}{=} \frac{l_0}{l} \overset{(64^*)}{=} \frac{1}{\sqrt{1-(v/c)^2}}} \qquad (90)$$

Im Modellbereich:

z.B. Kugelkondensator

Kapazität:	C [As/V] $= \varepsilon 4\pi r$	(49)	C = konst.	(80)
Ladung:	Q [As] $= C \cdot U$	(81)	Q = konst.	(82)
Energie:	W [VAs] $= Q^2/C$	(48)	$\boxed{W = \text{konst.}}$	(83)

(83) bedeutet: Satz von der Energieerhaltung!

Relaxationszeit τ_1 [s]:			τ_1 = konst.	(85)
mit	$\tau_1 = \varepsilon/\sigma$	(10)		
spez. Leitfähigkeit σ [A/Vm]:			$\boxed{\sigma \sim 1/r}$	(86)

(86) bedeutet: Elementarwirbel sind unzerstörbar!

Tafel 6.19: Interpretation der Radiusabhängigkeiten

6.19 Interpretation zur Transformationstabelle

Die Transformation soll uns sagen, was wir sehen würden, wenn die variable Lichtgeschwindigkeit für uns beobachtbar wäre. Dabei kommen höchst interessante Ergebnisse heraus.

Die Energiedichte eines Feldes beträgt bekanntlich $w = (\varepsilon \cdot E^2 + \mu \cdot H^2)/2$. (87)

Im **Beobachtungsbereich** wird laut Tabelle die Energiedichte w proportional $1/r^4$ abnehmen. Multipliziert mit dem jeweiligen Volumen erhalten wir für die Energie selber die Proportionalität: $W \sim 1/r$. (88)

Bei Berücksichtigung der Einsteinbeziehung $W = m \cdot c^2$

mit c = konstant gilt auch für die Masse m: $m \sim 1/r$. (89)

Auf diesem Wege erfahren wir endlich, warum die kleinen Nukleonen (Protonen und Neutronen) subjektiv beobachtet schwerer sind als die sehr viel größeren Elektronen. Als Folge erfährt ein relativistisches Teilchen den Massezuwachs (mit der Längenkontraktion nach Gleichung 64*):

$$\frac{m}{m_0} \overset{(89)}{=} \frac{r_0}{r} \overset{(76)}{=} \frac{l_0}{l} \overset{(64^*)}{=} \frac{1}{\sqrt{1-(v/c)^2}} \qquad (90)$$

Dieses Ergebnis ist experimentell abgesichert. Unsere Überlegungen sind also ganz im Einklang mit der Lorentz-Transformation. Es besteht jedenfalls kein Grund, die Richtigkeit anzuzweifeln.

Im **Modellbereich** gehen wir vorteilhafterweise von einer Kugelsymmetrie aus. Wie mit den Gleichungen 49 und 81 leicht zu zeigen ist, sind Kapazität und Ladung eines Kugelkondensators radiusunabhängig (80 und 82). Die aus den beiden Werten berechenbare Energie (48) muß dann ebenfalls konstant sein. Zu demselben Schluß kommen wir, wenn wir die obige Gleichung 87 für die Energiedichte eines Feldes ansetzen oder wenn wir eine Dimensionskontrolle anstellen: $\boxed{W\,[VAs] = \text{konst.}}$. (83)

Dieses schlichte Ergebnis ist die physikalische Grundlage für den Satz von der **Energieerhaltung**! Damit hätten wir ein Axiom aus der Welt geschafft.

Das Ergebnis sagt aus, daß die Energie gleich bleibt, auch wenn der Radius, der Abstand oder die Geschwindigkeit eines Gegenstandes sich ändern sollte. Dem subjektiv beobachtenden Menschen zeigt sie sich lediglich in verschiedenartigen Ausdrucksformen. Letztendlich entsteht die Energie, wie es die vorliegende Feldtheorie vorschreibt, durch das Binden der entgegengesetzt gleich großen Energie im Innern der Quanten. Die Größe der Energie ist somit an die Zahl der vorhandenen Teilchen gebunden, wie wir uns schon hergeleitet hatten.

Unter der Annahme einer konstanten Zeit (85) ergibt sich über die Gleichung der Relaxationszeit (10) rückwärts gerechnet für die elektrische Leitfähigkeit σ die Proportionalität:

$$\boxed{\sigma\,[A/Vm] \sim 1/r} \quad . \qquad (86)$$

Vielleicht überrascht das Ergebnis, da es nicht beobachtet werden kann. Überhaupt wissen wir, daß die makroskopisch betrachtete Leitfähigkeit in Wirklichkeit nur ein näherungsweise gemitteltes Maß für die Beweglichkeit freier Ladungsträger darstellt. In einem teilchenfreien Vakuum hingegen macht diese bekannte Interpretation keinen Sinn mehr. Es wird daher empfohlen, nur noch mit den Relaxationszeitkonstanten zu arbeiten. Wer mit σ als reiner Beschreibungsgröße trotzdem weiterarbeiten will, kann dies tun. Er darf aber nicht überrascht sein, wenn im Modellbereich mit abnehmendem Radius plötzlich die Leitfähigkeit zunimmt. Dies ist aber notwendig, da sonst die Elementarteilchen in sich zusammenbrechen würden. Nur durch die Zunahme der Leitfähigkeit, die sich der Kugelwirbel also selber erzeugt, baut sich im Innern der Teilchen der expandierende Wirbelstrom auf, der dem sich von außen konzentrierenden Potentialwirbel entgegenwirkt.

Ansatz:

a. Die Teilchen zerfallen nicht von alleine, sondern nur bei einer entsprechenden Störung von außen.

b. Die Zerfallszeit ist das statistische Mittel, in der eine solche Störung auftreten und sich auswirken kann.

c. Die Elementarteilchen bestehen aus einer ganzzahligen und endlichen Anzahl von Elementarwirbeln, die ihrerseits nicht mehr zerfallen können.

d. Geraten die zusammengesetzten Teilchen in den störenden Einflußbereich hochfrequenter Wechselfelder, so werden sie zu heftigen Schwingungen angeregt und können so in einzelne Teilstücke auseinandergerissen werden.

e. Als Störgröße kommen in erster Linie die hochfrequenten Felder vorbeifliegender Neutrinos in Frage.

f. Maßgeblich für die Zerfallsschwelle und damit auch für die Zerfallsrate ist der Abstand, in dem die Neutrinos am Teilchen vorbeifliegen.

g. Der Abstand wird um so größer, je kleiner das Teilchen ist. Erfährt das Teilchen also eine relativistische Längenkontraktion, so wird es statistisch gesehen in dem gleichen Maße stabiler!

Mit Zeitdilatation hat das überhaupt nichts zu tun!

Wir sind berechtigt, eine Gleichzeitigkeit zu fordern, denn schließlich sind wir es, die sagen, was das ist!

Tafel 6.20: Interpretationsvorschlag zum Teilchenzerfall

<i>: Walter Theimer: Die Relativitätstheorie, Seite 106, Francke Verlag, Bern, 1977, ISBN 3-7720-1260-4

6.20 Teilchenzerfall

Ein grundlegendes Mißverständnis muß noch aus dem Weg geräumt werden. Es handelt sich um das Problem der Zeitdilatation. Hier macht uns der Modellbereich keine Schwierigkeit, denn er schreibt eine konstante, von uns also definierbare Zeit vor. Bei relativistischer Betrachtung hingegen sollen in bewegten Systemen Uhren falsch gehen! Wie aber will man eine Zeitdilatation physikalisch erklären, wenn es lediglich eine rein mathematische Folge der tatsächlich stattfindenden Längenkontraktion einerseits und dem Postulat einer konstanten Lichtgeschwindigkeit andererseits darstellt?
Niemand hat sich mehr um die physikalische Deutung bemüht als Einstein selbst. Dabei hatte er genausowenig wie wir heute die Möglichkeit, durch Beschleunigen einer Laboruhr auf Werte nahe der Lichtgeschwindigkeit das angebliche Phänomen experimentell nachzuprüfen.
Nur atomare Teilchen können z. B. in Beschleunigeranlagen auf derart hohe Geschwindigkeiten gebracht und dabei auf ihre Eigenschaften hin beobachtet werden. Aber auch diese Experimente besitzen solange keine Beweiskraft, wie wir die atomistische Struktur der Teilchen noch nicht kennen und die Gefahr von Fehldeutungen besteht.
So wird als "Beweis" für Zeitdilatation gerne die Verlangsamung der Zerfallsrate instabiler Teilchen bei hoher Geschwindigkeit angeführt[<i>]. "Das meistzitierte Beispiel für die Zeitdehnung ist das "langlebige" Meson. Das μ-Meson ist ein geladenes Teilchen, das in Ruhe beobachtet nur $2{,}2 \cdot 10^{-6}$ Sekunden existiert. Dann zerfällt es ... Etwa 10 % der Mesonen erreichen die Erdoberfläche. Selbst wenn sie mit annähernd Lichtgeschwindigkeit fliegen, müssen sie mindestens $30 \cdot 2{,}2 \cdot 10^{-6}$ Sekunden gebraucht haben, um zur Erde zu gelangen. Ihre "Lebensdauer" ist also durch die Bewegung auf ein Vielfaches verlängert worden... Den Anhängern der Relativitätstheorie offenbart sich hier die Zeitdehnung..."
Dieser "Beweis" ist jedoch wertlos, solange "die Struktur und der Zerfallsmechanismus des Teilchens unbekannt sind", wie sich W. Theimer[<i>] ausdrückt.

Auf der Grundlage der neuen Feldtheorie sei der nebenstehende Ansatz gewagt (Tafel 6.20). Die Teilchen zerfallen danach nicht von alleine, sondern nur bei einer entsprechenden Störung von außen, die beispielsweise durch die hochfrequenten Felder vorbeifliegender Neutrinos ausgelöst werden. Je näher die Neutrinos am Teilchen vorbeifliegen, um so eher wird es zerfallen. Jetzt wird der Abstand aber um so größer, je kleiner das Teilchen ist. Erfährt das Teilchen also eine relativistische Längenkontraktion, so wird es statistisch gesehen in dem gleichen Maße stabiler!
Mit Zeitdilatation hat das überhaupt nichts zu tun, wie dieser Interpretationsvorschlag zeigt (Tafel 6.20). Der gleiche Effekt tritt natürlich auch auf, wenn Atomuhren in einem Flugzeug spazierengeflogen und mit baugleichen Uhren auf der Erde verglichen werden.

Die Zeit wurde von uns festgelegt und soll deshalb ihre universelle Gültigkeit behalten dürfen. ***Wir sind berechtigt, eine Gleichzeitigkeit zu fordern, schließlich sind wir es, die sagen, was Gleichzeitigkeit ist!***

Eine interessante technische Nutzung wäre die Beschleunigung der Zerfallsrate zur Entsorgung von radioaktiv verstrahltem Müll. Dazu muß durch das Einsammeln und Bündeln freier Neutrinos oder mit Hilfe eines Neutrinosenders, wie er im 9.Kapitel noch besprochen wird, der Müll bestrahlt werden. Nach einer solchen Neutrinodusche wäre gefährlicher Atommüll wiederverwendbar oder allenfalls noch harmloser Hausmüll.

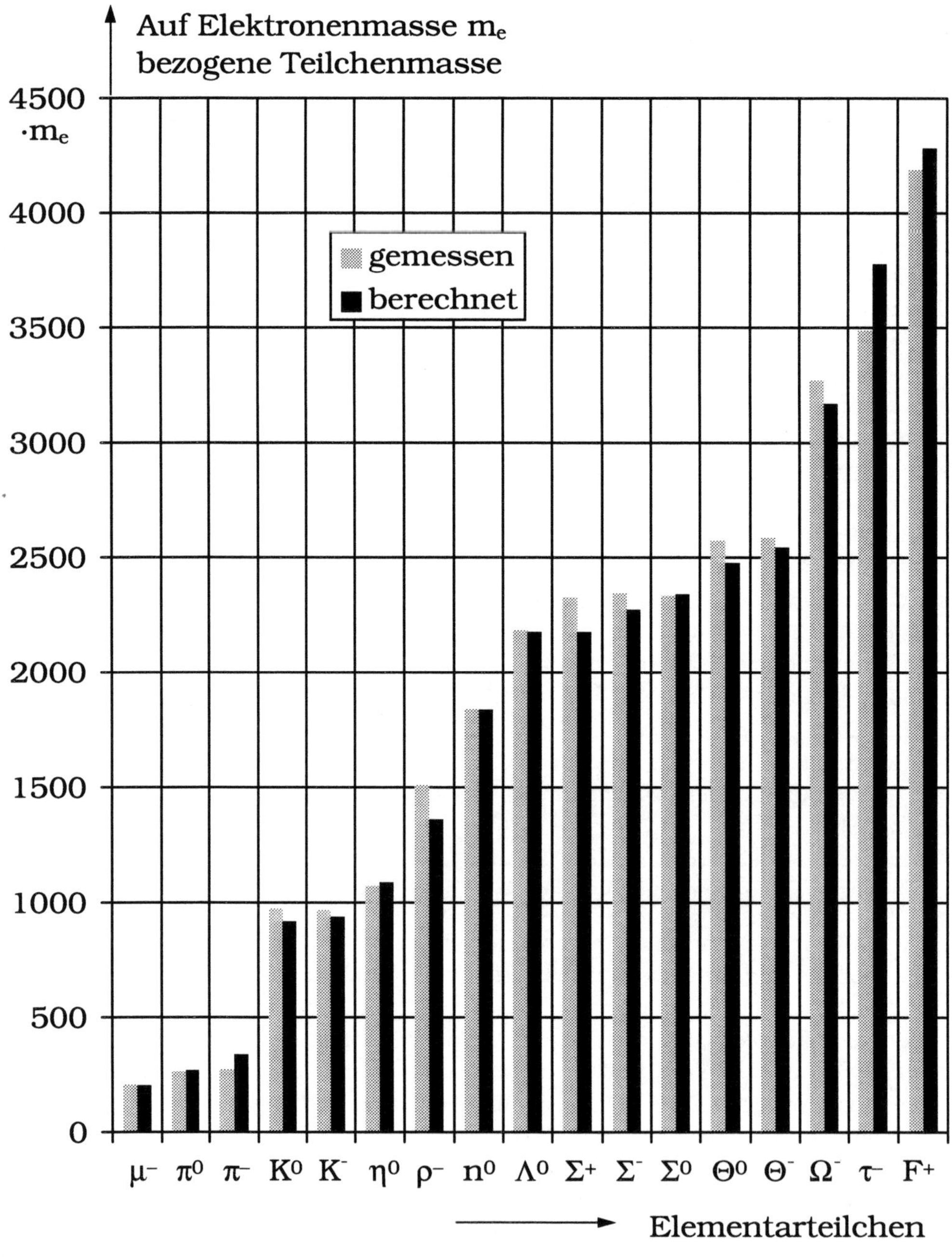

Tafel 7.0: Der beweiskräftige Vergleich:

die gemessene Teilchenmasse

die berechnete Teilchenmasse

7. Beweis

Beweise für die Richtigkeit der Objektivitätstheorie sind reichlich vorhanden. Die feldabhängige Längenänderung wird beobachtet und genutzt als ***Magneto- oder Elektrostriktion***. Wird ein ferromagnetischer Stoff, z. B. ein Nickelstab in ein magnetisches Wechselfeld gebracht, dann werden *feldabhängig longitudinale Längenschwingungen* beobachtet. In der gleichen Weise schwingt Bariumtitanat oder Quarzkristall im elektrischen Feld beim Anlegen einer hochfrequenten Wechselspannung.
Eine praktische Anwendung bildet die *Ultraschallerzeugung.*

In diesem Kapitel werden, wie bereits angekündigt, die *Quanteneigenschaften der Elementarteilchen berechnet* und auf diesem Wege der vielleicht überzeugendste *Beweis für die Existenz von Potentialwirbeln und für die Richtigkeit des feldtheoretischen Ansatzes* und der darauf aufbauenden Theorie erbracht.
Eine besondere Herausforderung stellt die *Berechnung der Teilchenmasse* dar. Diese reicht von 207 Elektronenmassen des Myon über 1839 des Neutron bis in die Größenordnung von 18513 Elektronenmassen (Y^0). Dabei kann nicht nur überprüft werden, ob die berechneten Werte mit den gemessenen übereinstimmen. Auch die Lücken müssen übereinstimmen, d. h. dort wo es keine diskrete mathematische Lösung gibt, sollte auch kein Teilchen existieren.
Die nebenstehende Tafel 7.0 nimmt das Ergebnis vorweg und zeigt, daß selbst diese strenge Bedingung erfüllt wird! Die Übereinstimmung der berechneten mit den gemessenen Ergebnissen ist hervorragend. Wenn in einzelnen Fällen kleine Abweichungen erkennbar werden, müssen wir uns immer vor Augen halten, daß die Messungen in der Regel statistisch ausgewertet werden und sich die Ergebnisse verfälschen, wenn sich kleine Teilchen unerkannt einschleichen. Die Teilchenphysik verfügt heutzutage zwar über extrem präzise Meßgeräte, aber Restfehler sind auch hier nicht auszuschließen.

Die Quantenphysik ist derzeit damit beschäftigt, die Elementarteilchen weiter zu zerlegen in hypothetische Teilchen, die Quarks und diese nach Eigenschaften und Symmetrien zu sortieren. Dabei entspricht diese Vorgehensweise streng kausal dem *quantenphysikalischen Ansatz.*
Wir haben uns hingegen den ***feldtheoretischen Ansatz*** vorgenommen, und dieser schließt die Einführung hypothetischer Teilchen von vornherein aus. Es muß unser Bemühen sein, die Quantenstruktur als Feldeigenschaft herzuleiten und zu erklären. Ja, wir wollen dies sogar berechnen, womit wir im wissenschaftlichen Wettlauf die Quantenphysik mit einem Satz überholt hätten!

Eine starke Stützung hat unser Ansatz durch aktuelle Experimente erfahren, in denen *Materie in elektromagnetische Wellen* umgewandelt werden - praktisch die Umkehrung des Aufrollvorgangs von Wellen zu Wirbeln. Dazu wurden am Massachusetts Institute of Technology (David Pritchard u. a.) Natriumatome durch Gitterstreuung in Wellen dematerialisiert<i>. Nach Einstein hätte man mit dem auftretenden Massedefekt sicher das gesamte M. I. T. in die Luft sprengen können; aber keine Sorge, es wurde überhaupt keine Energieaussendung beobachtet, ganz wie es die Wirbeltheorie vorausgesagt hat.

<i>: J. Teuber: Materie und Energie, Ganze Atome wurden zu Energiewellen, Illustrierte Wissenschaft Nr. 7 (1996), S. 56

mit dem klassischen Elektronenradius $r_e = 2{,}82 \cdot 10^{-15}$ m:

$$C_e = \varepsilon_0 \cdot 4\pi r_e = 3{,}135 \cdot 10^{-25}\,\text{F} \qquad (49^*)$$

$$\boxed{U_e = e/C_e = 511\text{kV}} \qquad (81^*)$$

(r_e unabhängig konstant)

Ausbildungsformen (Wirbeleigenschaften):

I. Anlagern (Wirbelballen-Bildung):

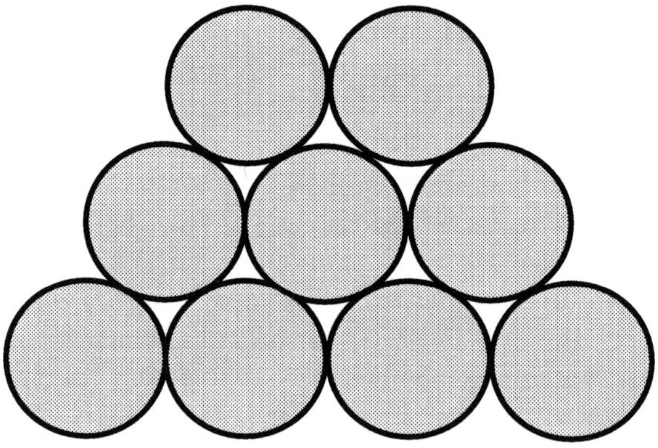

II. Überlagern (Transportphänomen)

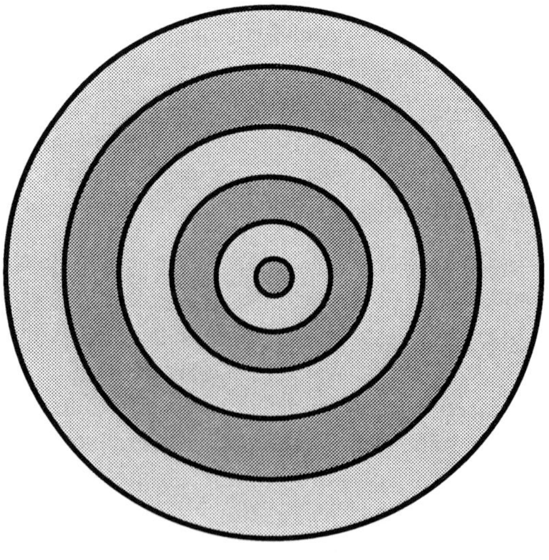

Tafel 7.1: das Anlagern und Überlagern von Elementarwirbeln

7.1 Elementarwirbel

Das Elektron und das Positron hatten wir als Elementarwirbel hergeleitet (Tafel 4.3). Bevor in die Berechnung eingestiegen werden kann, geht es darum, ein klares Bild von den möglichen Wirbelkonfigurationen zu gewinnen, die auf Grund der hergeleiteten Eigenschaften möglich sind. Dazu wird mit dem Elementarwirbel begonnen und anschließend das zu erwartende Wechselwirkungsverhalten vorausgesagt.

Wirklich elementar ist eigentlich nur ein einziges Teilchen. Es ist nach den Erkenntnissen der neuen Theorie ein Elementarwirbel in Form einer Kugel. Seine Größe wird von der Lichtgeschwindigkeit und diese wiederum von der lokalen Feldstärke bestimmt; seine Stabilität liegt in dem Konzentrationseffekt des Potentialwirbels begründet. Das Wirbeln erfolgt überall mit Lichtgeschwindigkeit, auch noch im Wirbelzentrum, wo alle Feldlinien zusammenlaufen, das Feld unendlich zunimmt und die Lichtgeschwindigkeit gegen Null geht. Diesem Umstand verdankt der Elementarwirbel seine Ortsgebundenheit.

Auf Grund der außerhalb gegen unendlich verlaufenden und von uns meßbaren Feldlinien (Tafel 4.3) können wir diesem Wirbel eine Ladung beimessen. Es ist dies die kleinste unteilbare Einheit, die Elementarladung e. Bauform und Feldlinienverlauf legen nahe, den Elementarwirbel als Kugelkondensator aufzufassen und zu berechnen. Unter Zugrundelegung des in Tafel 6.3 angegebenen klassischen Elektronenradius r_e berechnet sich die Kapazität nach Gleichung 49 zu:

$$C_e = \varepsilon_0 \cdot 4\pi r_e = 3{,}135 \cdot 10^{-25}\,F \qquad (49^*)$$

Die Objektivitätstheorie hat uns hier die Erkenntnis geliefert, daß auch bei einer Änderung des Elektronenradius die Kapazität unverändert konstant bleibt (8O), und dies entspricht voll und ganz unserer Beobachtung.

Zwischen der Hülle des Elementarwirbels, gemessen am Radius r_e, und seinem Zentrum, beziehungsweise auch gegenüber dem Unendlichen, liegt nach Gleichung 81 die Spannung an:

$$U_e = e/C_e = 511\,kV \qquad (81^*)$$

Sie ist ebenfalls konstant und unabhängig von der Größe des Elementarwirbels.

Da uns eine andere Lösung verwehrt ist, müssen wir wohl davon ausgehen, daß alle Elementarteilchen aus einem ganzzahligen Vielfachen von Elementarwirbeln bestehen. In Frage kommt das Anlagern, wie dicht verpackte Tennisbälle, oder das Überlagern einzelner Wirbel in Form von Schalen, wie bei einer Zwiebel (Transportphänomen).

Die untereinander auftretenden Anziehungskräfte sind darauf zurückzuführen, daß jeder Elementarwirbel als Folge der feldabhängigen Lichtgeschwindigkeit vom Feld seines Nachbarn komprimiert wird. Dieses Feld ist bei den geringen Abständen in der Regel erheblich größer als das Außenfeld. Deshalb haben zusammengesetzte Elementarteilchen auch nicht die zwei- oder dreifache Masse, sondern gleich die 2O7-fache (Myon) oder die 1836-fache (Proton). Es gibt schließlich auch keine andere Erklärung dafür, warum keine leichteren Teilchen (mit weniger als 2O7 Elektronenmassen) existieren!

a. Das Elektron-Positron-Paar:

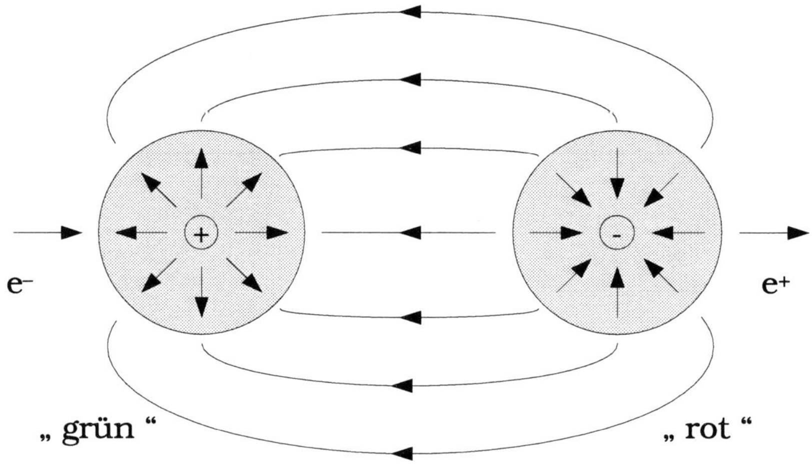

b. Das e⁻ - e⁺ - Paar bei geringem Abstand:

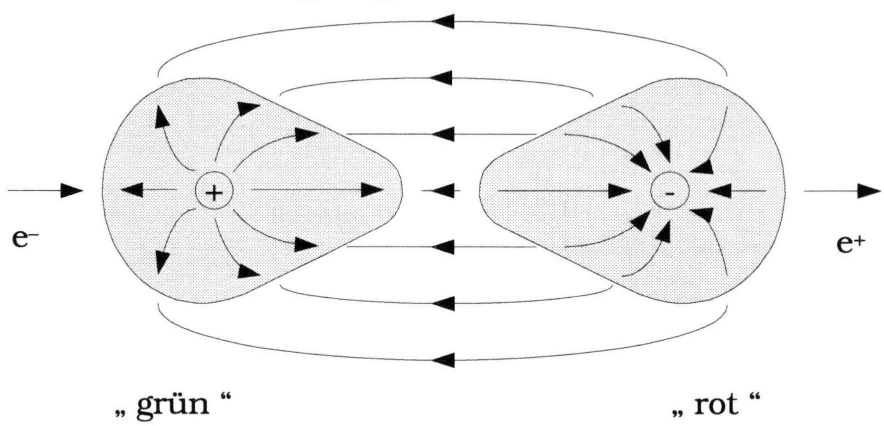

Tafel 7.2: Die Elektron-Positron-Paarvernichtung

7.2 Materie und Antimaterie

Für das Anlagern oder Überlagern von Elementarwirbeln sind mehrere Fälle zu unterscheiden, denn für den Elementarwirbel sind ja zwei inverse Ausbildungsformen möglich: das negativ geladene Elektron und das positiv geladene Positron. Während beim Elektron der Wirbel eine von innen nach außen gerichtete Komponente des elektrischen Feldes erzeugt, hat beim Positron das Feld die entgegengesetzte Richtung auf Grund einer umgekehrten Wirbelrichtung.
Diese Aussage läßt sich verallgemeinern: Betrachten wir die Elementarteilchen von außen, so ordnen wir die mit einer dem Elektron identischen Wirbelrichtung der Materiewelt zu und bezeichnen diejenigen mit der entgegengesetzten Wirbelrichtung als Antimaterie. Es empfiehlt sich jetzt sehr, Farben zur Hand zu nehmen, um die Wirbeleigenschaften optisch zu verdeutlichen. Es sollen das Elektron als grüne Kugel und das Antiteilchen, das Positron, als rote Kugel gekennzeichnet werden.
Blicken wir jetzt in die Welt der Materie, so erscheint uns unsere **Materiewelt "grün"**, die der **Antimaterie** hingegen **"rot"**. Die einheitlich grüne Farbe aller in unserer Welt existierenden Elementarteilchen schließt aber nicht aus, daß rote Antiwirbel für uns unentdeckt im Innern der grünen Wirbel verborgen existieren können. Sie müssen aber vollständig abgedeckt werden, sonst kommt es zu einer unheilvollen Reaktion, der Paarvernichtung als Folge der sich aufhebenden, entgegengesetzt gerichteten Wirbeleigenschaft.
Auf dem Wege der **Paarvernichtung** kann es zu einer Entmaterialisation kommen, da jeder Elementarwirbel in seinem Innern die gleich große Energie mit entgegengesetztem Vorzeichen hält und die Verschmelzung zweier inverser Teilchen die Energiesumme Null ergeben kann. Das bekannteste Beispiel ist die von Klemperer 1934 entdeckte Zerstrahlung eines Elektron-Positron-Paares. In der oberen Darstellung (Tafel 7.2a) sind die Elementarwirbel noch symmetrisch, aber die äußeren Feldlinien sind bereits derart "verbogen" und untereinander verbunden, daß mit Ausnahme derer in Achsrichtung keine Wechselwirkung mehr stattfindet, die gemessen werden könnte.
Die beiden Teilchen kommen sich auf Grund der unterschiedlichen Ladung rasch näher, und je näher sie sich sind, um so größer wird die gegenseitige Anziehungskraft; ein Teufelskreis, der zu der in der unteren Skizze gezeigten Unsymmetrie führt (Tafel 7.2b) und erst zur Ruhe kommt, wenn beide Teilchen sich gegenseitig vernichtet haben.
Das Elektron und das Positron hatten die betragsmäßig gleich große, aber entgegengesetzt gerichtete Wirbelaktivität, so daß rein rechnerisch die Summe der Ruheenergie Null ergibt. Es ist aber zu beachten, daß die beiden Teilchen anläßlich der Relativbewegung aufeinander zu einige kinetische Energie und bei Drehung um die eigene Achse auch noch Rotationsenergie mitbringen. Es kommt zur Emission einer Vernichtungsstrahlung, lautet die Erklärung der Teilchenphysik.
Mit der Kenntnis des Photons (Tafel 4.6) können wir die Vernichtungsstrahlung als eine Folge des Transportphänomens deuten. Der schnellere und folglich kleinere Wirbel, es sei beispielsweise der grüne, schlüpft in den roten hinein und sieht sein grünes, für ihn verträgliches Inneres. Leider kann er dort nur bleiben, solange er kleiner, also schneller ist und deshalb schießt er auf der anderen Seite wieder hinaus. Jetzt wirkt sich die elektromagnetische Anziehungskraft voll aus. Er wird gebremst und der rote Wirbel entsprechend beschleunigt. Der Vorgang dreht sich um.
Diese umeinander schwingenden Wirbel, so hatten wir hergeleitet, haben eine charakteristische Frequenz (Farbe), sind polarisierbar und bewegen sich als Folge des offenen Wirbelzentrums mit Lichtgeschwindigkeit vorwärts. Es handelt sich also um das Photon.

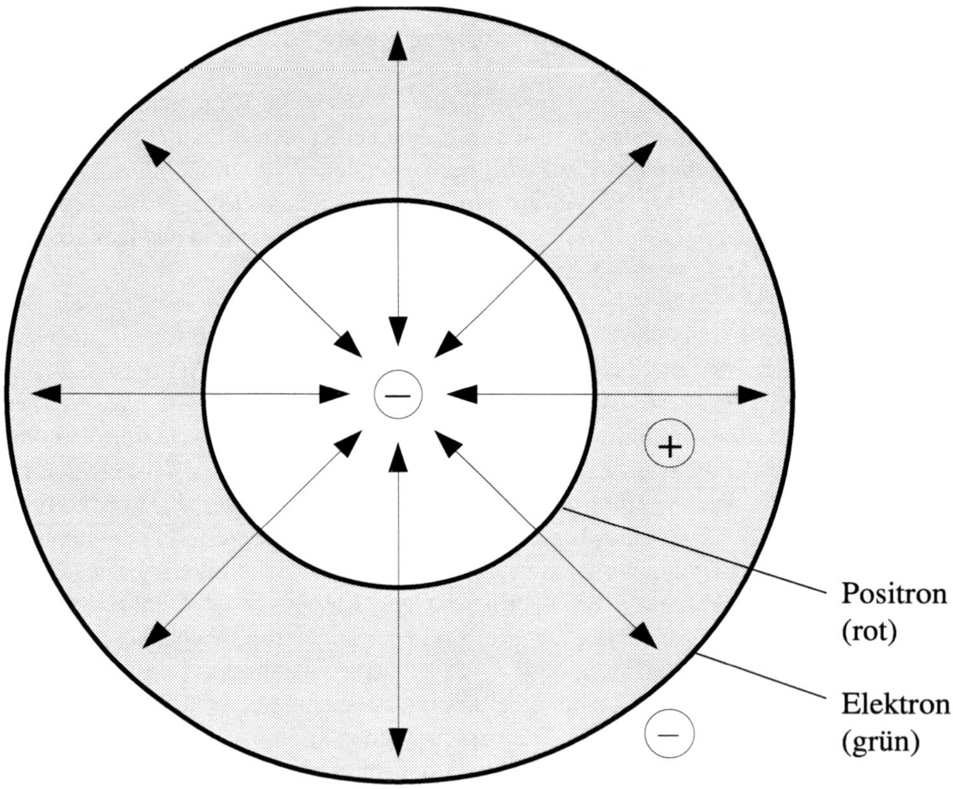

Tafel 7.3: Theoretischer Endzustand des Positroniums = Statisches γ-Quant (Photon).

7.3 Positronium

Noch ehe es zum Zerstrahlen der beiden Elementarwirbel, dem Elektron und dem Positron, kommt, werden sie kurzfristig einen schalenförmigen, also einen gebundenen Zustand einnehmen, bei dem der eine Wirbel den anderen überlagert.
Seine Entstehung können wir uns wie folgt vorstellen: ein Elektron, das an einem ruhenden Positron vorbeifliegt, wird von diesem auf Grund der elektromagnetischen Anziehung eingefangen und bewegt sich auf einer elliptischen Bahn schraubenförmig auf das Positron zu. Dabei erhöht sich seine Winkelgeschwindigkeit erheblich. Es wird auf Grund der hohen Fliehkräfte zu einer flachen Scheibe auseinandergezogen, um sich schließlich als geschlossene Schale um das Positron herumzulegen.
Jetzt sieht das rote Positron den Elektronenwirbel sozusagen "von innen" und sieht dabei ebenfalls rot; denn der grüne Wirbel hat ein rotes Zentrum und umgekehrt! Es ergibt sich die in Tafel 7.3 angegebene Konfiguration.

Die Zahl an Feldlinien, die vom roten Rand des Positrons in Richtung Zentrum verlaufen, ist identisch mit der, die zum grünen Rand des Elektrons zeigen. Hier ist bereits derselbe Zustand erreicht wie im Zentrum, der dem im Unendlichen entspricht. Das bedeutet soviel, daß keine Feldlinien vom grünen Rand nach außen zeigen; das Teilchen verhält sich nach außen elektrisch neutral. Es zeigt keine elektromagnetische Wechselwirkung mit seiner Umgebung.

Wäre das Teilchen langlebig, so wäre es neben dem Elektron zweifellos das leichteste Elementarteilchen; nur kann das Positronium ohne stabilisierenden Einfluß von außen den in der Tafel 7.3 gezeigten Zustand überhaupt nicht einnehmen. Die beim Umrunden vom Elektron abgegebene Bewegungsenergie nimmt das Positron auf. Bevor es zu dem gebundenen Zustand jedoch kommen kann, der das Positronium als Elementarteilchen ausweisen könnte, tritt die Gleichberechtigung beider Wirbel zutage. Mit dem gleichen Recht, mit dem das Elektron das Positron überlagern will, könnte es umgekehrt ja auch selber überlagert werden.
Findet die Stabilisierung des einen oder des anderen Zustandes von außen nicht statt, so ist das besagte Zerstrahlen in γ-Quanten die unvermeidliche Folge (Tafel 4.6).

a. Das Elektronen-Paar:

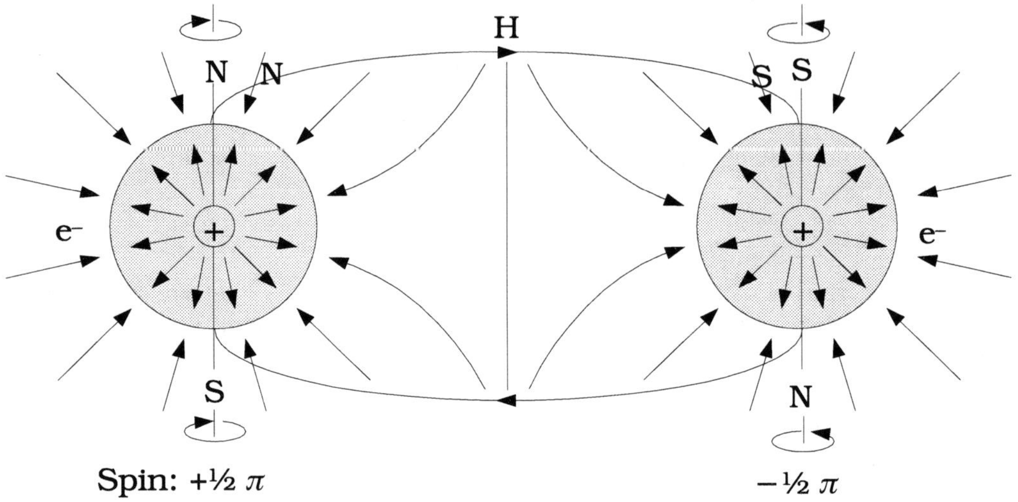

b. Das Elektronen-Paar bei kleinem Abstand:

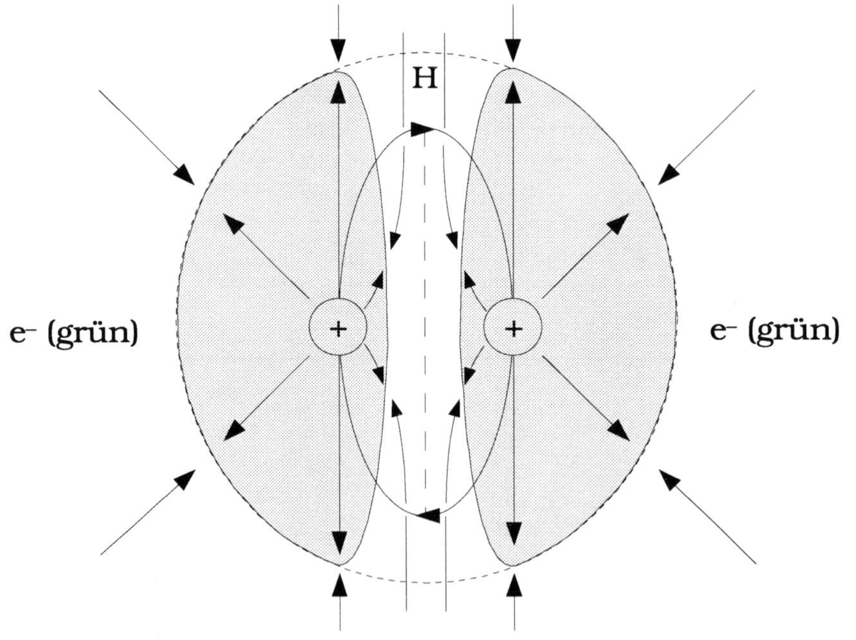

Tafel 7.4: Zwei Elektronen mit entgegengesetzt gerichtetem Spin

7.4 Dipolmoment

Als elektrisch geladene Kugeln besitzen Elementarwirbel als Folge der Eigenrotation ein magnetisches Dipolmoment längs ihrer Rotationsachse (Tafel 7.4). Dies ist sehr präzise meßbar und für die wichtigsten Elementarteilchen auch quantitativ bekannt. Im Gegensatz zum Drehimpuls kann nach der vorliegenden Theorie das magnetische Moment nicht konstant sein. Es müßte sich geringfügig ändern, wenn wir im Labor die Feldstärke erhöhen.

In einem aus mehreren Elementarwirbeln zusammengesetzten Teilchen erhöhen die Wirbel gegenseitig die lokale Feldstärke. Deshalb messen wir beim Proton, welches sich aus drei Wirbeln zusammensetzt, auch nicht das dreifache, sondern nur das 2,793-fache des auf Grund seiner Masse zu erwartenden Kernmagnetons. Auch das Neutron hat statt des zweifachen nur das 1,913-fache Kernmagneton. Die Abweichungen sind somit als Folge der umgebenen Felder erklärbar.

Voraussetzung für diesen Punkt sind zwei weitere, noch unbeantwortete Kernfragen der Quantenphysik:

XII: Warum wird beim Proton ungefähr das Dreifache des auf Grund der Ladung zu erwartenden magnetischen Dipolmomentes gemessen?

XIII: Warum hat das Neutron als ungeladenes Teilchen überhaupt ein magnetisches Moment?

Diese Fragen lassen sich erst einer schlüssigen Antwort zuführen, wenn wir die Wirbelstrukturen der jeweiligen Teilchen abgeleitet haben.

Der Elementarwirbel bildet also als Folge des Spins längs seiner Achse einen magnetischen Nordpol und einen Südpol aus. Auf dieser Eigenschaft begründet sich eine weitere Möglichkeit, mit einem externen Feld oder mit anderen Teilchen in eine Wechselwirkung zu treten. Dies soll an Hand zweier Elektronen studiert werden, die ein **Elektronenpaar** bilden.
Auf Grund der gleichen Ladung werden sich die beiden Elektronen zunächst abstoßen. Bei Eigenrotation werden sie sich jedoch gegenseitig kontrahieren, was von außen gesehen als Anziehungskraft interpretiert wird. Zudem werden sie ihre Rotationsachsen antiparallel ausrichten. Indem sie jetzt in der entgegengesetzten Richtung rotieren, kommt es zu einer magnetischen Anziehungskraft.

Wie in Tafel 7.4 gezeigt, ist auf diese Weise das magnetische Dipolfeld nach außen hin kompensiert, wie die in sich geschlossene Feldlinie (H) verdeutlicht. Zwischen beiden Elektronen spannt sich ein E-Feld-freier Raum auf. Bei geringem Abstand legen sich die beiden Wirbel um diesen Raum wie zwei Halbschalen einer Kugel herum. Es bildet sich ein nach außen magnetisch neutrales Teilchen, das allerdings die zweifache Elementarladung trägt (Tafel 7.4b).
Die besondere Affinität ist stets auf zwei Wirbel gleicher Ladung bei entgegengesetzter Drehrichtung beschränkt. Weitere Wirbel lassen sich nicht mehr einbinden und werden abgestoßen. Diese Wirbeleigenschaft deckt die Quantenbedingung (Pauli-Prinzip) der Spinquantenzahl perfekt ab.

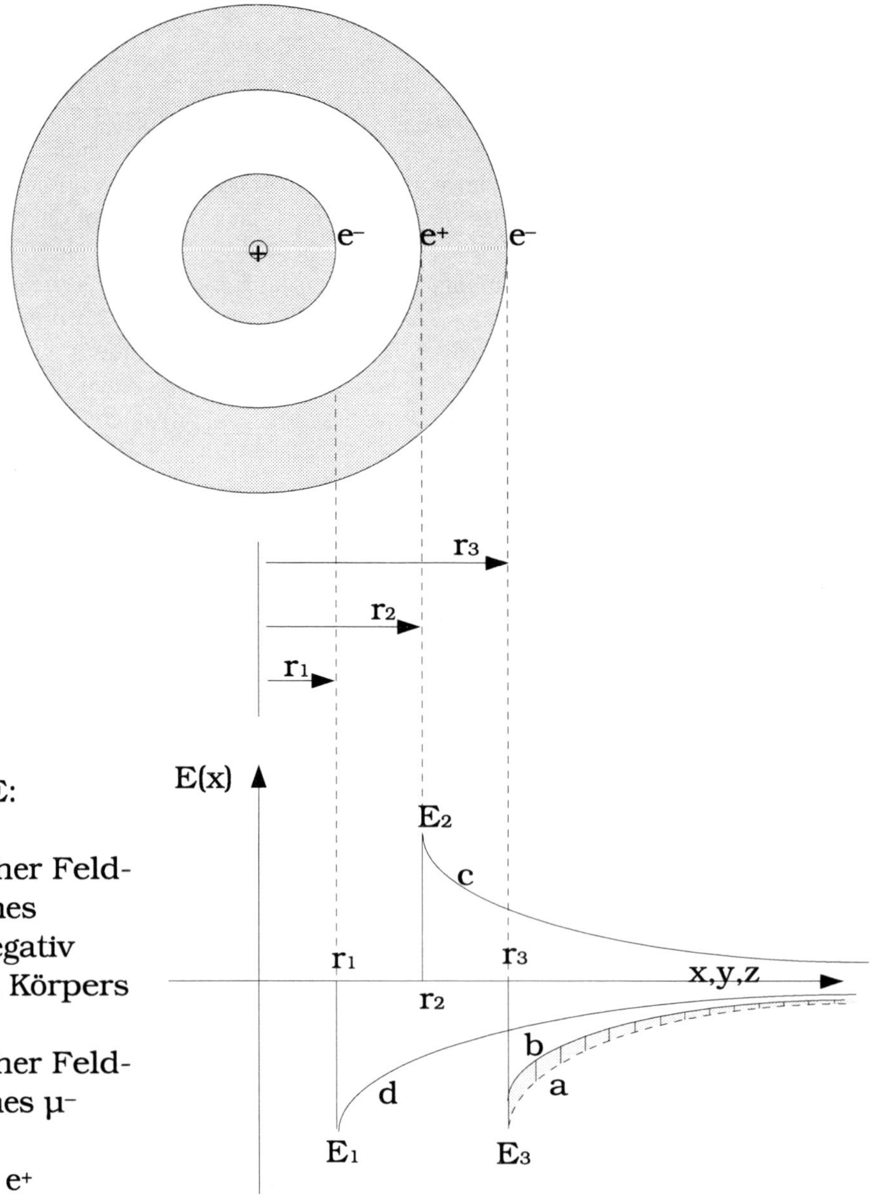

Radius r:

elektrische
Feldstärke E:

a: theoretischer Feldverlauf eines einfach negativ geladenen Körpers

b: tatsächlicher Feldverlauf eines μ^-

c: Feld eines e^+

d: Feld eines e^-

////////: Unterschied zwischen Wirbelberechnung (b) und klassischer Berechnung (a).

Tafel 7.5: Das Myon und das elektrische Feld E(x) der drei Elementarwirbel

7.5 Myon

Wir haben jetzt alle denkbaren Möglichkeiten besprochen, die zwei Elementarwirbel ausbilden können: die Paarbildung bei gleichnamiger Ladung und das Zerstrahlen über die Bildung des Positroniums als Zwischenergebnis in Photonen bei ungleicher Ladung. Als nächstes soll noch ein weiterer Elementarwirbel hinzugenommen und alle verschiedenen Möglichkeiten und Konfigurationen abgeleitet werden, die durch Anlagern oder Überlagern entstehen können.

Das Positronium kann, wie gesagt, die in Tafel 7.3 gezeigte gebundene Struktur nur einnehmen, wenn es von außen stabilisiert wird. Diese Aufgabe soll jetzt ein weiteres Elektron übernehmen. Dem Schalenmodell zufolge sei der innerste Elementarwirbel ein Elektron (e^-), überlagert von einem Positron (e^+) und wiederum überlagert von einem Elektron (e^-).
Mit einer in der Summe einfach negativen Ladung, einem völlig symmetrischen Aufbau sowie einem halbzahligen Spin wird dieses Teilchen ein dem Elektron weitgehend entsprechendes Verhalten aufweisen. Lediglich die Masse wird erheblich höher sein, denn jeder Wirbel komprimiert jeweils die beiden anderen.

Es wird sich also um das Myon (μ^-) handeln, das auch als **"schweres Elektron"** bezeichnet wird. Das Myon wurde 1937 in der Höhenstrahlung entdeckt (Anderson u.a.).
In Tafel 7.5 sind übereinander der schalenförmige Aufbau des Myons und das elektrische Feld E(x) der drei Elementarwirbel aufgezeichnet.
Es ist erkennbar, daß lediglich im Nahbereich des Teilchens der tatsächliche Feldverlauf abweicht und geringer ist, als der bei einem einfach negativ geladenen Körper theoretisch zu erwartende Verlauf. Die Differenz ist durch eine Schraffur gekennzeichnet.

Wir können jetzt die Berechnung des Myons angehen. Dazu sind folgende Vorüberlegungen nützlich:
Masse ist ein in der Zweckmäßigkeit begründeter Hilfsbegriff, der den Einfluß des elektromagnetischen Feldes auf die Lichtgeschwindigkeit und damit auf die räumliche Ausdehnung des "Massepunktes" beschreibt.
Auf einen freien und ungebundenen Elementarwirbel, also auf ein einzelnes e^- oder e^+ wirkt ausnahmslos das lokale kosmische Feld E_0 ein und legt damit seine Größe und seine Masse fest. Solange wir aber diese Feldstärke nicht bestimmt haben, wird uns die Berechnung seiner Quanteneigenschaften nicht gelingen.
Stattdessen sollen die Massen zusammengesetzter Teilchen miteinander verglichen werden, die so schwer sind, daß die Feldstärke der benachbarten Wirbel über das Grundfeld E_0 dominiert, so daß eine Vernachlässigung von E_0 zulässig erscheint. Der Berechnungsgang erfolgt für alle Elementarteilchen in der gleichen im folgenden dargelegten Art und Weise.

Kugelkondensator: (r_i = Innenradius; r_a = Außenradius)

$$U = \int_{r_i}^{r_a} E \, dr \qquad (91)$$

Elektron (r_i = O und $r_a = r_e$): $U = 511 \text{ kV} = \text{konst.}$ (81*)

$$U_1 = U_2 = U_3 = U_4 = \ldots = U_n \qquad (92)$$

Am Radius r_1 gilt: $E(r_1) = E_1$ und

$$U_1 = \int_0^{r_1} E_1 \, dr = E_1 r_1 \overset{!}{=} U_2 = \int_{r_1}^{r_2} E_1 \, dr = E_1 (r_2 - r_1) \qquad (91^*)$$

Am Radius r_2 gilt für die 2. und 3. Schale $E(r_2) = E_2$:

$$U_2 = \int_{r_1}^{r_2} E_2 \, dr = E_2 (r_2 - r_1) \overset{!}{=} U_3 = \int_{r_2}^{r_3} E_2 \, dr = E_2 (r_3 - r_2) \qquad (91^{**})$$

Vergleich der Radien:

$$\Delta r = r_1 \overset{(91^*)}{=} r_2 - r_1 \overset{(91^{**})}{=} r_3 - r_2 = \ldots = r_n - r_{n-1} \qquad (93)$$

bzw.:

$$r_2 = 2 \cdot r_1; \quad r_3 = 3 \cdot r_1; \quad \ldots ; \quad \boxed{r_n = n \cdot r_1} \qquad (94)$$

Vergleich der Feldstärkewerte (91* mit 91** mit Gl. 92):

$$E_1 = E_2 = E_3 = \ldots = E_n \qquad (95)$$

Objektivitätstheorie, Tafel 6.18: $\boxed{E \sim 1/r}$ (77)

s. Tafel 7.5: $E_1(r_3) = E_{31} = - E_1 \cdot (r_1/r_3)$

$E_2(r_3) = E_{32} = E_2 \cdot (r_2/r_3)$

E_0 = kosmisches Grundfeld (vernachlässigbar)

$$E(r_3) = E_{31} + E_{32} + E_0 = E_1 \cdot (r_2 - r_1)/r_3 + \not{E_0} \qquad (96)$$

$$\boxed{\frac{E(r_3)}{E_1} = \frac{2 \cdot r_1 - r_1}{3 \cdot r_1} = \frac{1}{3}} \qquad (97)$$

Tafel 7.6: Die Berechnung der elektrischen Feldstärke E(r) des Myons aus seiner Radiusabhängigkeit

7.6 Berechnung der Wirbelfelder

Wie bei einem Kugelkondensator wird die Spannung eines Elementarwirbels durch Integration vom Innenradius r_i bis zum Außenradius r_a über die elektrische Feldstärke ermittelt:

$$U = \int_{r_i}^{r_a} E \, dr \qquad (91)$$

Für das Elektron (r_i = O und $r_a = r_e$) haben wir die Integration bereits ausgeführt und die Spannung zu 511 kV bestimmt (Gleichung 81^*).
Ferner hatten wir dabei festgestellt, daß sie sich nicht ändern wird, wenn der Radius r variiert. Auch bei einer Schalenanordnung, bei der sich Elektronen und Positronen abwechselnd überlagern, gilt der Ansatz:

$$U_1 = U_2 = U_3 = U_4 = ... = U_n \qquad (92)$$

An einem bestimmten Radius weisen alle Elementarwirbel die gleiche Feldliniendichte und damit auch die identische Feldstärke auf, so daß wir für die jeweils benachbarten Schalenwirbel das Integral (91) lösen und die Ergebnisse vergleichen können:
Am Radius r_1 mit $E(r_1) = E_1$ gilt die Übereinstimmung zwischen dem innersten und dem überlagerten Schalenwirbel nach Gleichung 91^* (Tafel 7.6).
Am Radius r_2 mit $E(r_2) = E_2$ gilt analog für die 2. und 3. Schale die Übereinstimmung nach Gleichung 91^{**} (Tafel 7.6).
Sind noch mehr Schalen vorhanden, so können wir diese Vorgehensweise beliebig wiederholen. Für den Radius jeder einzelnen Schale erhalten wir stets den Zusammenhang 93, der, bezogen auf den innersten Radius, für die einzelnen Radien den einfachen Ausdruck liefert:

$$r_2 = 2 \cdot r_1; \quad r_3 = 3 \cdot r_1; \quad ...; \quad r_n = n \cdot r_1 \qquad (94)$$

Aus dem Vergleich der Integrationsergebnisse 91^* und 91^{**} folgt weiter, daß alle Elementarwirbel die gleiche Feldstärke erzeugen:

$$E_1 = E_2 = E_3 = ... = E_n \qquad (95)$$

Aus der Transformationstabelle (Tafel 6.18, Gl. 77) entnehmen wir, daß die Feldstärken E und H mit 1/r abnehmen. In Tafel 7.5 ist die Abnahme der Felder mit 1/r eingetragen. Das Feld des innersten Wirbels E_1 ist bis zum Radius r_3 auf den Wert $E_{31} = - E_1 \cdot (r_1/r_3)$ abgeklungen.
Dem überlagert sich $E_{32} = E_2 \cdot (r_2/r_3)$ sowie das kosmische Grundfeld E_0:

$$E(r_3) = E_{31} + E_{32} + E_0 = E_1 \cdot (r_2 - r_1)/r_3 + E_0 \qquad (96)$$

Das örtliche Grundfeld E_0 ist nicht bekannt, es ist aber sehr klein gegenüber dem Feld der benachbarten Schalenwirbel, so daß eine Vernachlässigung zulässig erscheint.
Aus Gleichung (96) folgt auf diesem Wege mit der Radiusbeziehung (94):

$$\frac{E(r_3)}{E_1} = \frac{2 \cdot r_1 - r_1}{3 \cdot r_1} = \frac{1}{3} \qquad (97)$$

Für die schalenförmige Konfiguration des Myons (Tafel 7.5) gibt die Relation (97) an, welchem Feld der äußere Schalenwirbel ausgesetzt ist. Hieraus läßt sich bereits erkennen, in welchem Maße er dank der feldabhängigen Lichtgeschwindigkeit komprimiert und seine Masse als Folge vergrößert wird.

Aufbau des Protons p^+:

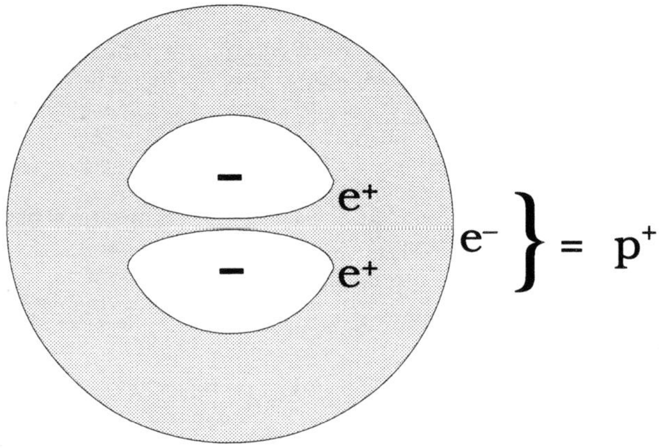

Berechnung:
zweischaliger Aufbau, innere Wirbel mit $2 \cdot E_1$,
Feldstärke am Außenradius r_2:

$$E(r_2) = 2 \cdot E_{2\,1} = 2 \cdot E_1 \cdot (r_1/r_2) = E_1 \qquad (98)$$

Vergleich p^+ (98) und μ^- (97) (z_e = Zahl der am Aufbau beteiligten Elementarwirbel, hier jeweils $z_e = 3$):
Vergleich der Radien mit $E \sim 1/r$ (77)

$$\frac{r_p}{r_\mu} = \frac{z_{e\mu}}{z_{ep}} \cdot \frac{E_\mu(r_3)}{E_p(r_2)} = \frac{3}{3} \cdot \frac{1/3}{1} = \frac{1}{3} \qquad (99)$$

Objektivitätstheorie (Tafel 6.18): $m \sim 1/r^2$ (84)

$$\frac{m_p}{m_\mu} = \frac{z_{ep}}{z_{e\mu}} \cdot \left(\frac{r_\mu}{r_p}\right)^2 = \frac{3}{3} \cdot \left(\frac{3}{1}\right)^2 = 9 \qquad (100)$$

$$m_p/m_e = 9 \cdot (m_\mu/m_e) = 9 \cdot 207 = \underline{\underline{1863}} \qquad (101)$$

Meßwert, Protonenmasse: $m_p = \underline{1836} \cdot m_e$

bzw. Meßwert Myonenmasse $m_\mu = 207 \cdot m_e$
Myon berechneter Wert: $m_\mu = 204 \cdot m_e$. (Fehler = 1,5%)

Da es erstmals gelungen ist, auf diesem Berechnungsweg die Masse eines Elementarteilchens aus der eines anderen abzuleiten, ist seine Teilchenmasse auch keine Naturkonstante mehr!

Tafel 7.7: Die Berechnung des Protons

7.7 Berechnung des Protons

Erinnern wir uns nochmals an die Affinität zweier Elementarwirbel, die mit entgegengesetztem Spin rotieren. Sie richten ihre Rotationsachse antiparallel aus und bilden ein sehr wahrscheinliches, wenn auch nicht besonders fest gebundenes Paar (Tafel 7.4).
Gehen wir diesmal von einem Positronenpaar aus, so hat dieses eine zweifach positive Elementarladung. Die beiden e^+ üben daher eine besonders große Anziehungskraft auf vorbeifliegende Elektronen aus. Haben sie eines eingefangen und als Schale wie einen Mantel um sich herumgelegt, so geben sie es nie wieder her! Um das Elektron wieder zu entfernen, wäre eine dreifach positive Ladung erforderlich. Aber so ein Teilchen kann es gar nicht geben. Das neue Teilchen besitzt also eine absolute Stabilität und eine sehr große Masse, denn das Positronenpaar wird von seiner Außenschale erheblich komprimiert. Die Gesamtladung ist einfach positiv. Mit diesen Eigenschaften kann es sich überhaupt nur um das Proton handeln. Sein Aufbau ist in Tafel 7.7 wiedergegeben.
Wir können davon ausgehen, daß die beiden Positronen sich im Innern sehr nahe sind und dabei die Form je einer Kugelhälfte ausbilden. Für die Berechnung der Protonenmasse können wir dann näherungsweise von einem zweischaligen Aufbau ausgehen, wobei der innere Wirbel die doppelte Ladung und das doppelte Feld ($2 \cdot E_1$) besitzen soll. Mit Gleichung 94 beträgt die Feldstärke am Außenradius r_2 :

$$E(r_2) = 2 \cdot E_{21} = 2 \cdot E_1 \cdot (r_1/r_2) = E_1 \qquad (98)$$

Wollen wir die Ergebnisse des p^+ (98) und des μ^- (97) vergleichen, so ist zu berücksichtigen, daß das Feld der innersten Elementarwirbel E_1 nur dann gleich ist, wenn die Zahl z_e der am Aufbau des Teilchens beteiligten Elementarwirbel identisch ist. Hier ist dies mit jeweils $z_e = 3$ der Fall. Wegen Gleichung 77 ($E, H \sim 1/r$) sind jetzt auch die Radien vergleichbar:

$$\frac{r_p}{r_\mu} = \frac{z_{e\mu}}{z_{ep}} \cdot \frac{E_\mu\,(r_3)}{E_p\,(r_2)} = \frac{3}{3} \cdot \frac{1/3}{1} = \frac{1}{3} \qquad (99)$$

Die Masse eines Teilchens wird zunächst durch die Anzahl der Elementarwirbel z_e bestimmt. Nach der Objektivitätstheorie (Tafel 6.18) hat aber auch der Radius einen Einfluß auf die Masse:

$$m \sim 1/r^2 \qquad (84)$$

Diese Proportionalität ist anzuwenden auf den p^+-μ^--Vergleich.

$$\frac{m_p}{m_\mu} = \frac{z_{ep}}{z_{e\mu}} \cdot \left(\frac{r_\mu}{r_p}\right)^2 = \frac{3}{3} \cdot \left(\frac{3}{1}\right)^2 = 9 \qquad (100)$$

Die Rechnung liefert für das Proton eine neunmal größere Masse gegenüber der des Myons. Die auf die Masse des Elektrons bezogene Protonenmasse beträgt somit:

$$\boxed{m_p/m_e = 9 \cdot (m_\mu/m_e) = 9 \cdot 207 = 1863} \qquad (101)$$

Es wäre günstig, wir würden von dem meßtechnisch ermittelten Wert des Protons $m_p/m_e = 1836$ ausgehen und rückwärts die bezogene Masse des Myon berechnen, so erhalten wir statt des Meßwerts $m_\mu/m_e = 207$ als berechneten Wert 204.
Der Grund für die 1,5-prozentige Abweichung liegt an der Vernachlässigung des kosmischen Feldes E_0 gegenüber dem Feld der benachbarten Elementarwirbel. Diese Vernachlässigung wirkt sich bei dem relativ schweren Proton sehr viel weniger aus als bei dem leichten Myon.
Deshalb wird das kosmische Feld das Myon stärker komprimieren und die Masse damit entsprechend den Meßergebnissen stärker vergrößern als hier berechnet.
Wir fassen zusammen: *Da es erstmals gelungen ist, auf diesem Berechnungsweg die Masse eines Elementarteilchens aus der eines anderen abzuleiten, ist seine Teilchenmasse auch keine Naturkonstante mehr!*

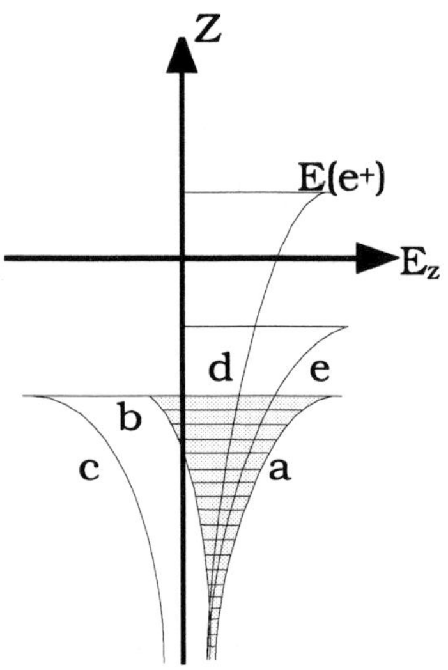

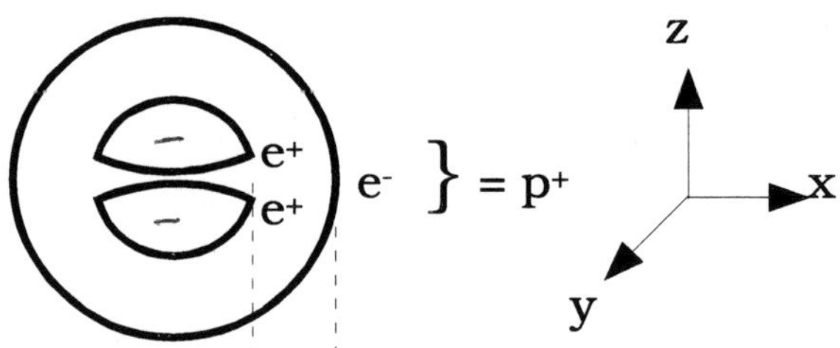

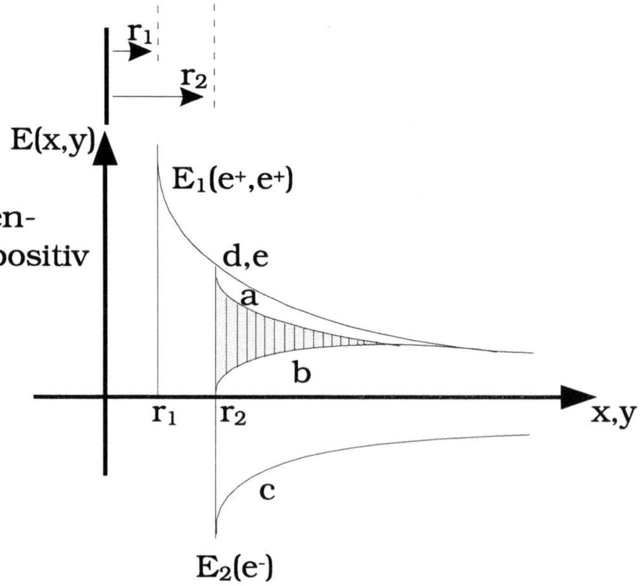

a: theoretischer Feldlinienverlauf eines einfach positiv geladenen Körpers

b: tatsächlicher Feldverlauf des p^+

c: Feld eines e^-

d,e: Feld der beiden e^+

~~//////~~: Diskrepanz zwischen der Messung/Wirbelberechnung (b) und der klassischen Berechnung (a)

Tafel 7.8: Das Proton und das elektrische Feld der drei Elementarwirbel in x-, y- und z-Richtung

7.8 "Starke Wechselwirkung"

Eine zentrale Frage der Kernphysik betrifft die Kräfte, die den aus vielen Neutronen und Protonen aufgebauten Atomkern zusammenhalten und ihm trotz der gleichnamig positiven Ladung die sehr große Stabilität verleihen (Kernfrage XIV).
Nach heutiger Lehrmeinung (Feldverlauf a) nehmen die Abstoßungskräfte zwischen den einzelnen Protonen mit geringer werdendem Abstand weiter zu, um innerhalb des Kerns immense Werte zu erreichen. Sie müßten theoretisch von neuen und unbekannten Kernkräften überwunden werden. Deshalb geht man von der Hypothese einer "starken Wechselwirkung" aus. Doch man irrt.
Die Antwort auf diese offene Frage liefert uns der in Tafel 7.8 skizzierte Feldverlauf (b) beim Proton. Wir sehen, daß das elektrische Feld bei Annäherung zwar zunächst noch zunimmt, um aber im Nahbereich entgegen aller Erwartung wieder bis auf Null hin abzunehmen. Damit ist dann auch jede Abstoßungskraft verschwunden! Dabei folgt der Feldverlauf zwanglos aus der Überlagerung der drei einzelnen Elementarwirbelfelder.
In z-Richtung kehrt sich die Feldrichtung sogar noch um! In dieser verkehrten Welt kann es theoretisch zu einer elektromagnetischen Anziehungskraft zwischen zwei gleichnamig geladenen Protonen kommen. Wir halten fest:
Es gibt überhaupt keine starke Wechselwirkung. Die üblicherweise angegebenen Werte für "Reichweite" und "Stärke" stellen nicht mehr als eine Fehlerbetrachtung dar. Der schraffiert gezeichnete Bereich kennzeichnet die quantenphysikalisch fehlinterpretierte Differenz. Die Modellvorstellung beantwortet uns darüber hinaus noch eine weitere rätselhafte Eigenschaft des Protons. Zunächst muß es doch als elektrisch geladenes Teilchen mit Spin auf Grund der rotierenden Ladung ein magnetisches Moment ausbilden. Die meßbare Größenordnung galt bisher jedoch als ungeklärt.

7.9 Magnetisches Moment des Protons

Drehen die inneren Positronen mit entgegengesetzt gerichtetem Spin umeinander, so wird sich die magnetische Feldlinie bereits innerhalb des Teilchens schließen und von außen keine Wirkung in x- oder y-Richtung beobachtbar sein.
Sie können als Paar aber noch gemeinsam um die z-Achse rotieren und werden dies auch tun. Das überlagernde Elektron wird auf Grund seiner Eigenrotation ebenfalls ein magnetisches Dipolmoment längs seiner Rotationsachse aufbauen. Es wird auch seine Achse in z-Richtung ausrichten, so daß jetzt alle drei Elementarwirbel eine einzige Feldachse besitzen. Vergleichbar mit einzelnen gleichsinnig ausgerichteten "Elementarmagneten" erzeugen sie auch ein dreifaches magnetisches Moment (Kernfrage XII).
Würden wir nämlich nach der quantenmechanischen Theorie von einem einzigen positiv geladenen Körper ausgehen, so hätten wir als magnetisches Moment für das Proton den Wert des Kernmagnetons<i> $p_m = e \cdot \hbar/2m$ zu erwarten. Demgegenüber liefern Experimente mit Protonen den von der neuen Wirbeltheorie bereits vorhersagbaren ca. Dreifachen Betrag. Zudem stimmt die Richtung des Vektors p_{mp} mit der Spinachse überein, so als wäre das Proton negativ geladen. Grund dafür ist, daß nur der äußerste Elementarwirbel den Spin des Teilchens festlegt, und der ist tatsächlich ein negativ geladenes Elektron!
Auch diese großartige Übereinstimmung im Falle des Protons kann als Beweis für die Richtigkeit des Wirbelmodells gewertet werden.

<i>: das Kernmagneton beträgt: $p_{mk} = 5{,}0508 \cdot 10^{-27}$ Am²

a. n^0 bei Anlagerung des e^- an ein p^+.

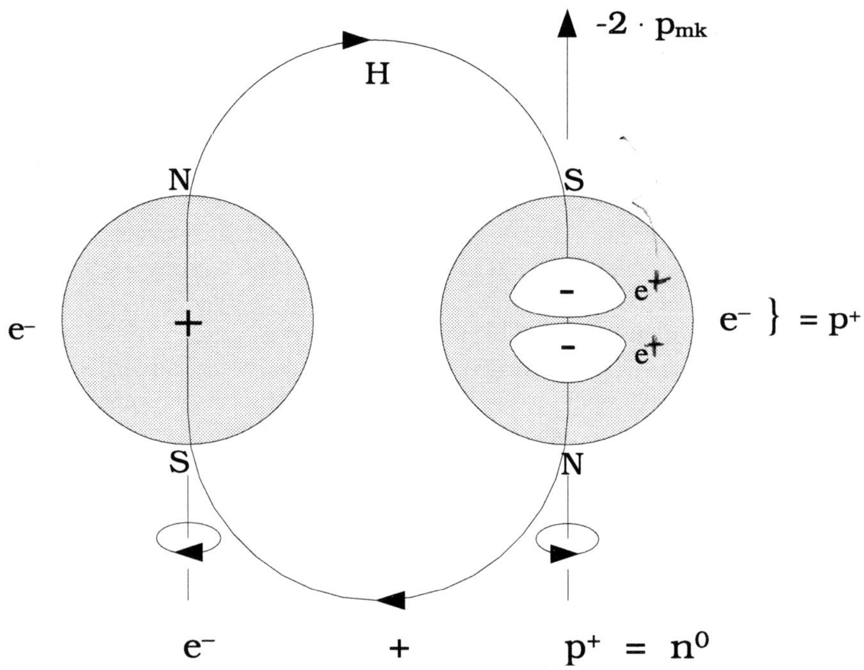

b. n^0 bei Überlagerung des e^- im Innern eines e^+ des p^+

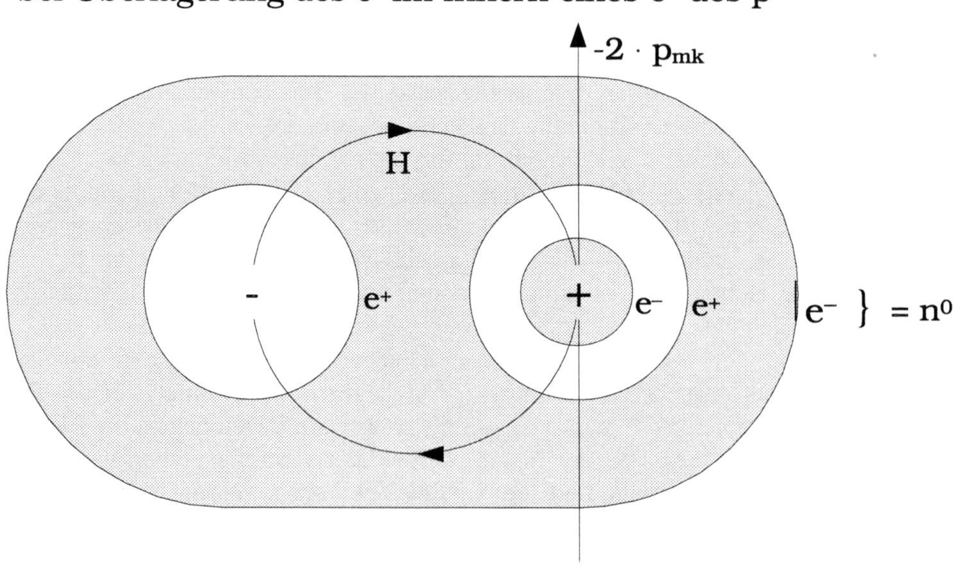

Tafel 7.10: Das Neutron mit magnetischem Dipolfeld H

7.1O Struktur des Neutrons

Bis heute konnte nicht geklärt werden, warum trotz fehlender Ladung auch das Neutron n^0 ein magnetisches Moment besitzt. Der experimentell ermittelte Wert liegt beim ca. Zweifachen des Kernmagnetons. Ferner wurde meßtechnisch eine um nur O,14% gegenüber dem Proton größere Masse ermittelt. Der Unterschied beträgt etwa zweieinhalb Elektronenmassen. Wie lautet jetzt die Antwort aus der Sicht der Potentialwirbeltheorie?
Es liegt auf der Hand, daß sich ein positiv geladenes Proton und ein negativ geladenes Elektron gegenseitig anziehen und aneinander anlagern (Tafel 7.10a). Zu einer Paarvernichtung kann es nicht kommen, da das Elektron, welches beide Positronen ummantelt, dieses verhindert. Eine äußere Schalenbildung läßt die hohe Stabilität des Protons nicht zu. Es müßte doch eine Positronenschale sein, die statt Neutralität eine doppelt positive Ladung zur Folge hätte. Denkbar ist hingegen die Konfiguration, bei der eines der beiden e^+ des Protons das e^- in seinem Innern aufnimmt und überlagert (Tafel 7.10b).

Zunächst erscheint die Anlagerung von p^+ und e^- auch in Hinblick auf die geringe Massenzunahme die naheliegende Antwort zur Struktur des Neutrons zu sein. Da beide Elementarteilchen (p^+ und e^-) einen Spin mitbringen, werden sie ihre Rotationsachsen antiparallel ausrichten und gegeneinander rotieren, genau wie ein Elektronenpaar. Nur haben wir jetzt ungleiche Verhältnisse: das Proton bringt das dreifache magnetische Moment mit, das Elektron aber nur das einfache, und seine Feldlinie wird sich über dem Proton schließen. Als Differenz bleibt das meßbare zweifache Kernmagneton übrig, womit die Kernfage XIII erschöpfend beantwortet wäre.
Diese in Tafel 7.10a gezeigte Struktur besitzt als Ruhemasse die um nur eine Elektronenmasse vergrößerte Protonenmasse, die allerdings von diesem Wert noch abweichen wird, wenn sich die ungleichen Partner näher kommen. Dabei wird das Elektron durch das schwerere Proton stärker komprimiert als umgekehrt.
Masse, **magnetisches Moment** und **Ladung** stimmen also weitgehend mit den Meßwerten überein. Probleme werden noch beim Spin und bei der Stabilität gesehen.
Spin-Problematik: Sowohl das e^- als auch das p^+ haben einen halbzahligen Spin, weshalb diese Konfiguration einen ganzzahligen Spin haben müßte.
Stabilitätsproblematik: Das Neutron zerfällt bekanntlich in ein p^+ und ein e^-, doch müßte dieses Gebilde kurzlebiger sein als im Experiment ermittelt. Kommen sich die Partner nämlich sehr nahe, so nimmt die Feldstärke des p^+ entgegen der Erwartung nicht zu, sondern ab, wie in Tafel 7.8 gezeigt. Das e^- kann deshalb nur sehr, sehr locker gebunden werden; in z-Richtung wird es sogar abgestoßen!
Aus diesen Gründen ist die offene Struktur, wie in Tafel 7.10a gezeigt, auch nicht als isoliertes Elementarteilchen, sondern nur in einem räumlich ausgedehnten Verbund denkbar, wie er in einem Atomkern vorliegt. In diesem Fall ist das Neutron bekanntlich um den Massendefekt leichter, der als Bindungsenergie interpretiert wird.
Möglicherweise handelt es sich aber nur um eine Zwischenstufe. Das schwerere Endprodukt des n^0 könnte dann wie in Tafel 7.10b gezeigt aussehen. Bei dieser Version schließt sich die Linie des magnetischen Feldes zu einem Teil bereits innerhalb des Teilchens, so daß auch hier als Rest das ca. zweifache Kernmagneton übrigbleibt, mit einem Orientierungssinn, als wäre das Neutron negativ geladen.
Ohne Ladung und mit dem ½ Spin erfüllt es in dieser Konfiguration alle wichtigen Quanteneigenschaften des Neutrons, auch die der Stabilität.

das Feld des e^-: $E_{31} = - E_1 (r_1/r_3)$,

das Feld des e^+: $E_{32} = E_2 (r_2/r_3) = E_1 (r_2/r_3)$

und zusätzlich das e^+: $E_{31} = E_1 (r_1/r_3)$.

Das Summenfeld beträgt mit der Radiusbeziehung Gleichung 94:

$$\frac{E(r_3)}{E_1} = -\frac{r_1}{r_3} + \frac{r_2}{r_3} + \frac{r_1}{r_3} = -\frac{1}{3} + \frac{2}{3} + \frac{1}{3} = \frac{2}{3} \qquad (102)$$

mit z_{en} = 4 Elementarwirbel

$$\frac{r_n}{r_p} = \frac{z_{ep}}{z_{en}} \cdot \frac{E_p(r_2)}{E_n(r_3)} = \frac{3}{4} \cdot \frac{1}{2/3} = \frac{9}{8} = 1{,}125 \qquad (103)$$

n^0 ist 12,5% größer als p^+

$$\frac{m_n}{m_p} = \frac{z_{en}}{z_{ep}} \cdot \left(\frac{r_p}{r_n}\right)^2 = \frac{4}{3} \cdot \left(\frac{8}{9}\right)^2 = 1{,}05 \qquad (104)$$

n^0 ist 5% schwerer als p^+

Tafel 7.11: Berechnung der Neutronenmasse

7.11 Berechnung des Neutrons

Offen geblieben ist noch die Berechnung der Masse für die Struktur des Neutrons nach Tafel 7.10b.

Da in diesem Buch erstmals gezeigt wurde, wie die Masse berechnet werden kann, wenn die Teilchen als Potentialwirbel aufgefaßt werden, wollen wir auch in diesem Fall wieder von dieser Möglichkeit Gebrauch machen.
Wir haben wie beim μ^- einen dreischaligen Aufbau mit den Radien r_1, r_2 und r_3. Auf das außenliegende Elektron wirken am Außenradius r_3 die Felder der innenliegenden Elementarwirbel ein: wie beim μ^-

das Feld des e^-: $E_{31} = -E_1\,(r_1/r_3)$,

das Feld des e^+: $E_{32} = E_2\,(r_2/r_3) = E_1\,(r_2/r_3)$

und zusätzlich das e^+: $E_{31} = E_1\,(r_1/r_3)$.

Das Summenfeld beträgt mit der Radiusbeziehung Gleichung 94:

$$\frac{E(r_3)}{E_1} = -\frac{r_1}{r_3} + \frac{r_2}{r_3} + \frac{r_1}{r_3} = -\frac{1}{3} + \frac{2}{3} + \frac{1}{3} = \frac{2}{3} \tag{102}$$

Vergleichen wir das Neutron mit dem Proton, wobei jetzt $z_e = 4$ Elementarwirbel beteiligt sind:

$$\frac{r_n}{r_p} = \frac{z_{ep}}{z_{en}} \cdot \frac{E_p(r_2)}{E_n(r_3)} = \frac{3}{4} \cdot \frac{1}{2/3} = \frac{9}{8} = 1{,}125 \quad , \tag{103}$$

so entnehmen wir dem rechnerisch ermittelten Ergebnis, daß das Neutron dem Radius nach um 12,5% größer ist als das Proton. Die Masse berechnet sich zu:

$$\frac{m_n}{m_p} = \frac{z_{en}}{z_{ep}} \cdot \left(\frac{r_p}{r_n}\right)^2 = \frac{4}{3} \cdot \left(\frac{8}{9}\right)^2 = 1{,}O5 \quad . \tag{104}$$

Das Teilchen hat also eine um 5% höhere Masse als das Proton, geringfügig mehr als für das Neutron gemessen wurde. Der Unterschied ist akzeptabel. Schließlich ist das Teilchen sehr unsymmetrisch aufgebaut, worin auch der Grund zu sehen ist, warum das ungeladene Teilchen aus der Nähe betrachtet trotzdem eine beobachtbare Ladungsverteilung aufweist.

Zerfallsgleichungen unter Neutrinobeteiligung:

$$n^0 \longrightarrow p^+ + e^- + \bar{\nu}_e \qquad (105)$$

$$n^0 + \nu_e \longrightarrow p^+ + e^- \qquad (105^*)$$

$$\mu^- \longrightarrow e^- + \bar{\nu}_e + \nu_\mu \qquad (106)$$

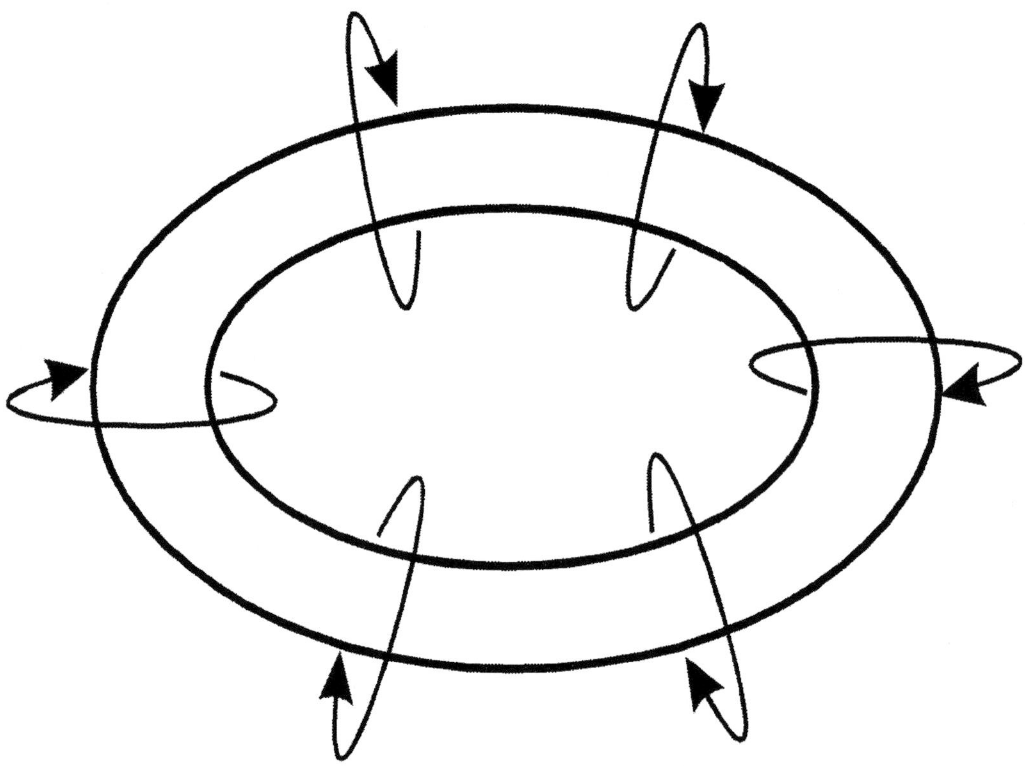

Tafel 7.12: Das Elektronneutrino als Ringwirbel

7.12 ß-Zerfall

Bei den berechneten quasistabilen Teilchen, dem μ^- und dem n^0, steht die Kontrolle mittels der bekannten Zerfallsprozesse noch aus. Auch freie Neutronen, die nicht in einem Atomkern eingebunden sind, zerfallen. Mit einer mittleren Lebensdauer von 918 Sekunden sind sie aber die mit Abstand langlebigsten unter den quasistabilen Elementarteilchen. Sollte der Neutronenzerfall durch Neutrinos ausgelöst werden, so reicht ein entfernter Vorbeiflug offensichtlich nicht aus. Dazu ist das Elektron zu fest im Proton eingebunden. Es muß wohl zu einem unmittelbaren "Crash" kommen, bei dem ein Neutrino verbraucht wird, denn die Zerfallsgleichung lautet:

$$n^0 \longrightarrow p^+ + e^- + \bar{\nu}_e \qquad (105)$$

Es entstehen, wie sollte es anders sein, ein Proton p^+ und ein Elektron e^- und das erwähnte Elektronantineutrino $\bar{\nu}_e$. Und was hier als Emission eines Antiteilchens angeschrieben steht, ist äquivalent der Absorption des Teilchens<i>, in diesem Fall des Neutrinos. Sinngemäß kann die Reaktionsgleichung 105 umformuliert werden<i>:

$$\boxed{n^0 + \nu_e \longrightarrow p^+ + e^-} \qquad (105^*)$$

Auch beim Zerfall des Myons wird ein Elektronneutrino verbraucht. Es liefert in beiden Fällen die für den Zerfall erforderliche Energie. Wirklich verstehen können wir den β-Zerfall aber erst, wenn wir diese Teilchen näher kennengelernt haben.

Ohne Ladung und ohne Masse zeigen Neutrinos kaum noch Wechselwirkungen mit Materie und besitzen als Folge das enorme Durchdringungsvermögen - wie allgemein bekannt. Sie nehmen angeblich an der „schwachen Wechselwirkung“ teil, die eine Umwandlung der betroffenen Teilchen, also ihren Zerfall auslösen soll. Pauli hat das Neutrino bereits 193O theoretisch postuliert, da der Übergang von einem halbzahligen Spin beim n^0-Zerfall auf einen ganzzahligen sonst nicht erklärbar gewesen wäre.

Stellen wir uns einmal vor, ein Elementarwirbel wird geboren, aber lokale Feldstärke und Energie reichen für das Erlangen eines quantisierten Zustandes nicht aus. Das Resultat ist ein unfertiger Potentialwirbel, der ein offenes Wirbelzentrum hat und als Folge keinerlei Ortsgebundenheit aufweist. In Form eines Ringwirbels schwingt er um sich selbst herum, indem er ständig sein Inneres nach außen und wieder nach innen umkrempelt.
Einmal ist der Ringwirbel grün, dann wieder rot, einmal Materie, dann Antimaterie, einmal positiv und im nächsten Augenblick negativ geladen. Im Gegensatz zum Photon ist beim Neutrino die Zahl der beteiligten Elementarwirbel z_e ungerade (beim ν_e ist $z_e = 1$). Senkrecht zur Fortbewegungsrichtung besitzt das Neutrino einen Spin ($s/\hbar = ½$) auf Grund einer Drehung, die sich der pulsierenden Schwingung überlagert.
Dieser Ringwirbel ist, wie gesagt, kein Mitglied ortsfester Materie, da er auch kein „schwarzes Loch“ in seinem Zentrum ausbildet, wo die Lichtgeschwindigkeit zu Null wird. Dafür besitzt er wie jeder Elementarwirbel, auch wenn er nur unvollständig und daher in keiner quantisierten Form auftritt, eine absolute Stabilität. Diese Vorstellung vom Elektronneutrino als einem offen schwingenden Elementarwirbel in Form eines Ringwirbels deckt die experimentell ermittelten Erkenntnisse unerwartet gut ab.

<i>: Küssner, H.G.: Grundlagen einer einheitlichen Theorie der physikalischen Teilchen und Felder, Musterschmidt, Göttingen 1976, S.155

Eine starke Wechselwirkung gibt es nicht. Innerhalb der meßtechnisch ermittelten Reichweite geht im Nahbereich des Protons sein elektrisches Feld gegen Null.

Eine schwache Wechselwirkung gibt es nicht. Es handelt sich um einen Spezialfall der geschwächt auftretenden elektromagnetischen Wechselwirkung.

XII: Warum hat das Proton ungefähr das dreifache des aufgrund der nur einfachen Ladung zu erwartenden magnetischen Momentes?

(3 Elementarwirbel)

XIII: Warum hat das Neutron als ungeladenes Teilchen überhaupt ein magnetisches Moment?

(Struktur des n^0)

XIV: Was verleiht dem aus gleichnamigen Ladungen aufgebauten Atomkern seine Stabilität?

(Feldverlauf des p^+, statt "starker Wechselwirkung")

XV: Warum zerfällt das freie Neutron, obwohl es als Kernteilchen stabil ist?

(Wechselwirkung mit Neutrinos)

XVI: Warum haben Neutrinos keine Masse und keine Ladung und nehmen trotzdem an der "schwachen Wechselwirkung" teil?

(Schwingende Ladung)

XVII: Wie läßt sich die endliche Reichweite der "schwachen Wechselwirkung" begründen?

(Aktionstrichter für Teilchenzerfall)

Tafel 7.13: weitere Kernfragen der Quantenphysik (Fortsetzung zu Tafel 4.4 + 6.13)

7.13 "Schwache Wechselwirkung"

Blicken wir jetzt nochmals auf den ß-Zerfall des Neutrons, bei dem ein Neutrino ν_e verbraucht wird. Dies wird aber keineswegs ein Vorgang der schwachen Wechselwirkung sein. Stattdessen werden Neutrinos entgegen der Lehrmeinung an der elektromagnetischen Wechselwirkung teilhaben. Schließlich sind sie mal positiv und mal negativ geladen. Mit trägen Meßgeräten kann zwar kein Nachweis geführt werden, weil die Wechselwirkung im Mittel Null ist. Im Anflug auf ein Neutron kann dieser schwingend geladene Ringwirbel jedoch eine erhebliche Wirkung ausüben, die allein auf der elektromagnetischen Wechselwirkung beruht.
Durch das hochfrequente Wechselfeld des Neutrinos wird das Neutron zu synchronen Eigenschwingungen angeregt, bis es im Falle der Kollision das gebundene Elektron freigibt, das die vom Neutrino gelieferte Energie aufnimmt und abtransportiert. Selbstverständlich ist durch die Schwingung die Wechselwirkung nur noch sehr schwach. Eine physikalische Eigenständigkeit muß ihr jedoch abgesprochen werden.
Die endliche Reichweite, die in diesem Zusammenhang angegeben wird, gibt den Aktionstrichter um das n^0-Teilchen herum an, innerhalb dessen es zum "Crash" und als Folge zum β-Zerfall kommt. Dieser Aktionsradius ist wesentlich größer als das Teilchen selber. Schließlich ist die elektromagnetische Wechselwirkung bei derart kleinen Abständen so heftig, auch wenn sie nur pulsartig auftritt, daß das Neutrino aus seiner Bahn geworfen wird und direkt auf das Neutron zufliegen kann.

Vielleicht verstehen wir jetzt auch den β-Zerfall des Myons. Eigentlich wäre zu erwarten, daß ohne äußere Störung wegen der idealen Symmetrie des μ^- eine absolute Stabilität existieren könnte. Wir werden jedoch auf unserem Planeten in jeder Sekunde mit ca. 66 Milliarden Neutrinos pro cm^2 bombardiert<i>. Offensichtlich dauert es im Mittel 2,2 µs, bis ein Neutrino ν_e so dicht an einem Myon vorbeifliegt, daß dieses zerfällt. Dabei versetzt es den äußeren Elementarwirbel in heftige Schwingungen, indem es versucht, ihn zu synchronisieren. In diesem Fall nimmt das Elektronneutrino ν_e die beiden äußeren und deshalb auch schwächer gebundenen, mittlerweile synchron schwingenden Elementarwirbel des Myons mit sich fort. Zurück bleibt der innerste Wirbel, ein Elektron e^-. Der mit einer Wahrscheinlichkeit von nahezu 100 % ablaufende Myonenzerfall lautet:

$$\mu^- \longrightarrow e^- + \overline{\nu}_e + \nu_\mu \qquad (106)$$

Es entsteht also ein in seiner Andersartigkeit unterscheidbares Neutrino ν_μ, das in Anlehnung an das μ^- als Myonneutrino bezeichnet wird. Es besitzt auch tatsächlich einen ähnlichen dreischaligen Aufbau, wie in Tafel 7.5 gezeigt. Allerdings ist das Wirbelzentrum offen und das Teilchen nicht mehr ortsfest. Im Bild ist jetzt nur noch ein Augenblickszustand gezeigt, bei dem das ν_μ außen grün und in seinem offenen Zentrum rot erscheint. Wie bereits das ν_e schwingt auch hier das Innere nach außen und umgekehrt, diesmal lediglich als dreischaliges Paket, so daß auch dieses Teilchen alle am Beispiel des ν_e besprochenen typischen Neutrinoeigenschaften aufweist.
Es kommt das für Potentialwirbel typische und bereits besprochene Transportphänomen zum Tragen. Besonders in Zusammenhang mit Ringwirbeln ist diese Eigenschaft aus der Hydrodynamik bekannt. Dabei kann beobachtet werden, wie Ringwirbel Materie an sich binden und mit sich forttragen. Da das Neutrino nicht quantisiert ist, ist es auch bezüglich seiner Transportfähigkeit von Elementarwirbeln nicht weiter beschränkt. Es sind folglich auch noch größere, also 5-schalige, 7-schalige usw. Konfigurationen vorstellbar.

<i>: "Zeugen aus der Sonne", VDI-Nachrichten Nr. 45 vom 9.11.90, Seite 26

a: der 5-schalige Aufbau des Tauneutrino

Farbe der Elementarwirbel
von außen nach innen:

gn/rt/gn/rt/gn

d.h.

$e^-/e^+/e^-/e^+/e^- = \nu_\tau$

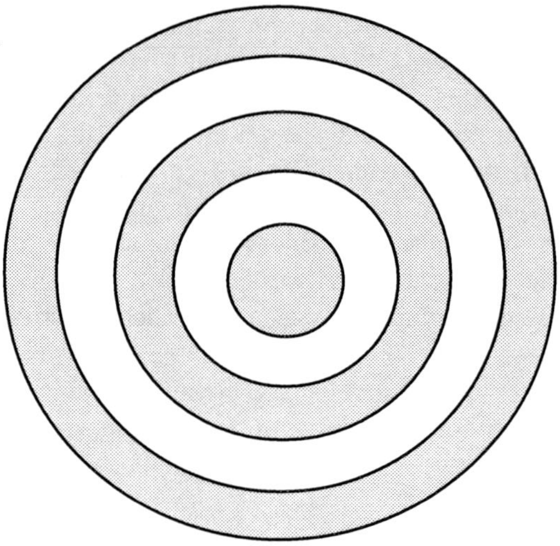

b: die schwere und stabile Variante des Tauteilchens

(gn/rt + gn/rt)gn

bzw.

$(e^-/e^+ + e^-/e^+)e^- = \tau^-$

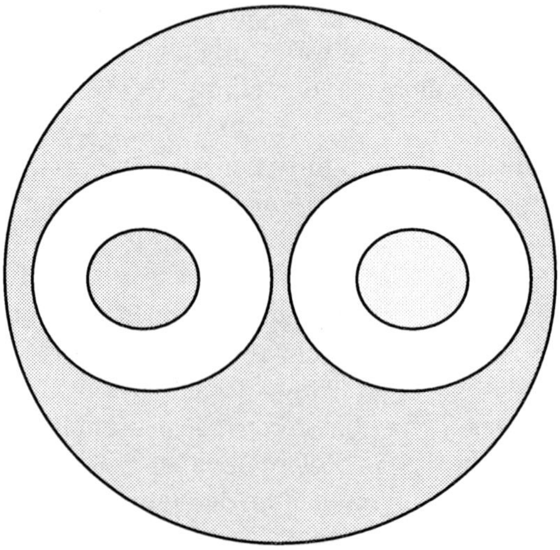

Tafel 7.14: Tauneutrino und Tauteilchens

7.14 Tauteilchen

In der Leptonentabelle findet sich nach dem e^- und dem μ^- als nächstes das Tauteilchen τ^- mit seinem zugehörigen Neutrino ν_τ. Die naheliegende Lösung für das Tauteilchen ist der fünfschalige Aufbau, wie in Tafel 7.14a gezeigt. Damit hätte das Elektron noch einen besonders schweren Verwandten mit ansonsten sehr ähnlichen Eigenschaften.
Beim Myon war das Neutrino stabil, das Teilchen hingegen instabil. Schließlich haben wir uns den Teilchenzerfall als Folge einer äußeren Störung erklärt, und Störungen basieren stets auf Wechselwirkungen. Mit der geringen Möglichkeit zur Wechselwirkung muß dementsprechend auch beim Tauteilchen das Neutrino ν_τ eine größere Stabilität besitzen als das Teilchen τ^- selber.
Zweifellos erfüllt diese 5-schalige Struktur alle bekannten Quanteneigenschaften wie Spin, Ladung etc. Es steht lediglich noch die Überprüfung der Masse aus. Diese wollen wir für die in Tafel 7.14a gezeigte Struktur jetzt berechnen.

$$m_5 = m_p \cdot \left(\frac{z_{e\tau}}{z_{ep}}\right)^3 \cdot \left(-\frac{r_1}{r_5} + \frac{r_2}{r_5} - \frac{r_3}{r_5} + \frac{r_4}{r_5}\right)^2 \qquad (107)$$

$$m_5 = 1836 \cdot \left(\frac{5}{3}\right)^3 \cdot \left(\frac{2}{5}\right)^2 \cdot m_e = \underline{\underline{1360 \cdot m_e}} \qquad (107^*)$$

Der beim Tauteilchen gemessene Wert liegt aber wesentlich höher!
Auch wenn diese Struktur auf Grund der völligen Symmetrie im Falle des Neutrino ν_τ die einzig mögliche ist, so wird sich das Tauteilchen hingegen von alleine umbauen, wenn eine andere Struktur existiert, die stabiler ist, bei der also das Teilchen eine größere Masse einnehmen kann. Ein solches Maximum liefert bei Überprüfung aller mit fünf Elementarwirbeln möglichen Konfigurationen die in Tafel 7.14b gezeigte Struktur:

$$m_\tau = m_p \cdot \left(\frac{z_{e\tau}}{z_{ep}}\right)^3 \cdot \left(\left(-\frac{r_1}{r_3} + \frac{r_2}{r_3}\right) \cdot 2\right)^2 \qquad (108)$$

$$m_\tau = 1836 \cdot \left(\frac{5}{3}\right)^3 \cdot \left(\frac{2}{3}\right)^2 \cdot m_e = \underline{\underline{3778 \cdot m_e}} \qquad (108^*)$$

Dieser Wert liegt jetzt um 8% über den Meßwerten. Es wäre naheliegend, wenn ungebundene Tauteilchen überwiegend die in Tafel 7.14b gezeigte Struktur einnehmen würden. Der Restfehler wird erklärbar, wenn eine sehr kleine Anzahl Tauteilchen mit entsprechend geringer Wahrscheinlichkeit in der leichteren Struktur nach Tafel 7.14a beteiligt sind.

Die enorme Vielfalt an Zerfallsvarianten, bei keiner einzigen der dominierenden mit einer Wahrscheinlichkeit von über 50%, erschwert uns, aus den Zerfallsprodukten unmittelbar auf die innere Teilchenstruktur schließen zu können. Erwähnenswert ist trotzdem, daß immerhin 35% aller Zerfälle unter Aufnahme und Verwendung eines Neutrinos ν_e oder ν_τ stattfinden, ganz nach dem Vorbild des Myonenzerfalls (Gleichung 106).

Name	Masse (m/m_e) gemessen	Masse (m/m_e) gerechnet	E.-Wirbel z_e	Ladung Q	Radius r/r_p	innerer Aufbau der Elementarwirbel Farbe (gn=grün; rt=rot) von innen nach außen
e^-	1	-	1	-1	-	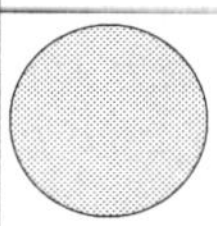 Tafel 4.3 gn
γ^0	-	136	2	0	3	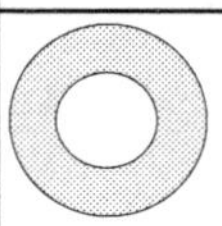 Tafel 7.3 rt/gn
μ^-	207	204	3	-1	3	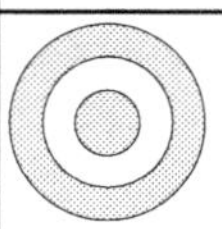 Tafel 7.5 gn/rt/gn
η^0	1072	1088	4	0	1,5	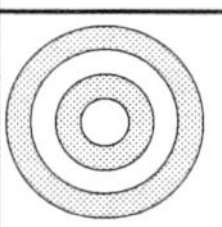 rt/gn/rt/gn
(ρ^-)	1509	1360	5	-1	1,5	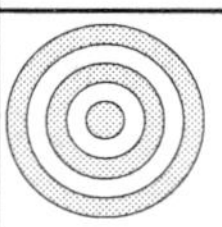 Tafel 7.14a gn/rt/gn/rt/gn
D^0	3650	3672	6	0	1	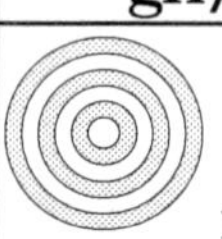 rt/gn...rt/gn
D^+ oder F^+	3658 bis 4188	4284	7	+1	1	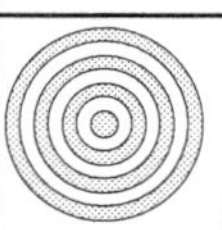 gn/rt...rt/gn
(B^0)	10321	8704	8	0	0,75	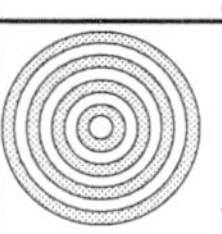 rt/gn...rt/gn

Tafel 7.15: Wirbeltabelle der berechneten Leptonen und Mesonen im Vergleich mit Meßwerten (Teil 1).

7.15 Pionen

Im Unterschied zu den Leptonen, die wir uns ziemlich vollständig haben herleiten und berechnen können, haben die Mesonen keinen halbzahligen Spin. Sie können mit dieser charakteristischen Eigenschaft auch kein einzelnes überlagertes Elementarteilchen darstellen und werden sich voraussichtlich aus der paarweisen Anlagerung einzelner Potentialwirbelkonfigurationen zusammensetzen. Diese Art der Bindung kann nicht sonderlich fest sein. Folglich kennen wir auch keine stabilen Mesonen.

Den wichtigsten Grundbaustein der Mesonen haben wir in Tafel 7.3 über das Positronium kennengelernt. Es muß sich zwingend an ein anderes Teilchen anlagern, sonst zerstrahlt es als γ-Quant, wie bereits erwähnt. Dieses γ^0-Teilchen, wie es hier genannt werden soll, besitzt die ausschließlich rechnerisch ermittelbare Masse:

$$m_{\gamma 0} = (2/3)^3 \cdot (1/2)^2 \cdot 1836 \cdot m_e = 136 \cdot m_e \, . \qquad (109)$$

Als Partner, an das sich das γ^0-Teilchen anlagern könnte, kommt zunächst ein weiteres γ^0-Teilchen in Frage. Da beide Partner gegeneinander drehen werden, hätte dieses neue Teilchen keinen Spin und wäre überdies ungeladen. Die Masse wäre jetzt doppelt so groß mit:

$$m_{\pi 0} = 2 \cdot m_{\gamma 0} = 272 \cdot m_e \, . \qquad (109^*)$$

Allerdings werden sich die beiden γ^0-Teilchen sehr nahe kommen und gegenseitig die örtliche, gleichsinnig orientierte Feldverteilung spüren, die zu einer Feldschwächung und als Folge zu einer geringfügigen Verminderung der Masse führen wird.
Mit diesen Eigenschaften handelt es sich wohl um das ungeladene Pion π^0. Diese Modellvorstellung findet eine großartige Bestätigung in den beiden möglichen Zerfallsarten, die als gleichwertig anzusehen sind:

$$\pi^0 \longrightarrow \gamma + \gamma \qquad \text{mit 99\% Wahrscheinlichkeit}$$

und

$$\pi^0 \longrightarrow \gamma + e^- + e^+ \qquad \text{mit 1\% Wahrscheinlichkeit}$$

Auch im Falle des geladenen Pion $\pi^\pm$ bietet der beobachtbare Zerfall eine große Hilfe, der mit einer Häufigkeit von nahezu 100 % stattfindet:

$$\pi^\pm \longrightarrow \mu^\pm + \nu_\mu$$

Die Gleichung sagt nichts darüber aus, ob bei dem Prozeß ein Neutrino ν_e verbraucht wird. Sie deutet aber darauf hin, daß beim $\pi^\pm$ der Partner des γ^0-Teilchens höchstwahrscheinlich ein Myon $\mu^\pm$ ist. Die Masse muß kleiner sein als die Summe der beiden Bausteine:

$$(204 + 136) \cdot m_e = 340 \cdot m_e \, .$$

Name	Masse (m/m_e) gemessen	Masse (m/m_e) gerechnet	E.-Wirbel z_e	Ladung Q	innerer Aufbau der Elementarwirbel Farbe (gn=grün; rt=rot) von innen nach außen
B^-	11194	69793 +?	9 +?	-1	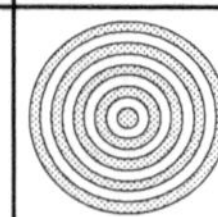 $r/r_p = 0,75$ gn/rt...rt/gn
(Y^0)	18513	17001 +?	10 +?	0	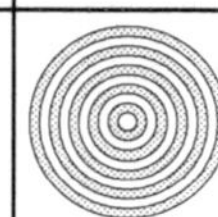 $r/r_p = 0,6$ rt/gn...rt/gn

Einige zusammengesetzte Konfigurationen

π^0	264	272	4	0	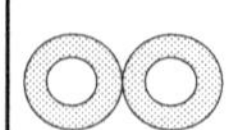 2xTafel 7.3 $\gamma^0 + \gamma^0 = \pi^0$
π^-	273	340	5	-1	 Tafel 7.3 +Tafel 7.5 $\mu^- + \gamma^0 = \pi^-$
τ^-	3487	3778	5	-1	 Tafel 7.14b (2x gn/rt)/gn
(K^0)	974	918 +?	6 +?	0	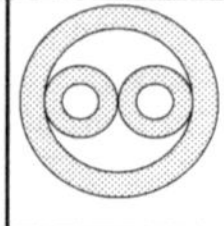 $r/r_p = 2$ (2x rt/gn)/ rt/gn
(K^-)	967	939 +?	11 +?	-1	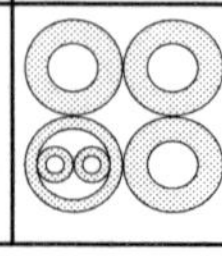 (rt/gn + gn)/ rt/gn + 3 γ^0

Tafel 7.16: Wirbeltabelle der berechneten Leptonen und Mesonen im Vergleich mit Meßwerten (Teil 2).

7.16 Wirbeltabelle der Mesonen

Die zahlreichen Zerfallsarten bei K-Mesonen legen nahe, daß diese seltsamen Teilchen aus diversen Kombinationen von aneinandergelagerten und paarweise rotierenden γ^0- und $\mu^{\pm}$-Teilchen bestehen werden. Die Kombinationsmöglichkeiten sind jetzt bereits derart angewachsen, daß für jedes Kaon und andere Mesonen mehrere Lösungen vorgeschlagen werden können. Um unbegründete Spekulationen zu vermeiden, werden nur einige Hinweise gegeben.

Als Spinpartner und als Baustein für Kaonen und andere Mesonen kommen neben den γ^0-Teilchen auch schwerere Anordnungen in Frage.
Wird beispielsweise ein π^0 von einem γ^0 überlagert, so hat dieses Teilchen eine rechnerisch ermittelte Masse von 918 m_e. Es kann sich also um einen Baustein des ungeladenen Kaon K^0 handeln.

Die ebenfalls mit drei γ^0 gebildete 6-fache Schalenanordnung hingegen, falls sie für die Dauer einer Messung überhaupt stabil bliebe, hätte die Masse von 3672 Elektronenmassen<i>.

Eine sehr viel größere Nachweisbarkeit muß der aus zwei γ^0 aufgebauten 4-fachen Schalenanordnung beigemessen werden, einem schweren Verwandten des γ^0 und des π^0 sozusagen. Es sollte u. a. auch wie ein π^0 zerfallen können. Mit dieser Eigenschaft und mit einer rechnerisch ermittelten Masse von 1088 m_e kann es sich eigentlich nur um das η^0-Meson handeln. Allein dem Zahlenwert nach könnte das η^0-Meson aber auch aus vier π^0-Mesonen bestehen; der Zerfall in nur zwei Lichtquanten spricht allerdings dagegen.

Das Kaonen-Puzzle wird, wie die zahlreichen Zerfallsarten deutlich machen, zusätzlich erschwert durch die während eines Zerfallsprozesses spontan mögliche Wandelbarkeit der beteiligten γ^0-Teilchen. Diese unselbständigen Pionenhälften können dabei von Neutrinos "verschluckt" oder "ausgespuckt" werden, können sich aus einfallendem Licht bilden oder als Photonen abgestrahlt werden und schließlich können sie sich auch noch in ihre einzelnen Bestandteile auflösen.

In der Tabelle von Tafel 7.16 sind die möglichen Potentialwirbelkonfigurationen unter Angabe der jeweiligen, nach der neuen Theorie berechneten Masse skizziert. Werden noch die weiteren, für die Wirbelstrukturen angebbaren Zerfallsprodukte und Quanteneigenschaften hinzugenommen, wie z.B. Ladung, Spin und ggf. magnetisches Moment, so ist eine zweifelsfreie Zuordnung zu den bisher nur aus Messungen bekannten Elementarteilchen möglich. Um die Leistungsfähigkeit der Potentialwirbeltheorie besser einschätzen zu können, sind die Meßwerte den berechneten gegenübergestellt.

Einige Bezeichnungen sind in Klammern gesetzt, da davon auszugehen ist, daß es sich bei den berechneten nur um den dominierenden Teil handelt, an den sich auf Grund seiner hohen Masse noch γ^0 oder andere kleine Wirbelkonfigurationen anlagern werden. Die Masse ist dann entsprechend geringfügig zu korrigieren.

<i>: Es könnte sich z.B. um das D^0-Meson handeln.

Name	Zerfalls-art	Masse (m/m_e) gemessen	Masse (m/m_e) gerechnet	E.-Wirbel z_e	Ladung Q	innerer Aufbau der Baryonenwirbel
p^+	stabil	1836	T7.8 - 1863	3	+1	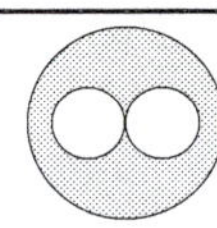 Tafel 7.8 $r/r_p = 1$ $(2x\ e^+)/e^-$
n^0	$p^+ + e^- + \bar{\nu}_e$ (100%)	1839	1837	4	0	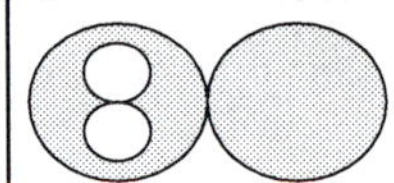 Tafel 7.10a $p^+ + e^-$
			1934	4	0	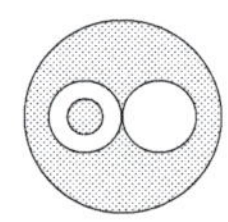 Tafel 7.10b n^0 $r/r_p = 1{,}13$
Λ^0	$p^+ + \pi^-$ (64%)	2183	2176	8	0	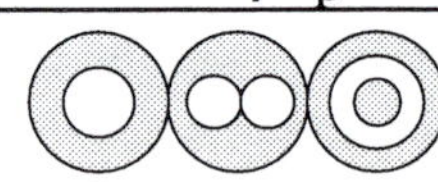 $\gamma^0 + p^+ + \mu^-$ (64%)
			(2187)			
	$n^0 + \pi^0$ (36%)		2206	8	0	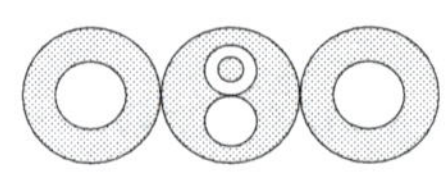 $\gamma^0 + n^0 + \gamma^0$ (36%)
Σ^+	$p^+ + \pi^0$ (51%)	2328	2108+?	7 + ?	+1	$\gamma^0 + p^+ + \gamma^0$ (+?) (51%)
			(2142+?)			
	$n^0 + \pi^+$ (49%)		2177	9	+1	$\gamma^0 + e^+ + p^- + \mu^0$ (49%)
Σ^-	$p^+ + \pi^-$ (100%)	2343	2274	9	-1	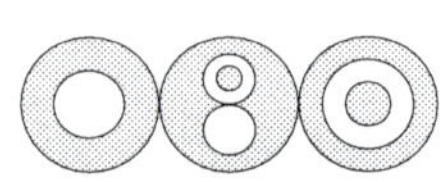 $\gamma^0 + n^0 + \mu^-$ (100%)

Tafel 7.17: Wirbeltabelle zur Berechnung der wichtigsten Baryonen mit Vorschlägen zum Aufbau (Teil 3)

7.17 Wirbeltabelle der Baryonen

Die Zahl an Kombinationsmöglichkeiten nimmt rasch zu, wenn nur wenige Elementarwirbel den Aufbau eines Teilchens erweitern. Dies ist wohl auch der Grund für die große Zahl beobachtbarer Hyperonen, wie sie in neuerer Zeit mit Hilfe von Teilchenbeschleunigern künstlich erzeugt und beobachtet werden konnten.

Sowohl das Neutron als auch das Lambdateilchen können in einer leichteren und in einer schwereren Variante existieren. Im Augenblick des Zerfalls, wie er beispielsweise in einer Blasenkammer beobachtet wird, nimmt erwartungsgemäß der Zustand mit der kleineren Masse die größere Wahrscheinlichkeit ein. Beim Anlagern weiterer Teilchen als Baustein größerer und schwererer Hyperonen hingegen ist die schwerere Bauform wahrscheinlicher. Dieser Umstand ist bei der Berechnung der Masse der Hyperonen zu berücksichtigen.

In den Tafeln 7.17 und 7.18 sind die wichtigsten Baryonen aufgeführt, die sich dadurch auszeichnen, daß eines der aneinandergelagerten Wirbelpakete ein Nukleon ist, also ein Proton oder ein Neutron.

Die angegebenen, aus Messungen bekannten Zerfallsarten vermögen den inneren Aufbau ziemlich gut zu bestätigen. Natürlich sind unendlich viele Kombinationen vorstellbar und zahlreiche Vorhersagen möglich. Doch sind Spekulationen entbehrlich von dem Zeitpunkt an, da wir in der Lage sind, die Teilchen zu berechnen!
Die Beschränkung auf die wenigen in der Tabelle aufgeführten und wichtig erscheinenden Teilchen schränkt die universelle Bedeutung der Objektivitätstheorie daher in keiner Weise ein!

Name	Zerfalls-art	Masse (m/m_e) gemessen	Masse (m/m_e) gerechnet	E.-Wirbel z_e	Ladung Q	innerer Aufbau der Baryonenwirbel
Σ^0	$\Lambda^0 + \gamma$ (100%)	2334	2342	10	0	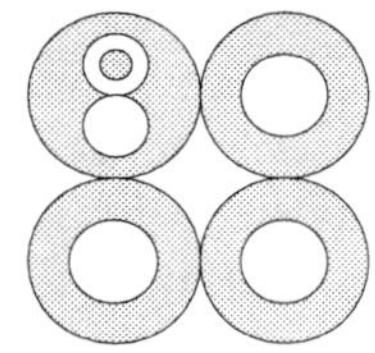 $n^0 + \gamma^0 + \gamma^0 + \gamma^0$ (100%)
Θ^0	$\Lambda^0 + \pi^0$ (100%)	2573	2478	12	0	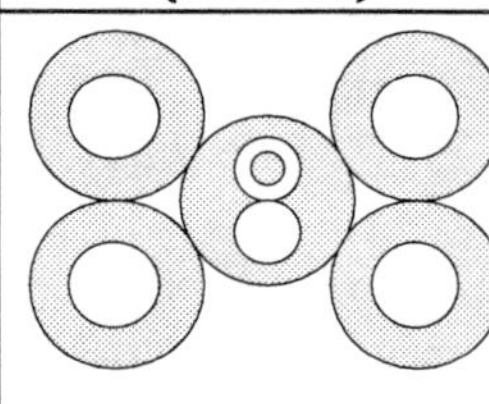 $n^0 + \gamma^0 + \gamma^0 + \gamma^0 + \gamma^0$ (100%)
Θ^-	$\Lambda^0 + \pi^-$ (100%)	2586	2546	13	-1	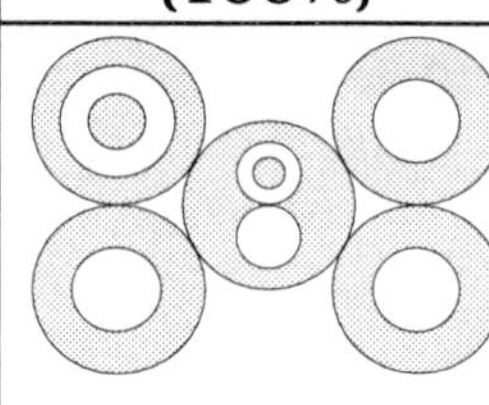 $n^0 + \gamma^0 + \gamma^0 + \gamma^0 + \mu^-$ (100%)
(Ω^-)	$\Lambda^0 + K^-$ (69%)	3273	3172 +?	17 +?	-1	$n^0 + \gamma^0 + \gamma^0 + ?$ (? = Diverses)

Tafel 7.18: Wirbeltabelle zur Berechnung der wichtigsten Baryonen mit Vorschlägen zum Aufbau (Teil 4)

8. Einheitliche Theorie

Mit der Objektivitätstheorie scheint das ersehnte Ziel einer "Theory of Everything" (TOE), einer universellen Theorie, in greifbare Nähe gerückt. Wurden im neunzehnten Jahrhundert noch erfolgversprechende Feldtheorien und Ansätze diskutiert, so hat spätestens Einsteins Relativitätstheoric allc Hoffnungen auf eine solche zunichte gemacht. Die Wissenschaft ist als Folge sehr viel bescheidener geworden und versteht unter einer TOE auch nur die Vereinigung aller bekannten Wechselwirkungen.

Einstein hat die Minimalforderung so ausgedrückt: *"Es wäre eine Theorie weit vorzuziehen, welche das Gravitationsfeld und das elektromagnetische Feld zusammen als Wesenseinheit erscheinen ließe"* [<i>]. Es ist evident, daß eine subjektive oder relativistische Beobachtertheorie dies niemals zu leisten vermag.

Die vorgetragene Objektivitätstheorie hat es ermöglicht, daß die Vereinigung hier auch zum ersten Mal tatsächlich gelungen ist. Dies bringt die Wissenschaft zweifellos sehr viel weiter, aber es reicht deshalb noch nicht aus, die Hände selbstzufrieden in den Schoß zu legen. Schließlich kennen wir noch sehr viel mehr Erscheinungsformen, die ebenfalls zu vereinigen wären. Es ist schließlich kein Zufall, daß sowohl Maxwell als auch Einstein, um nur zwei prominente Vertreter zu nennen, nach Abschluß ihrer bekannten Arbeiten um die Frage gerungen haben, um was für ein Phänomen es sich bei der Temperatur handelt und wie dieses in ihre Theorie einzubinden wäre.

Die Forderung lautet: Alle unser Maßsystem beeinflussenden Basisgrößen mit ihren Grundeinheiten müssen sich aus der neuen Theorie als zwanglose Folge ableiten lassen. Neben den unser Kontinuum bestimmenden Dimensionen von **Raum und Zeit** steht die Erklärung und Vereinigung der Grundgrößen **Masse und Ladung** an. Wenn uns dies geglückt ist, werden auch wir das Problem der fünften und letzten Basisgröße angehen, die sich als Schicksalsfrage jeder Vereinigungstheorie bisher in den Weg gestellt hat, das Problem der **Temperatur**!

<i>: Einstein, A.: Grundzüge der Relativitätstheorie, Vieweg+Sohn, Braunschweig 1973, 5. Aufl., WTB 58. Seite 97.

"Es wäre eine Theorie weit vorzuziehen, welche das Gravitationsfeld und das elektromagnetische Feld zusammen als Wesenseinheit erscheinen ließe"<i>.

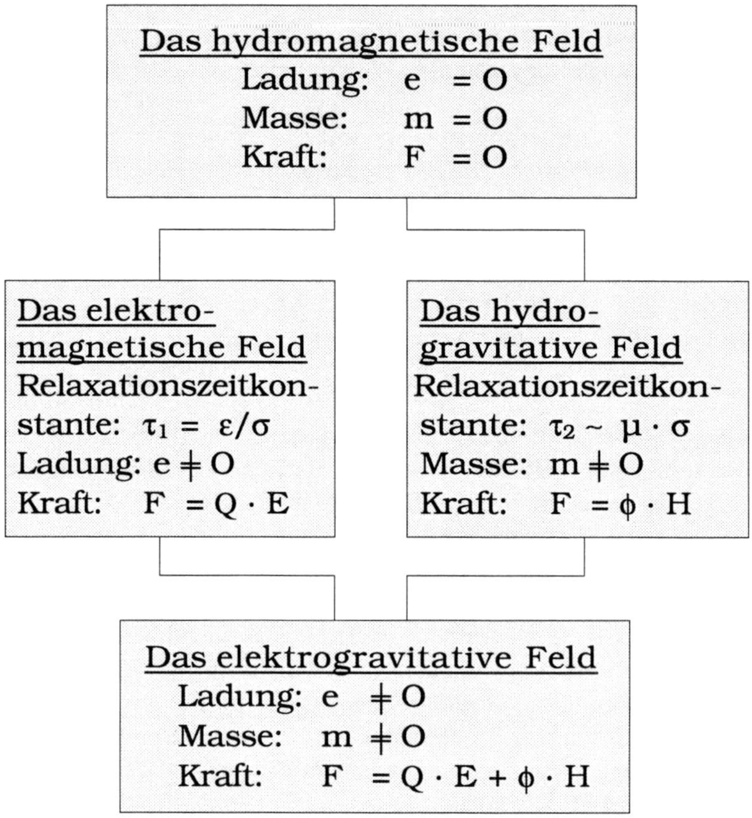

Tafel 8.1: Strukturierung der Felder und Begriffsdefinition

<i>: Einstein, A. : Grundzüge der Relativitätstheorie, Vieweg + Sohn, Braunschweig 1973, 5. Aufl. , WTB 58.

<ii>: abgeleitet aus dem Griechischen von hydro (= Wasser).

8.1 Struktur der Feldtheorie

Im Gegensatz zur Maxwell-Theorie vermag die aus der Dualität abgeleitete neue Feldtheorie auch Felder zu beschreiben, in denen keine Teilchen und keine Quanten existieren. Es ist wohl berechtigt und im Sinne einer klareren Verständigung zweckmäßig, dem neuen Feld einen eigenen Namen zu geben.
Der Autor empfiehlt die Einführung der Bezeichnung "hydrotisches Feld". Es soll darin zum Ausdruck gebracht werden, welche Bedeutung *Wasser* für den gleichnamigen Potentialwirbel und für dieses Feld hat[<ii>].
Wie wir uns bereits erarbeitet haben, wird das hydrotische Feld besonders durch polare Stoffe und durch eine hohe Dielektrizität begünstigt. *Wasser* ist ein entsprechender und in der Biosphäre unseres Planeten dominierender Stoff.

Während wir unsere bisherige Vorstellung vom wirbelfreien elektrischen Feld doch erheblich korrigieren mußten, können wir die Beschreibung des magnetischen Feldes unverändert übernehmen. Das soll dann auch für seinen Namen gelten. Das aus beiden zusammengesetzte neue Feld wird dementsprechend als hydromagnetisches Feld bezeichnet.

In Tafel 8.1 erkennen wir die Struktur. An der Spitze steht das **"hydromagnetische Feld"**, das durch die Gleichungen der dualen Elektrodynamik aus Tafel 3.3 mathematisch beschrieben wird. Es kennt keine Quanten und als logische Folge weder Ladung noch Masse! Setzen wir diese Gleichungen, das Durchflutungsgesetz und das dual formulierte Induktionsgesetz, ineinander ein, so ergibt sich als mathematische Beschreibung unseres Raum-Zeit-Kontinuums die fundamentale Feldgleichung (15, Tafel 5.1). Als neues physikalisches Phänomen tritt der Potentialwirbel auf, der dem hydromagnetischen Feld eine neue und wichtige Eigenschaft verleiht: dieses Feld ist quantisierbar!

*Ausgangspunkt ist die **Welle**, die sich bei entsprechenden Störeinwirkungen spontan zu einem Wirbel aufrollen kann, der als hochkonzentrierter Kugelwirbel damit zu einer neuen Existenzberechtigung und physikalischen Realität findet.*

Die auf die beschriebene Art und Weise entstandenen Teilchen zeigen spezifische, ihnen eigene Eigenschaften. Wir vermögen ihnen jetzt beispielsweise eine Ladung oder eine Masse beizumessen, wobei die Eigenschaften auch einzeln und isoliert voneinander untersucht und beschrieben werden können. So entstehen die zwei wesensfremden Sonderfälle, einerseits das bekannte, mit Hilfe der Maxwellschen Gleichungen beschreibbare **"elektromagnetische Feld"** und andererseits das neue **"hydrogravitative Feld"**.

Überlagern wir die Ergebnisse der beiden Sonderfälle, indem wir z. B. die Kraftwirkungen elektrischer Ladungen und beschleunigter Massen addieren, so erhalten wir als Zusammenfassung ein Feld, das wir sinngemäß als **"Elektrogravitation"** bezeichnen sollten. Dieser Fall ist keinesfalls unbekannt. Schon Nïels Bohr hat auf diese Weise die Radien der Elektronenbahnen in der Hülle seines Atommodells berechnet, um nur ein Beispiel zu nennen. Wir können zusammenfassen:

*Das hydromagnetische ist das alles umfassende und damit wichtigste Feld. Daneben beschreiben das elektromagnetische Feld der Ströme und der Wirbelströme und das hydrogravitative Feld der Potentiale und der Potentialwirbel lediglich die zwei möglichen und wichtigen Sonderfälle. Aus Gründen der reinen Zweckmäßigkeit wird für jeden Sonderfall eine charakterisierende Beschreibungsgröße eingeführt, die **Ladung** und die **Masse**!*

Hilfsbegriffe (Beschreibung von Quanteneigenschaften):

- Masse
- Ladung
- Plancksches Wirkungsquantum
- Temperatur

Das hydromagnetische Feld kennt keine Quanten!

Struktur der Fundamentalen Feldgleichung 15 (Tafel 5.1):

elektromagnetische Welle:

elektrisches Feld | magnetischesFeld

$$\Delta \mathbf{E} \cdot c^2 = \frac{\delta^2 \mathbf{E}}{\delta t^2} \qquad (15\ a,b)$$

Potentialwirbel:(a,d)

$$\Delta \mathbf{E} \cdot c^2 = \frac{1}{\tau_2} \cdot \frac{\delta \mathbf{E}}{\delta t}$$

Wirbelstrom: (15 a,c)

$$\Delta \mathbf{E} \cdot c^2 = \frac{1}{\tau_1} \cdot \frac{\delta \mathbf{E}}{\delta t}$$

Poisson-Gleichungen:

Spannungen | Ströme

$$\Delta \mathbf{E} \cdot c^2 = \frac{\mathbf{E}}{\tau_1 \tau_2} \qquad (15\ a,e)$$

Tafel 8.2: Vereinigungstheorie

- elektromagnetische Wechselwirkung (offene Feldlinien)
- Gravitation (geschlossene Feldlinien)
- Starke Wechselwirkung (existiert nicht)
- Schwache Wechselwirkung (existiert nicht)

Die Wechselwirkungen sind eine Folge der feldabhängigen Lichtgeschwindigkeit!

8.2 Vereinigung der Wechselwirkungen

Die Entdeckung und Einführung des hydromagnetischen Feldes ermöglicht die gewünschte Vereinigung, denn aus diesem Feld leiten sich als Folge der Quantenentstehung das elektromagnetische bzw. Maxwell-Feld, das die elektromagnetische Wechselwirkung beschreibt, und das hydrogravitative Feld der Gravitation ab.
Die Art der Wechselwirkung wird durch den Feldlinienverlauf der sich als Kugelwirbel ausbildenden Feldquanten bewirkt: die offenen Feldlinien ermöglichen die *elektromagnetische Wechselwirkung*. Die in sich geschlossenen Feldlinien führen zur *Gravitation*. Beide sind eine unmittelbare Folge der feldabhängigen Lichtgeschwindigkeit. Eine perfektere Vereinigung scheint kaum noch möglich.

Als nächster Schritt wird die *Vereinigung mit der starken und der schwachen Wechselwirkung* verlangt, doch es konnte gezeigt werden, daß beide gar nicht existieren. Es handelt sich um phantasievolle Fehlerbeschreibungen, die den Unterschied zwischen einer falschen Theorie und der physikalischen Wirklichkeit erklären helfen sollten.

Es existieren zahlreiche *Hilfsbegriffe* für die Beschreibung der Quanteneigenschaften, wie beispielsweise ***Masse**, **Ladung** oder das **Plancksche Wirkungsquantum***. Ihre Verwendbarkeit setzt naturgemäß die Existenz der Quanten voraus. Bevor diese zu einer physikalischen Realität gefunden haben, sind die Hilfsbegriffe entbehrlich. Das hydromagnetische Feld kennt keine Quanten, keine Quanteneigenschaften und auch keine Hilfsbeschreibungen. Wie noch gezeigt wird, ist erwartungsgemäß auch die ***Temperatur*** eine typische Quanteneigenschaft, die in die Gruppe der Hilfsbegriffe fällt. Auf diese Weise fügt sich auch die Temperatur zwanglos in die Vereinigungstheorie ein.

Ohne die von uns aus Gründen der Zweckmäßigkeit eingeführten Hilfsbegriffe bleibt die **fundamentale Feldgleichung** übrig mit ihrer Beschreibung eines **raum-zeitlichen Prinzips**. Sollte es eine **Weltgleichung** geben, dann bringt diese Feldgleichung 15 die besten Voraussetzungen mit.
Bei der fundamentalen Feldgleichung wiederholt sich die Vierteilung wie schon beim hydromagnetischen Feld (Tafel 8.1). Sie besteht ebenfalls aus vier einzelnen Teilen, der Welle (b), den beiden Wirbelphänomenen (c und d) und dem zeitunabhängigen Term (e) (Tafel 8.2). Während die Welle die Dualität noch in sich vereinigt, tritt sie bei den Wirbeln offenkundig zu Tage um sich im vierten Fall wieder zu vereinigen. Hier treten aber Potentiale und Strömungen auf, die wiederum miteinander reagieren und schwingen können, beispielsweise als L-C-Schwingkreis in einer elektronischen Schaltung, womit sich das Prinzip wiederholen wird.
Bei keinem Phänomen zeigt sich dieses Prinzip deutlicher als bei der Temperatur. Beginnen wir oben im Bild auf Tafel 8.2 mit einer elektromagnetischen Welle, die absorbiert und damit zu einem Wirbel wird. Zerfällt der Wirbel, so entstehen Wirbelverluste. Wir beobachten, daß die Temperatur steigt und sich in der bekannten Art und Weise ausbreitet.
Wir sind im untersten Kästchen angekommen, aber dies kann wieder für den jetzt folgenden Vorgang als oberstes angesetzt werden, denn die ***Wärmeleitungsgleichung** ist eine **Wirbelgleichung*** vom Typ c oder d! Wir stellen eine *Selbstähnlichkeit* fest:

Das durch die fundamentale Feldgleichung mathematisch formulierte raum-zeitliche Prinzip läßt sich immer wieder in sich selbst überführen.

Temperatur ist die Kontraktionsschwingung der Elementarwirbel als Folge der feldabhängigen Lichtgeschwindigkeit.

a. am absoluten Nullpunkt:

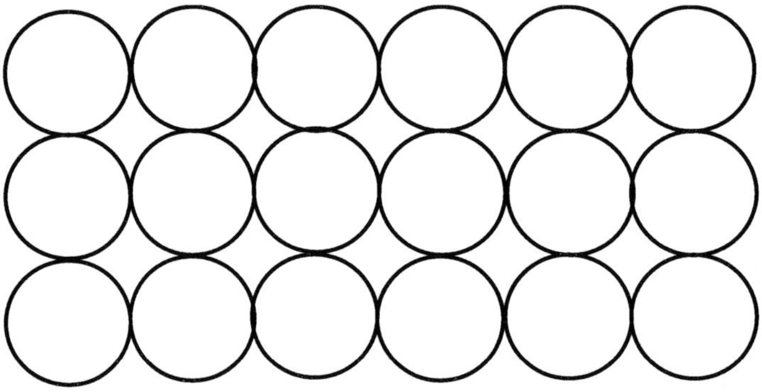

b. bei thermischer Erregung:

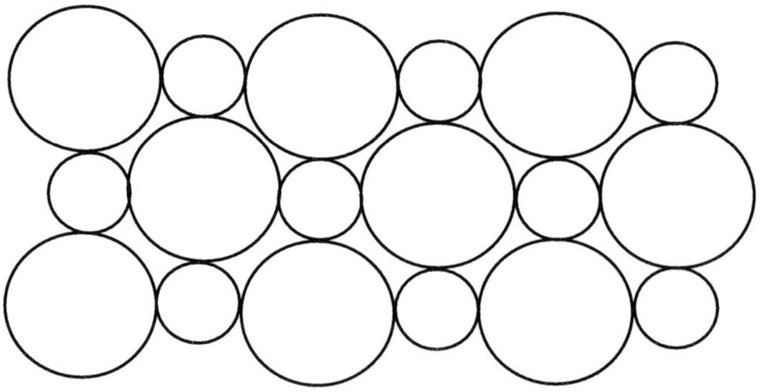

Tafel 8.3: Temperatur als Größenschwingung bei feldstärkeabhängiger Lichtgeschwindigkeit

8.3 Temperatur

Der atomaren Auffassung folgend, soll es sich bei der Wärme um kinetische Energie der Moleküle handeln, die mehr oder weniger heftige Schwingungen ausführen. Im Falle von gasförmigen Stoffen sind mit dieser auf mechanischen Modellen aufbauenden Vorstellung auch tatsächlich erfolgreiche Berechnungen möglich, wie beispielsweise die von Maxwell aus wahrscheinlichkeitstheoretischen Überlegungen gewonnene Geschwindigkeitsverteilung von Gasen.
Der Versuch, die Formeln der kinetischen Gastheorie auf feste Stoffe und Flüssigkeiten übertragen zu wollen, gelingt allerdings nur, wenn zusätzliche Ergänzungen und Verfeinerungen eingeführt werden. Da es sich in allen Fällen um Temperatur, also um ein und dieselbe physikalische Größe handelt, ist natürlich auch eine einheitliche Interpretation zu fordern, die zudem im vollen Einklang zu dem vorgestellten Entwurf einer ganzheitlichen Theorie (TOE) stehen sollte.
Vor dem Hintergrund der neuen Objektivitätstheorie überlegen wir uns, was passiert, wenn beispielsweise durch ein vorbeifliegendes Teilchen die lokale Feldstärke größer wird. Die an dieser Stelle lokalisierte Materie wird kurzzeitig kontrahiert. Dadurch, daß die einzelnen Elementarwirbel sich einander nähern, verstärken sie sich gegenseitig ihr Feld und komprimieren sich weiter. Irgendwann kommt dieser Vorgang zum Stillstand, dreht um und schwingt zurück.
Gleichzeitig wirkt jedes auf diese Weise eine Größenschwingung durchführendes Teilchen mit seinem Feld auf seine Nachbarn ein, um auch diese zeitverzögert zu derselben Schwingung anzuregen. Diese Erscheinung breitet sich nach allen Seiten aus. Die Ausbreitung wird erst stationär, wenn alle benachbarten Elementarwirbel mit gleicher Amplitude pulsieren. Es wäre jetzt festzuhalten:

Die Kontraktionsschwingung der Elementarwirbel bezeichnen wir mit Temperatur.

Auch diese thermodynamische Zustandsgröße ist also eine Folge der variablen Lichtgeschwindigkeit. Am absoluten Nullpunkt der Temperatur findet keine Schwingung mehr statt, während die obere Grenze im Unendlichen liegt. Da die Ursache für Temperatur eine Schwingung der lokalen elektromagnetischen Feldstärke um die kosmische Feldstärke herum darstellt, kommen die folgenden Phänomene als Anregung und Ursache in Frage, wie sie die fundamentale Feldgleichung 15 vorschreibt:

1. Elektromagnetische Wellen (b) vermögen durch ihr Wechselfeld Materieteilchen zu synchronen Kontraktionsschwingungen anzuregen. Dabei geht Energie in Form von Wärme auf die Teilchen über, deren Temperatur daraufhin steigt. Die Welle wird vollständig absorbiert, wenn die thermische Schwingung mit der Frequenz der Welle übereinstimmt.

Wir sprechen von Wärmestrahlung.

2. Auch die beiden dualen Wirbel, der Wirbelstrom (c) und der Potentialwirbel (d) können Kontraktionsschwingungen hervorrufen. Dies wird sofort klar, wenn wir uns einen Wirbel als den Sonderfall der Welle überlegen, bei dem die Schwingung um ein mehr oder weniger ortsfestes Wirbelzentrum herum stattfindet. Im Falle des Wirbelzerfalls, des Energieübergangs vom Wirbel zur Materie erhöht sich deren Temperatur meßbar.

Wir sprechen bei diesem Diffusionsprozess von Wirbelverlusten und von Verlustwärme.

Antworten auf offene Fragen der Thermodynamik:

1. *Temperatur* tritt *unabhängig von dem Aggregatzustand* auf (Vereinigungstheorie).

2. Temperatur tritt auch in *festen Stoffen* auf, wo eine rein kinetische Interpretation versagt (Vereinigung).

3. Jedes *Elementarteilchen ist Träger einer Temperatur.*

4. *Ausdehnung* mit zunehmender Temperatur wegen des steigenden *Platzbedarfs* bei größerer Schwingungsamplitude (Prinzip: Bimetall-Thermometer).

5. Bei *festen Stoffen* wird die thermische Größenschwingung in erster Linie von den Elektronen in der Atomhülle weitergeleitet. Deshalb haben gute *elektrische Leiter* zugleich auch eine hohe *Wärmeleitfähigkeit.* (Prinzip: elektr. Widerstandsthermometer).

6. Bei *Gasen* erledigen diese Aufgabe die ganzen Atome, weshalb eine *kinetische Hilfsbeschreibung* anwendbar wird.

7. Bei *extremen Schwingungsamplituden* verlieren die Atome teilweise oder ganz ihre Hüllelektronen, wenn sie in den *Plasmazustand* übergehen.

8. Der zweite Hauptsatz der Thermodynamik verliert seinen Absolutheitsanspruch und lautet bestenfalls: Mit unserer heutigen Technologie sind wir nicht in der Lage, eine periodisch arbeitende Maschine zu konstruieren, die nichts weiter leistet, als einem Wärmebehälter Wärme zu entziehen und diese in mechanische Arbeit umzusetzen.

Tafel 8.4: Fragen zur Thermodynamik

3. Vorbeifliegende Teilchen, insbesondere auch ungebundene und frei bewegliche Ladungsträger (e) erzeugen für andere feststehende Teilchen ein Wechselfeld. Dabei kann kinetische Energie in Temperatur, also in Pulsationsenergie umgewandelt werden. Ein gutes Beispiel ist der unelastische Stoß. Es sei aber auch auf zahlreiche chemische Reaktionen hingewiesen. Wer nach einem anschaulichen Beispiel sucht, der nehme zwei Gegenstände in die Hand und reibe sie gegeneinander. Dabei werden die an den Reibflächen befindlichen Teilchen in sehr kleinem Abstand aneinander vorbeibewegt, wodurch es zu Pulsationsschwingungen kommt, die sich entsprechend der Wärmeleitfähigkeit ins Innere der Gegenstände fortpflanzen. *Wir sprechen von Reibungswärme.*

Diese Modellvorstellung liefert stichhaltige Erklärungen für eine ganze Reihe offener Fragen (Tafel 8.4), warum die Temperatur unabhängig von dem Aggregatzustand (1) und auch in festen Stoffen auftritt, wo eine rein kinetische Interpretation versagt (2). Schließlich ist jedes einzelne Elementarteilchen Träger einer Temperatur (3).
Mit zunehmender Temperatur dehnen sich die meisten Stoffe aus, da bei größerer Schwingungsamplitude der Platzbedarf rein geometrisch gesehen steigt (4). Dieses Prinzip wird beim Bimetall-Thermometer genutzt.
Bei festen Stoffen wird die thermische Größenschwingung in erster Linie von den Elektronen in der Atomhülle weitergeleitet (5). Deshalb haben gute elektrische Leiter zugleich auch eine hohe Wärmeleitfähigkeit. Ein Anwendungsbeispiel ist das elektrische Widerstandsthermometer. Bei Gasen erledigen diese Aufgabe die ganzen Atome, weshalb eine kinetische Theorie als Hilfsbeschreibung anwendbar wird (6).
Bei extremen Schwingungsamplituden verlieren die Atome teilweise oder ganz ihre Hüllelektronen, wenn sie in den Plasmazustand übergehen (7).
Schließlich relativiert die Modellvorstellung auch noch den zweiten Hauptsatz der Thermodynamik, der das Postulat zum Inhalt hat, daß es unmöglich sei, eine periodisch arbeitende Maschine zu konstruieren, die nichts weiter leistet, als einem Wärmebehälter Wärme zu entziehen und diese in mechanische Arbeit umzusetzen (8).

8.4 Wärmeenergie

Die besprochene Kontraktionsschwingung zeigt zwei charakteristische Eigenschaften, die getrennt voneinander gesehen werden müssen: die Amplitude und die Frequenz.

***Temperatur** bezeichnet allein die Amplitude der Größenschwingung.*

*Die **Wärmeenergie** hingegen wird durch beide, sowohl durch die Amplitude als auch durch die Frequenz, bestimmt.*

Folglich sind die Begriffe von Temperatur und Wärmeenergie streng auseinanderzuhalten. Diese Schwingung darf in Frequenztabellen auch nicht mit der elektromagnetischen Welle gleichgesetzt werden.
Korrekterweise sind zwei Tabellen anzugeben, eine für die Welle, dadurch gekennzeichnet, daß sich diese mit Lichtgeschwindigkeit ausbreitet, und eine weitere für Kontraktionsschwingungen, also für ortsfeste und an Materie gebundene Erscheinungen. Letztere können sich zwar ebenfalls über Druckschwankungen im Falle akustischer Schallfrequenzen oder über freibewegliche Ladungsträger am Beispiel der Wärmeleitung relativ rasch ausbreiten, aber die Ausbreitungsgeschwindigkeit ist beim Schall oder bei Wärme bekanntlich immer noch erheblich kleiner als die Lichtgeschwindigkeit. Es ist also eine zweifelsfreie Zuordnung möglich, um welche Art von Schwingung es sich handelt.

Temperatur bezeichnet die Amplitude der Größenschwingung aller Kugelwirbel.

Die Wärmeenergie hingegen wird sowohl durch die Amplitude als auch durch die Frequenz bestimmt.

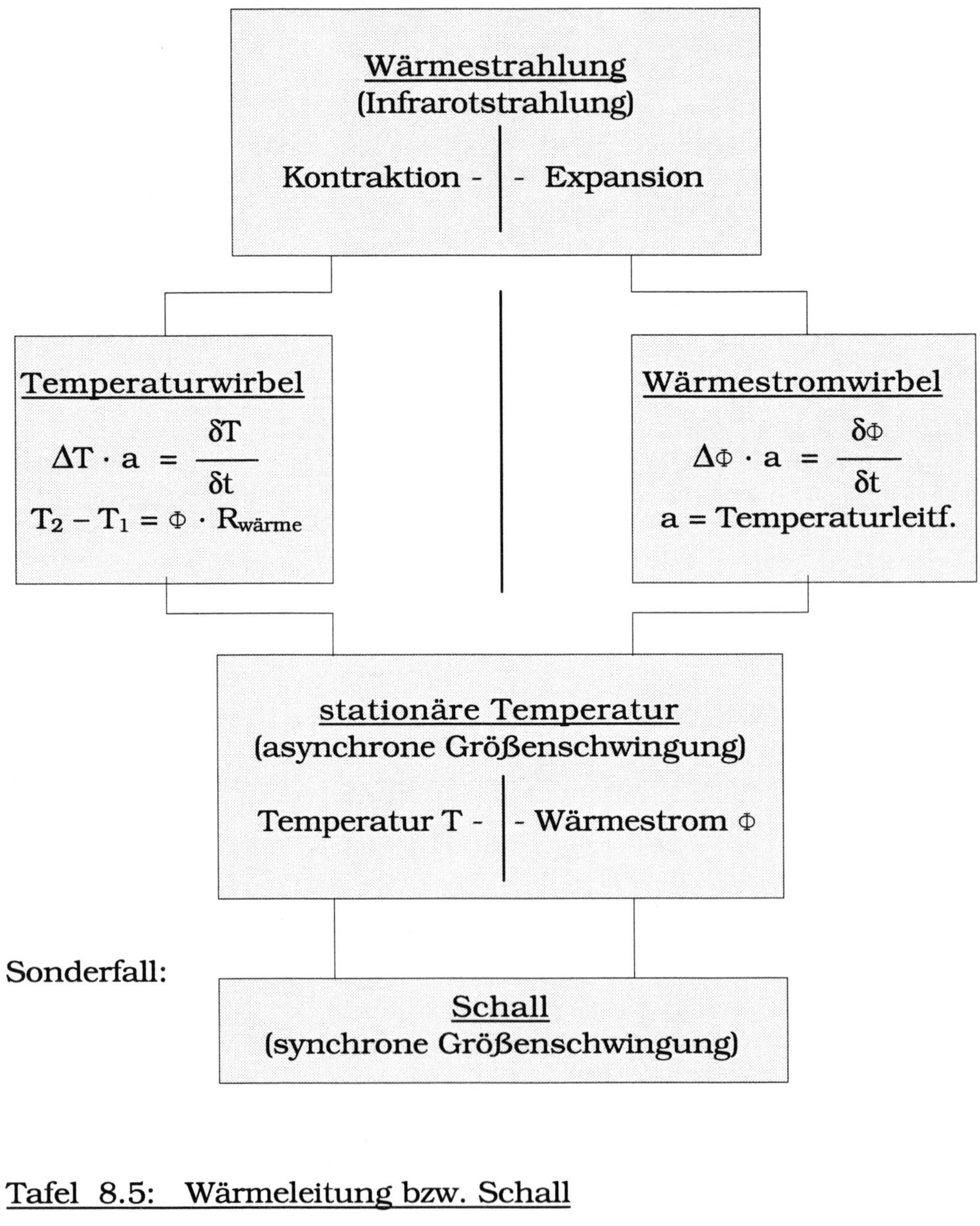

Tafel 8.5: Wärmeleitung bzw. Schall

8.5 Schall

Die enge Verwandtschaft longitudinaler Schallwellen zu den Kontraktionsschwingungen thermisch erhitzter Materie wird bei Ultraschall besonders deutlich, wo die im Innern der beschallten Körper auftretende Wärme direkt gemessen werden kann. Der wesentliche Unterschied besteht darin, daß die erzeugten Schallwellen nicht nur die gleiche Frequenz, sondern auch die gleiche Phasenlage besitzen, was bei der Temperatur nicht der Fall sein muß. Die bei zunehmender Heftigkeit in der Regel auch mehr Raum einnehmenden und scheinbar unkoordiniert auftretenden Größenschwingungen der Temperatur bilden ein ***"thermisches Rauschen"***.

Die phasengleiche Größenschwingung ist in einem räumlichen Teilchenverband auch gar nicht realisierbar, mit der einen Ausnahme, daß alle Teilchen gleichzeitig und im gleichen Takt expandieren und anschließend wieder kontrahieren. Beobachten können wir eine solche Synchronisation der Pulsationsschwingungen aller Elementarwirbel bei einem ***Pulsar***. Ein Pulsar erscheint uns als ein mit fester Frequenz blinkender "Leuchtturm" im All.
In Wirklichkeit kann es sich ebensogut um eine konstant leuchtende Sonne handeln, die eine synchronisierte, thermische Größenschwingung durchführt, wie ein gigantischer *niederfrequenter Lautsprecher*. Während der Kontraktionsphase des Sterns bleibt sein abgestrahltes Licht zurück. Der Pulsar erscheint für uns dunkel. Zusätzlich nimmt die Feldstärke extrem zu und das Licht wird dementsprechend langsam. Während der Expansionsphase drehen sich die Verhältnisse um und wir beobachten einen Lichtblitz.
Gerade der Pulsar bestätigt in eindeutiger Weise die vorliegende Theorie von der variablen, feldabhängigen Lichtgeschwindigkeit.

Die bekannte Tatsache, daß der Mikrokosmos ein Abbild des Makrokosmos darstellt, legt bereits nahe, daß jedes Atom zu derselben Größenschwingung fähig ist, wie ein Pulsar: tritt neben das schwingende Atom ein ruhendes, so sieht dieses wegen des größer werdenden Abstandes während der Kontraktionsphase ein kleineres Feld. Es wird daher selber größer. Wenn das pulsierende Nachbaratom anschließend expandiert, wird es selber hingegen kleiner. Das zunächst ruhende Atom wird auf diese Weise zu einem *gegenphasig schwingenden "Pulsar"*.
Das schwingende Atom hat das Nachbaratom ebenfalls zu einer Größenschwingung angeregt, und dieser Vorgang wird sich mit dem nächsten Nachbaratom wiederholen. *Wir sprechen von **Wärmeleitung.***
In welchem Maß der mittlere Abstand zwischen benachbarten Atomen beim Erwärmen beeinflußt wird, hängt allein von dem Aufbau des Atomgitters ab. Bei Materie mit festem Gitter wird erwartungsgemäß eine geringere Wärmeausdehnung auftreten, als bei dem ungeordneten Aufbau von Gasen, worin wir bekannte Zusammenhänge bestätigt finden.

In einer für Potentialwirbel charakteristischen Eigenschaft stimmen *Schallwellen* und *thermische Kontraktionswellen* überein:

Die Ausbreitung von Potentialwirbelfeldern erfolgt als longitudinale Welle.

In diesem Punkt unterscheiden sich Wirbelfelder deutlich von den sich transversal ausbreitenden elektromagnetischen Wellen!

1. Durchflutungsgesetz (s. Tafel 5.1):

$$\text{rot}\,\mathbf{H} = \varepsilon \cdot (\mathbf{E}/\tau_1 + \delta\mathbf{E}/\delta t) \qquad (11^*)$$

mit Relaxationszeit $\tau_1 = \varepsilon/\sigma$ (10)

umgeformt: $\delta\mathbf{E}/\delta t = (1/\varepsilon) \cdot \text{rot}\,\mathbf{H} - \mathbf{E}/\tau_1$ (11^{**})

integriert: $\mathbf{E} = \int [(\text{rot}\,\mathbf{H})/\varepsilon - \mathbf{E}/\tau_1]\, dt$ (11^{***})

---

2. Induktionsgesetz (in Analogie):

$$-\text{rot}\,\mathbf{E} = \mu \cdot (\mathbf{H}/\tau_2 + \delta\mathbf{H}/\delta t) \qquad (12^*)$$

umgeformt: $\delta\mathbf{H}/\delta t = -(1/\mu) \cdot \text{rot}\,\mathbf{E} - \mathbf{H}/\tau_2$ (12^{**})

integriert: $-\mathbf{H} = \int [(\text{rot}\,\mathbf{E})/\mu + \mathbf{H}/\tau_2]\, dt$ (12^{***})

---

3. Signalflußplan der Feldgleichung 11^{***}:

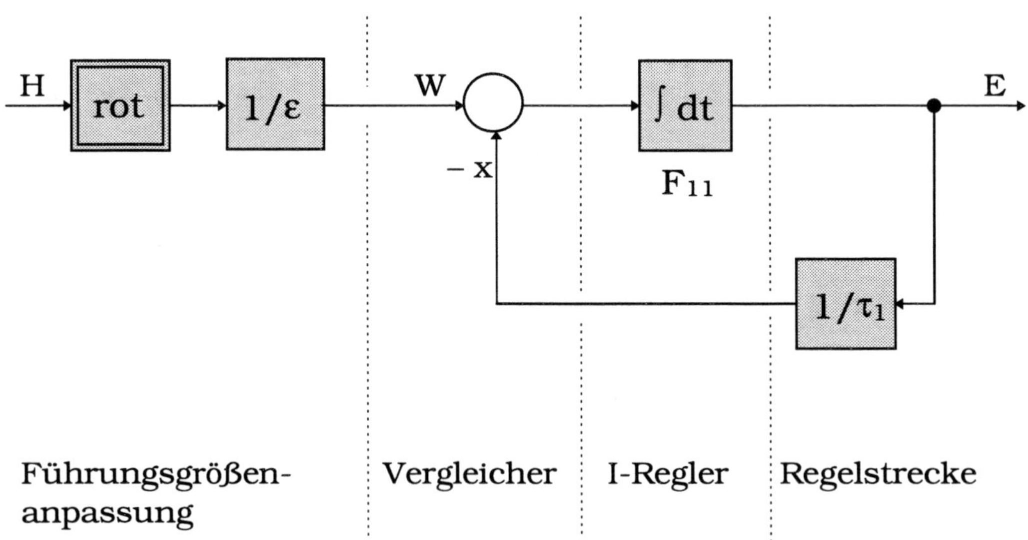

Tafel 8.6: Regelungstechnische Analyse der dualen Gleichungen des hydromagnetischen Feldes.

8.6 Kybernetisches Grundprinzip

Sicherlich kann dem Potentialwirbel auch Information beigemessen werden. Aber wie soll Information entstehen? Ist ***Information*** *eine Form von* ***Energie?*** Energie tritt als Folge der ***Potentialwirbelbildung*** auf. Ohne dieses Phänomen gäbe es keine Energie!
Läßt sich Information mittels einer mathematischen Gleichung beschreiben?
Um diese Fragen beantworten zu können, unterziehen wir die *fundamentale Feldgleichung* einer *regelungstechnischen Analyse.* Sollte es sich tatsächlich um eine Weltgleichung handeln, so sollten Antworten möglich sein.

Wir greifen das Durchflutungsgesetz 11^* von Tafel 5.1 wieder auf und formen es nach der zeitlichen Ableitung um (11^{**}). Wenn die Gleichung jetzt über die Zeit aufintegriert wird (11^{***}), läßt sich ein ***Signalflußplan*** zeichnen (Tafel 8.6).
Die Struktur eines Regelkreises ist deutlich erkennbar. Wie bei einem technischen Regelsystem sind die einzelnen Abschnitte in analoger Weise bezeichnet. Danach bildet die Rotorbildung auf den Feldzeiger der magnetischen Feldstärke **H** und die Multiplikation mit $1/\varepsilon$ eine *Führungsgrößenanpassung.* Im *Vergleicher* wird die Regeldifferenz aus Führungsgröße w und Regelgröße x gebildet und einem ***integralen Regler*** zugeführt. Die ***Regelstrecke hat rein proportionales Verhalten*** und besteht aus der Meßwertaufbereitung der elektrischen Feldstärke **E** mit $1/\tau_1$, wobei τ_1 die Relaxationszeit der Wirbelströme beschreibt.
In technischen Regelsystemen findet sich eine solche Struktur auffallend selten, obwohl sie einen unschätzbaren Vorteil aufweist: Sie besitzt eine ***prinzipielle Stabilität.*** Es existiert keine einzige Reglereinstellung, bei der der geschlossene Regelkreis instabil werden könnte, da er ein *proportional verzögerndes Verhalten erster Ordnung* aufweist. Mögliche Änderungen der Reglereinstellung oder der Regelstrecke wirken sich lediglich auf die Schnelligkeit aus, mit der der Regelkreis Änderungen der Führungsgröße zu folgen vermag.
Dieses regelungstechnische Grundprinzip überzeugt durch seine Einfachheit und Leistungsfähigkeit. Es begegnet uns in der identischen Form in der zweiten Feldgleichung 12*, dem erweiterten Induktionsgesetz wieder. In dualer Formulierung treten jetzt die elektrische Feldstärke als Eingangsgröße und die magnetische Feldstärke als Ausgangsgröße auf. Die beiden *Regelkreise sind untereinander verkoppelt und vermascht,* indem sie ihre Führungsgröße jeweils aus der Regelgröße ihres dualen Partners ableiten. Ist diese Struktur eigentlich leistungsfähig und sinnvoll?
Jeder Regelkreis benötigt einen Sollwert, der von außen vorgegeben wird. Denken wir an die unzähligen Regelsysteme in der Natur. In allen Fällen wäre für die Vorgaben eine höhere Intelligenz erforderlich. Diese Problematik ist vergleichbar mit der Frage, was zuerst da war: das Ei, aus dem eine Henne ausschlüpft oder die Henne, ohne die es keine Eier geben kann. ***Ohne Zielvorgabe gäbe es keine Evolution.***

Die ***vermaschte Regelkreisstruktur*** liefert die passende Antwort: Kybernetische Systeme, die bekanntlich und üblicherweise einem Gleichgewichtszustand zustreben, beziehen ihre *Sollvorgabe aus ihrem dualen "Partner".* Entscheidend ist, daß entsprechend duale Systeme autark sind und aus sich selbst heraus ohne Vorgaben von dritter Seite entstehen und sich selbständig entwickeln können. Dieses kybernetische Grundprinzip ist zweifellos genial.

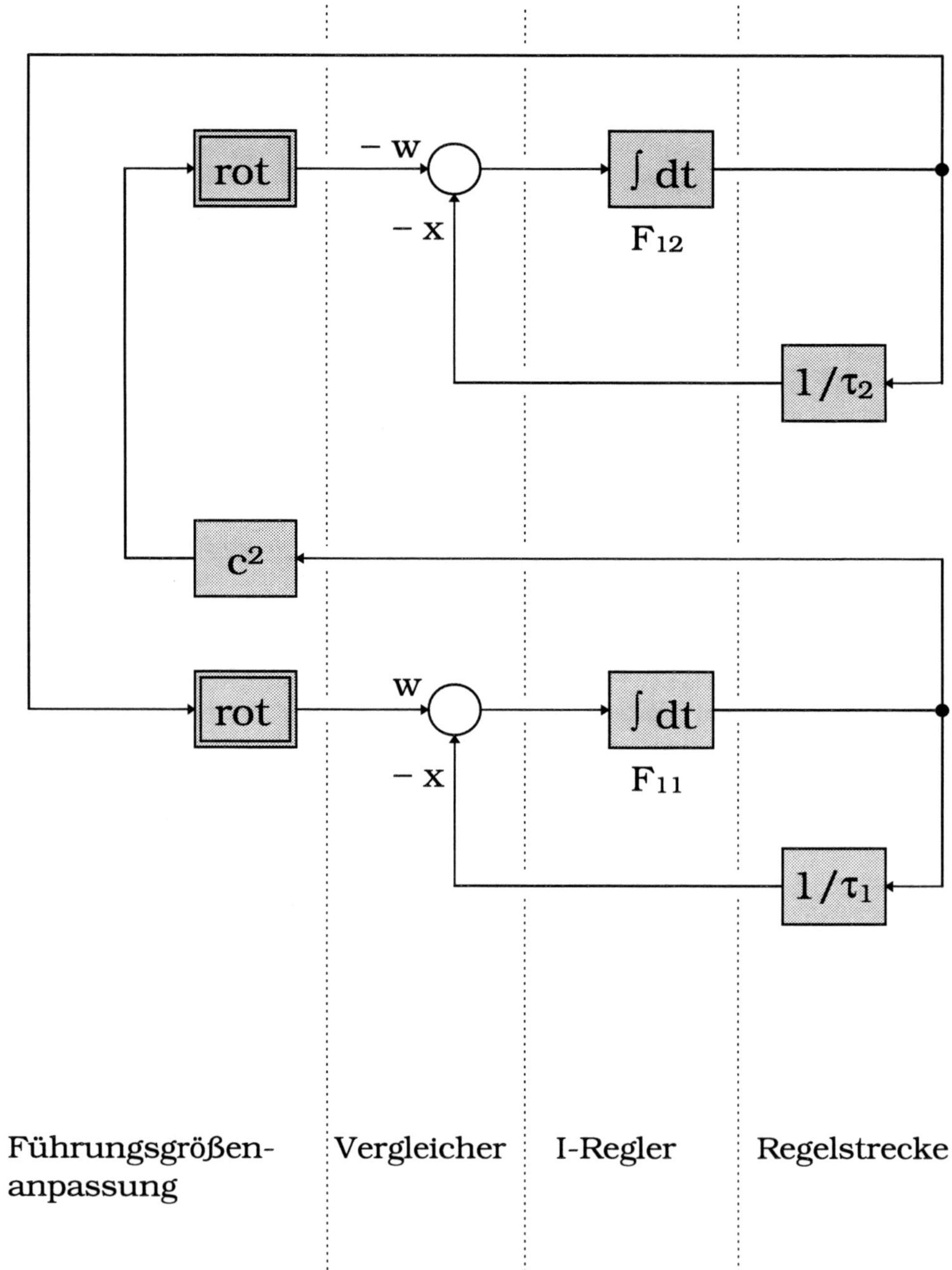

Tafel 8.7: Signalflußplan der fundamentalen Feldgleichung mit adaptiver Struktur

8.7 Adaptive Regelkreisstruktur

Wenn aus dem Nichts so etwas wie der Kosmos oder wie das Leben auf der Erde entstehen sollen, ist die auf Dualität aufbauende *vermaschte Regelkreisstruktur* wohl die einzig mögliche und denkbare. Dabei handelt es sich lediglich um die *regelungstechnische Darstellung der fundamentalen Feldgleichung*.

Die Frage nach der Leistungsfähigkeit betrifft nicht nur die Stabilität, sondern gleichermaßen die Möglichkeit beider Systeme, durch die Verkopplung und dem damit verbundenen Informationsaustausch miteinander zu schwingen und zu kommunizieren.

Tafel 8.7 zeigt dazu den Signalflußplan beider Regelkreise. Diese sind in Reihe geschaltet und bilden einen Verkopplungskreis aus, der selbst als dritter Regelkreis interpretiert werden kann. Auch dieser weist wie die beiden anderen einen Vorzeichenwechsel im Kreis auf.

Die informationstechnische Interpretation könnte folgendermaßen ausfallen: Information über einen beispielsweise durch eine Störung veranlaßten Regelvorgang im unteren Regelkreis F_{11} wird über den Verkopplungskreis an den oberen Regelkreis F_{12} mitgeteilt. F_{11} wirkt damit als Sender und F_{12} als Empfänger der Information. Anschließend tauschen beide ihre Plätze aus, denn F_{12} reagiert seinerseits durch einen Regelvorgang und meldet an F_{11} zurück. Die Regelkreise passen sich aneinander an. Es handelt sich offensichtlich um die Grundstruktur eines *adaptiven Regelkreises*.

Für die Analyse des Verkopplungskreises empfiehlt sich die Untersuchung einzelner Sonderfälle. Werden die Regelkreise F_{11} und F_{12} aufgetrennt dadurch, daß die Zeitkonstanten τ_1 und τ_2 gegen unendlich gehen, so bleibt die doppelt integrale Wirkung übrig. Technische Regelkreisanalysen lehren uns, daß derartige Systeme immer zur Instabilität neigen. Da der Sollwert zudem Null ist, entsteht eine Schwingung um den Nullpunkt, die wir als elektromagnetische Welle bezeichnen.
Wird eine der beiden Zeitkonstanten endlich, z. B. τ_2, so kommt es zur Wellendämpfung. Der "unterlagerte" Kaskadenregelkreis F_{12} regelt sich selber aus und besitzt jetzt ein proportionalverzögerndes Verhalten 1.Ordnung. Zusammen mit dem integralen Regler vom offenen F_{11}-Kreis zeigt der Verkopplungskreis das typische und mehr oder weniger optimale Regelverhalten einer gedämpften Schwingung.

Die Sonderfälle stimmen mit der mathematischen (Tafel 5.2) und der physikalischen (Tafel 5.3) Interpretation der fundamentalen Feldgleichung überein. Zusätzlich findet wegen der zweifachen Rotorbildung eine räumliche Drehung, eine Verwirbelung statt.

Regelungstechnisch interpretiert sind Wirbel das zeitlich stabile, räumliche Ausweichen eines Feldzeigers um einen Mittelpunkt, das Wirbelzentrum, herum.

Ohne Potentialwirbel gäbe es keine Stabilität, keine Materie, keine Energie und auch keine Information!

elektrisches Feld	—	magnetisches Feld
Spannung	—	Strom
Kondensator	—	Spule
Induktionsgesetz	—	Durchflutungsgesetz
Potentialwirbel	—	Wirbelstrom
Konvergenz	—	Divergenz
Dielektrizität	—	Permeabilität
Nichtmetall	—	Metall
Isolator	—	elektrischer Leiter
Hohlraumresonator	—	Stabantenne
kalt	—	heiß
Yin	—	Yang
weiblich	—	männlich
Minus	—	Plus
introvertiert	—	extrovertiert
Stabilität	—	Dynamik
Wasser	—	Feuer
Implosion	—	Explosion

Tafel 8.8: Tabelle dualer Korrespondenzen
(in Ergänzung zu Kapitel 3.3 und Tafel 4.2).

8.8 Information

Wie in Goethes Faust nachzulesen, war es schon immer ein Verlangen der Menschheit, zu erfahren, *"was die Welt im Innersten zusammenhält"*.
Die Suche nach einer Antwort war für zahlreiche Philosophen und Physiker gleichbedeutend mit der Suche nach einer Weltformel. Natürlich darf nicht vergessen werden, daß eine Formel nur eine mathematische Beschreibung und niemals die physikalische Wirklichkeit selbst ist. Sie ist ein mathematisches Werkzeug in der Hand eines Menschen und nicht etwa die Welt oder der Kosmos selbst, die er zu begreifen trachtet.
Was die Welt im Innersten zusammenhält, muß mehr sein als nur ein reiner Formelapparat. Tatsächlich sagt uns die fundamentale Feldgleichung mehr. Sie offenbart uns ein grundlegendes, *auf Dualität aufgebautes Prinzip,* bei dem sich die dualen Partner gegenseitig Sollwerte und Ziele vorgeben. Dieses Prinzip überzeugt durch seine Einfachheit und Leistungsfähigkeit. Neben der ***"Selbstregulation"*** besitzt es offensichtlich auch die grundlegende Möglichkeit einer ***"Selbstorganisation"*** und der ***"Generierung von Information"***. Die Feldgleichungen des hydromagnetischen Feldes sind also der Ausgangspunkt für die Entstehung nicht nur von Materie und Energie, sondern auch von Information. Danach gilt:

Information ist nichts anderes als eine Struktur elektromagnetischer Wirbelfelder!

Diese Aussage ist neu und weitgehend unvereinbar mit der Vorstellungswelt Norbert Wieners, der als Begründer der Kybernetik gilt. Von **N. Wiener** stammt der Satz: "Information ist Information, nicht Materie und nicht Energie".
Wir halten dagegen, daß offensichtlich eine ziemlich direkte Verbindung existiert. Wir haben uns erarbeitet, daß nur der Wirbel eine stabile adaptive Regelkreisstruktur aufweisen kann. Nur der Wirbel und nicht die Welle existiert in zwei zueinander dualen Ausbildungsformen, und das ***Dualitätsprinzip*** bildet wiederum die Voraussetzung für die Entstehung von Information, von Selbstorganisation und letztendlich für die Evolution. In Tafel 8.8 sind bekannte duale Partnerschaften aufgelistet. Daraus folgt konsequenterweise, daß für die *Erzeugung von Information* ausnahmslos die elektromagnetischen Wirbel in Betracht zu ziehen sind.
Wie aber kann es zu dieser so wichtigen Dualität kommen, wie kann sie entstehen? Diese Frage ist eng verknüpft mit der Frage nach der Entstehung von Wirbeln. Der Signalflußplan (Tafel 8.7) sagt dazu, daß die dualen Regelkreise F_1 und F_2 nur durch den Verkopplungskreis bestehen können, der ihnen die erforderlichen Sollwerte liefert und der zugleich die jeweilige Information weiterleitet. Auf diesem Wege der Schwingungen und der mehr oder weniger gedämpften Welle kommunizieren F_1 und F_2 miteinander.

Die elektromagnetische Welle dient allein der Vermittlung von Information und Energie.

Der Welle fällt damit eine zentrale Rolle zu, so daß auch umgekehrt gilt:

Ohne Welle kann es keine Wirbel, keine Dualität und letztendlich auch keine Evolution geben.

Die Grundlage sowohl für Materie und Energie als auch für Information bildet nach dem bisherigen Erkenntnisstand das kybernetische Grundprinzip. Da die Welle nur der Informationsübermittlung dienen kann, werden das Dualitätsprinzip und der *Wirbel als Informationsträger* fungieren. Wir sind berechtigt, von **Wirbelinformation** zu sprechen. Diese ist keineswegs durch besondere Frequenzen oder Modulationen von solchen gekennzeichnet. Die frequenzwandelnde Eigenschaft der Wirbel verhindert dies. Dagegen sind die unterschiedlichsten Wirbelkonfigurationen möglich und unzählige Kombinationen wie auch Modulationen denkbar.
Wenn technische Geräte Wirbel generieren, so erzeugen sie Information. Hier ist eine ernste Gefahr hinsichtlich der Umweltverträglichkeit nicht auszuschließen!

Entsprechungen:
* Elemente der fundamentalen Feldgleichung 15
* Elemente der griechischen Naturphilosophie
* Temperamente
* (Wachstumsimpulse)

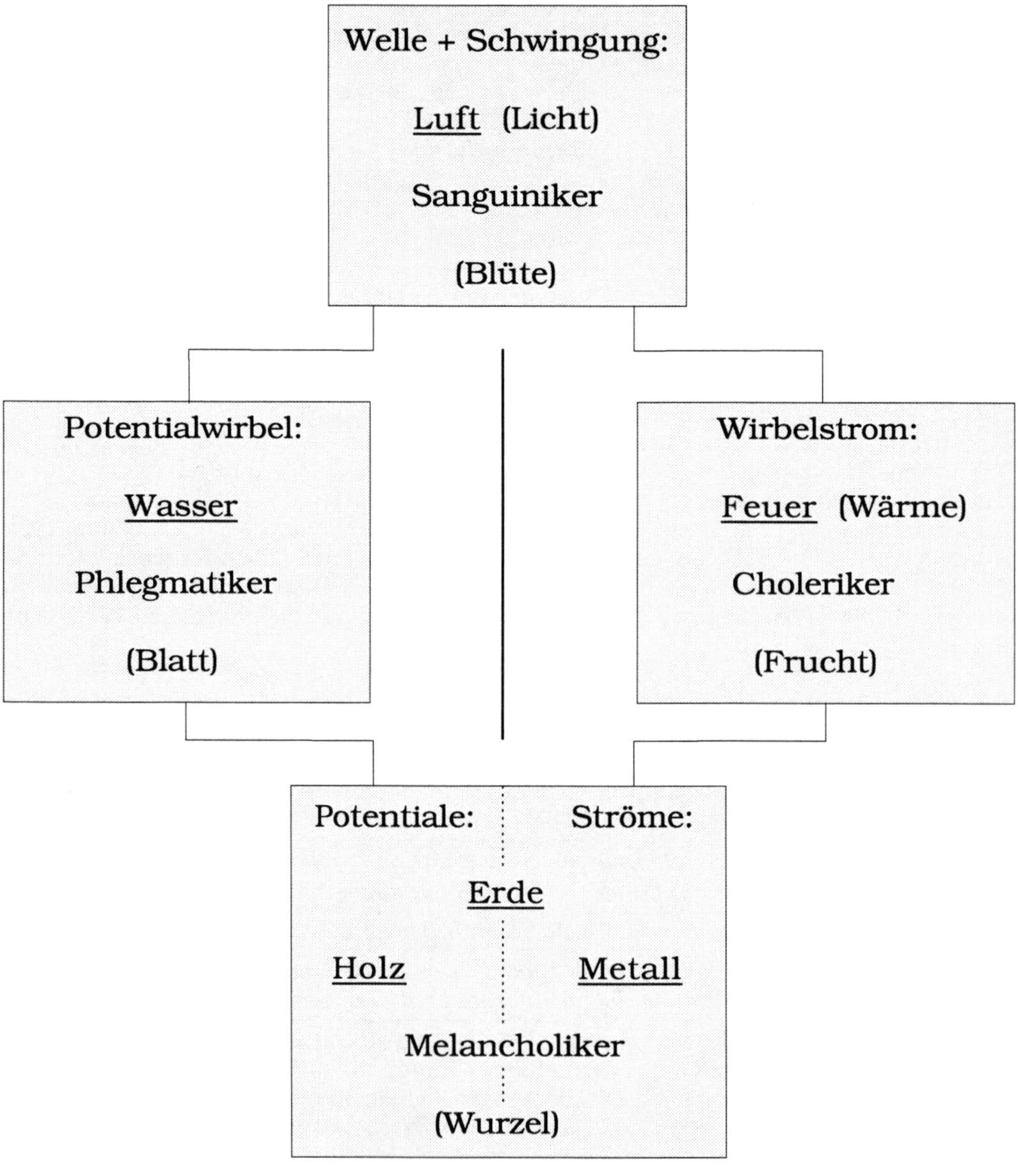

Tafel 8.9: Die Vierelementenlehre der altgriechischen Naturphilosophie (Aristoteles u.a.)

8.9 Naturphilosophie

Aus naturphilosophischer Sicht sind jetzt zwei duale Standpunkte möglich. Der optimistische würde lauten:
Wir und unsere Umwelt sind eine Folge des kybernetischen Prinzips einerseits und unseres relativistisch zu bewertenden Beobachtungsstandpunktes andererseits.
Wenn wirklich alles Elektromagnetismus sein soll, ein Phänomen, das für den Menschen nicht unmittelbar greifbar ist, so käme der Pessimist zu dem Schluß: *Alles ist Nichts. Was wir beobachten, ist nichts anderes als eine Sinnestäuschung.* Vielleicht haben deshalb berühmte Philosophen des Altertums, wie Empedokles oder Demokrit ihr Leben im Krater des Ätna beendet. Nach der Atomlehre des **Demokrit** (47O bis 38O v.Chr.) kommt es zur Entstehung von Materie, von Erde und Himmelskörpern durch **Wirbelbildung**!
Empedokles (482 bis 42O v.Chr.) hat als erster eine auf vier Elementen aufgebaute Lehre entwickelt, die von **Platon** (428 bis 348 v.Chr.) und **Aristoteles** (384 bis 322 v.Chr.) weitergeführt und verfeinert wurde. Danach sind diese Elemente ineinander wandelbar und mischbar. Aus ihnen sind alle Körper aufgebaut.
Natürlich sind die Begriffe "Luft, Wasser, Feuer und Erde", mit denen die Philosophen die vier Elemente bezeichnet haben, nicht identisch mit denen in unserer Übersetzung und Vorstellungswelt, sondern wurden stellvertretend zur Beschreibung des jeweiligen Grundprinzips in einem philosophischen Sinne verwendet.
Es hat auch schon unterschiedliche Ansätze gegeben, diese Begriffe anders zu übersetzen, z. B. durch eine Zuordnung zu den vier Aggregatzuständen (fest, flüssig, gasförmig, plasmatisch). Nur werden die antiken Texte dadurch nicht leichter lesbar.

Tafel 8.9 zeigt die naheliegende Zuordnung zu den vier Bausteinen der fundamentalen Feldgleichung 15. Es wäre ein Versuch wert, in den Übersetzungen antiker Texte die Begriffe zu tauschen und Luft mit Welle, Wasser mit Potentialwirbel und Feuer mit Wirbelstrom zu übersetzen. Der Begriff Erde hat zwei Seiten, die mit Potential statt Holz und Strom statt Metall zu übersetzen wären.

Versuchen wir es einmal mit der Lehre Platons[<i>], indem wir die Rede des Timaios über das Entstehen der Welt entsprechend neu übersetzen. Die Geruchswahrnehmung wird dann wie folgt beschrieben: *"...indem der Potentialwirbel in Wellen (oder) die Welle in Potentialwirbel übergeht, entstehen die Gerüche während dieses Übergangs, und Gerüche sind [ein] Rauch oder Nebel. Aber der Nebel bildet den Übergang von Wellen in Wirbel, den des Wirbels in Wellen aber der Rauch".*
Platon liefert hier eine einwandfreie und schlüssige Interpretation der fundamentalen Feldgleichung. In dieser Gleichung tritt der Potentialwirbel als Dämpfungsterm in der Wellengleichung auf, was für den Fall der sich zu Wirbel aufrollenden Wellen dem Beobachter darin zeigt, daß die elektromagnetischen Wellen und somit auch das Licht gedämpft werden. Wir sagen, die Sicht wird schlechter und sprechen von Nebel. Verschwindet die Dämpfungserscheinung wieder, indem sich die Potentialwirbel auflösen, so spricht Platon von Rauch.
Zahlreiche antike Texte, die bisher nur philosophisch "gedeutet" werden konnten, entpuppen sich auf diesem Weg als nüchterne lehrbuchmäßige Beschreibung naturwissenschaftlicher Phänomene. Sie werden mit den modernen technischen Begriffen überhaupt erst lesbar und für die Allgemeinheit verständlich.

<i>: Platon: Sämtliche Werke 5, Rowohlts Klassiker Nr. 47, S. 188, 66e

Optimist:

Wir und unsere Umwelt sind eine Folge des kybernetischen Prinzips einerseits und unseres relativistisch zu bewertenden Beobachtungsstandpunktes andererseits.

Pessimist:

Alles ist Nichts. Was wir beobachten, ist nichts anderes als eine Sinnestäuschung.

Platon<i> (Rede des Timaios über das Entstehen der Welt)
Beschreibung zur Geruchswahrnehmung:

"...indem Wasser (der Potentialwirbel) in Luft (Wellen) oder Luft (die Welle) in Wasser (Potentialwirbel) übergeht, entstehen die Gerüche während dieses Übergangs, und Gerüche sind Rauch oder Nebel. Aber der Nebel bildet den Übergang von Luft (Wellen) in Wasser (Wirbel), den des Wassers (Wirbels) in Luft (Wellen) aber der Rauch"

geänderte Übersetzung mit den technischen Begriffen:

Luft	=	Welle
Wasser	=	Potentialwirbel
Feuer	=	Wirbelstrom

Konsequenz:

Geruch ist Wirbelinformation

Tafel 9.0: Die Erklärung von Platon zur Entstehung von Geruch, von Rauch und Nebel<i>

<i>: Platon: Sämtliche Werke 5, Rohwohlts Klassiker Nr. 47, S. 188, 66e

9. Nutzung

Wenn das neu entdeckte Wirbelphänomen des elektrischen Feldwirbels existiert, dann wird es auch praktisch genutzt werden können. Während wir über technische Nutzungsmöglichkeiten noch reflektieren, besteht durchaus die Möglichkeit, daß die Natur den Wirbel längst erfolgreich einsetzt. Wir sollten genau hinschauen. Wir können von der Natur nur lernen!

Bemerkenswert an der Textstelle von Platon (Tafel 9.0) ist nicht nur die Tatsache, daß der Potentialwirbel vor zweieinhalbtausend Jahren bereits bekannt war und zur Interpretation herangezogen wurde, sondern auch die Erkenntnis Platons, daß während des beschriebenen Übergangs die Gerüche entstehen. *Geruch wäre somit eine Wirbeleigenschaft!*

Schließlich sind Wirbel in der Lage, Information zu binden, wie dem kybernetischen Grundprinzip entnommen werden kann. Mit dieser Wirbeleigenschaft und der Aussage von Platon wäre der *Geruch* offensichtlich nichts anderes, als *reine Information*, die von Potentialwirbeln gespeichert, verteilt und schließlich von den Riechhärchen der Nase eingefangen wird.
Wenn jetzt ein Hund eine Fährte aufnimmt, rennt er dann zurückgebliebenen Wirbeln hinterher oder analysiert er laut Lexikon die zurückgelassene Chemie, oder kombiniert er beides? Interpretiert der Spürhund beispielsweise die wirbelförmigen Schwingungen chemischer Substanzen wie Gitterschwingungen oder die Bewegungen der Elektronen in der Atomhülle? Viel Arbeit wartet hier auf den Wirbelforscher. Das Seminar wird Gelegenheit bieten, diese Thematik zu vertiefen<i>.

Erst wenn es Techniker gibt, die eine elektronische Kiste mit einem Drehknopf auf den Tisch stellen, an dem sie die gewünschte Duftnote von faulen Eiern bis Lavendel einstellen, können wir ehrlich behaupten, das Phänomen des Geruchs verstanden zu haben.

Für die Mehrzahl der Menschen gewinnt eine Theorie erst durch die praktische Anwendbarkeit ihren Sinn, und deshalb bleibt es uns nicht erspart, eine technische Nutzung auf der Basis der Wirbeltheorie zu entwickeln und vorzuführen.

<i>: Vorschläge für einschlägige Seminarthemen: die Bedeutung der Gerüche, des Geschmacks, der Aromatherapie, der Homöopathie oder der Wirkung ätherischer Öle. Dazu frühestens ab 1998 die Neuerscheinung:

K. Meyl: Elektromagnetische Umweltverträglichkeit, Teil 2, Umdruck zum Seminar, INDEL Verlagsabt. Villingen-Schwenningen, ISBN 3-9802 542-9-1

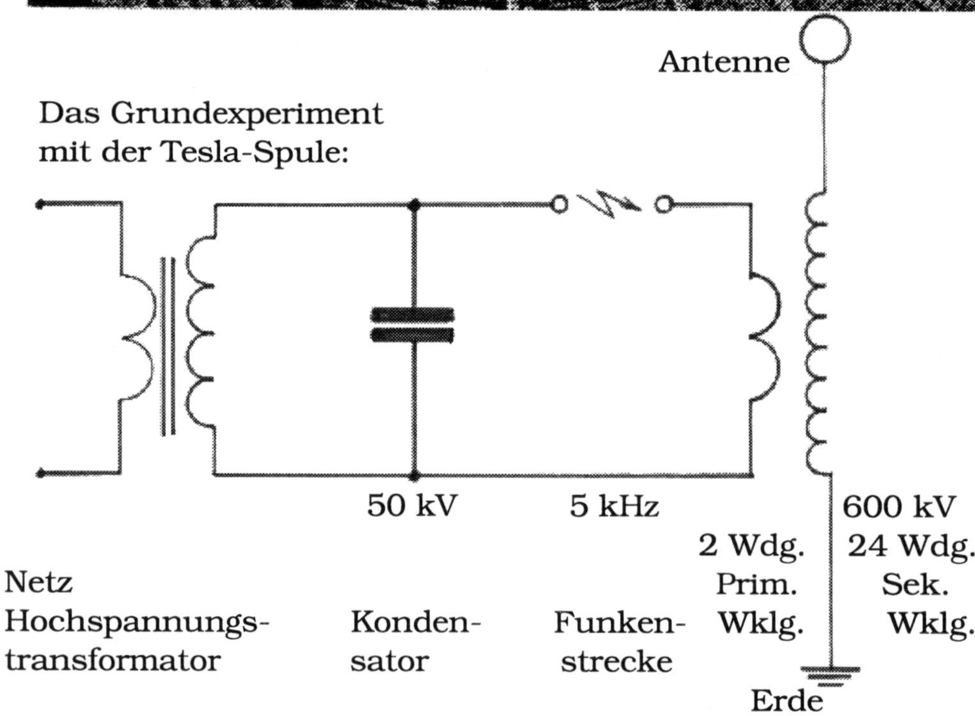

Tafel 9.1: Hochspannungssender von Nikola Tesla

9.1 Longitudinale elektromagnetische Wellen

Es ist wichtig, daß Experten um Problemlösungen ringen. Nur wenn die Grenzwertdiskussion zu keinem greifbaren und nachprüfbaren Ergebnis kommt, wird auch in der Umweltverträglichkeit die Bereitschaft wachsen, ein noch nicht bekanntes Phänomen als weitere und möglicherweise entscheidende Einflußgröße zu akzeptieren.
Schon vor hundert Jahren hat es einen Expertenstreit gegeben. Damals waren Wissenschaftler auf der ganzen Welt bemüht, die Experimente von Heinrich Hertz zu überprüfen. Da kam aus Amerika die Meldung, Hertz hätte sich geirrt und die elektromagnetische Welle hätte gänzlich andere Eigenschaften. In Europa war man empört, aber man mußte die Meldung ernst nehmen, denn schließlich kam sie von dem bedeutenden Experimentalphysiker **Nikola Tesla** (1856-1943), der mit seinen Erfindungen des Drehfeldes und des Asynchronmotors die heutige elektrische Energietechnik geprägt hat wie kein anderer.

Als Vermittler bestieg daraufhin Lord Kelvin einen Dampfer und fuhr 1897 nach New York, um Tesla vom Gegenteil zu überzeugen. Doch die Experimente, die Tesla seiner Lordschaft vorführte, ließen keinen Zweifel aufkommen[<i>], und so kehrte Kelvin mit der Botschaft nach Europa zurück: "Beide haben recht, Tesla genauso wie Hertz! Während die elektromagnetische Welle, die Hertz nachgewiesen hat, eine Transversalwelle ist, arbeitet Tesla mit einer Longitudinalwelle"!
Lord Kelvin fing daraufhin an, die unterschiedlichsten ***Wirbelmodelle*** zu zeichnen, denn es war ihm klar, daß eine Ausbreitung als longitudinale Stehwelle in Analogie zur Schallwelle nur denkbar ist, wenn quantisierte Strukturen vorhanden sind, die sich gegenseitig anstoßen. Kelvin ging deshalb von Wirbelstrukturen des elektromagnetischen Feldes aus. Seine Wirbelmodelle wurden veröffentlicht und landeten in der Kuriositätenkiste der Orthodoxen Wissenschaft.
Heinrich Hertz hatte einen großen Vorteil. Er konnte sich auf Maxwell berufen und seine Welle mit den Feldgleichungen berechnen. Für die moderne Technik ist die mathematische Berechenbarkeit geradezu eine unabdingbare Voraussetzung!
Für die Teslawelle hingegen gab es weder eine mathematische noch eine physikalische Theorie. Das einzige was Tesla hatte, waren vorzeigbare Experimente.
In Colorado Springs hatte er eine 10 kW-Sendeanlage erbaut und auf einem Berg in den Rocky Mountains 200 Leuchtstofflampen zu jeweils 50 Watt in einer Entfernung von 25 Meilen gezündet. Er hat damit die gesendete Leistung von 10 kW vollständig übertragen, wie den damaligen Presseberichten entnommen werden kann. Mit den sich räumlich ausbreitenden Hertz'schen Wellen wäre dieses Experiment selbst heute, nach über 100 Jahren, technologisch nicht realisierbar. Nach dem Gesetz des Abstandsquadrats bringt man in einer solchen Entfernung nicht einmal ein winziges Lämpchen mehr zum Glühen.

Sicherlich war Tesla seine Drehfeldtheorie bei allen Experimenten eine große Hilfe. Tatsächlich kann ein *Drehfeld als der Sonderfall eines ebenen Wirbels* angesehen werden.
So war Tesla offensichtlich in der Lage, den Potentialwirbel zu nutzen auch ohne ihn zu kennen. Tesla hat eine lose gekoppelte und wirbelförmig gewickelte Hochspannungsspule zu eigenresonanten Schwingungen angeregt und über eine Antenne die erzeugten Wirbel abgestrahlt (Tafel 9.1). Auf der Empfängerseite wurde der Vorgang wieder rückgängig gemacht.

<i>: N. Tesla: III. The Singular Misconception of the Wireless (Famos Scientific Illusions), Electrical Experimenter, Feb. 1919, p. 732.

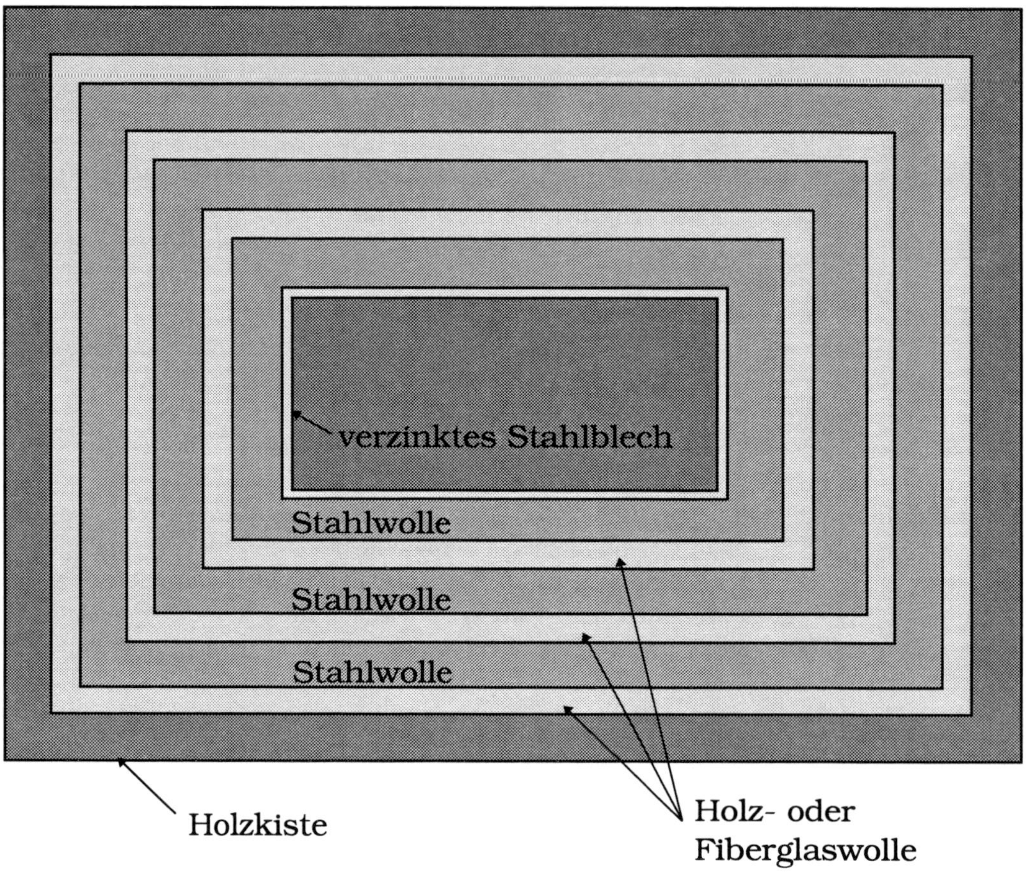

Tafel 9.2: Orgonakkumulator nach Wilhelm Reich<i>

<i>: Dr. James DeMeo: The Orgone Accumulator Handbook, ISBN 0-9261855-0-7

9.2 Medizinisch-technische Nutzung

Nikola Tesla war zu seiner Zeit überaus populär im Bereich der Medizin. Mit seinen Erfindungen wurden Verletzungen geheilt und Schmerzen gestillt. Auf seine Arbeiten geht die moderne ***Diathermie*** zurück. Nur hat Tesla damals die Patienten mit Wirbeln behandelt, während heute, möglicherweise aus Unkenntnis, elektromagnetische Wellen eingesetzt werden. Diese haben aber im Gegensatz zu Potentialwirbeln nur eine geringe Eindringtiefe. Zudem wird heute nur noch die Wärmewirkung betrachtet und in keiner Weise die informationstechnische Wirkung elektrischer Wirbel. Uns fehlt hier der Vergleich, um sagen zu können, ob die Behandlung mit einem Tesla-Apparat erfolgreicher war als mit modernen Mikrowellenstrahlern.

In die gleiche Richtung zielten die Experimente von **Wilhelm Reich** (1897-1957). Genau wie Tesla 55 Jahre zuvor wanderte auch Reich 1939 nach Amerika aus. Er hatte sich darauf spezialisiert, Wirbel, die er als "Orgon" bezeichnete, aus der Luft einzufangen und zu sammeln. Auf diese Weise konnte er hohe Energien über die Zeit aufspeichern und dann gezielt einsetzen. Mit seinem ***"Orgonakkumulator"*** war er in der Lage, Wunden schneller zu heilen und Schmerzen zu lindern. Er behandelte auch Krebs und viele Formen von Anämie. Technisch konnte Reich demonstrieren, daß sich aufgeladene Kondensatorplättchen unter dem Einfluß seines Gerätes schneller entladen. Sein Orgonakkumulator ist beispielsweise ein Holzkasten, gefüllt mit Stahl- und Holzwolle, die sich in Schichten abwechseln. Er begründet diesen Aufbau damit, daß Metalle die Orgonenergie abstoßen, während organische Stoffe sich aufladen und sie akkumulieren. Das gilt seiner Ansicht nach in besonders hohem Maße für Wasser.
Reich kommt zu dem Schluß, daß kein Stoff und keine Vorrichtung bekannt sind, mit denen die Orgonenergie abgeschirmt werden könne. Dies muß im Hinblick auf die Umweltverträglichkeit des Wirbelphänomens nachdenklich stimmen.
Ergänzend wäre noch zu erwähnen, daß Reich schon Ende der 4Oer Jahre auf das *Waldsterben* hingewiesen hat und eine direkte Verbindung zur Orgonenergie gezogen hat. Reich wurde verleumdet und verspottet und starb im Gefängnis von Connecticut, während seine Schriften öffentlich verbrannt wurden.

Nicht viel besser war es dem österreichischen Förster **Viktor Schauberger** (1885-1958) ergangen, der auch als Visionär bezeichnet werden kann. Er war in der Lage, Wasser mit einer besonders guten Leitfähigkeit herzustellen. Sein Wasser galt zudem als heilkräftig und gesund. Auch zu ihm kamen Krebspatienten von weit her angereist, um sich dieses Wasser zu holen.
Schauberger sprach von der naturgemäßen Behandlung des Wassers, was immer er darunter verstand. Jedenfalls baute er mit großem Erfolg Holzschwemmanlagen und sogar Erzförderanlagen mit sogenannten *Doppeldrallrohren*, die einen reibungsfreien Transport selbst von Stoffen ermöglichten, die schwerer als das ***"Transportmittel" Wasser*** sind. Es fand dabei nachweislich keine Berührung mit dem Rohr statt. Dies wurde an der TH Stuttgart 1952 von Prof. Pöpel wissenschaftlich untersucht und bestätigt. Ganz offensichtlich haben sich in dem Doppeldrallrohr Wirbel gebildet, die das zu transportierende Material gebunden haben (s. Transportphänomen).
Heute können Sie an über 1OO Verkaufsstellen in Europa *levitiertes Wasser* kaufen, von dem behauptet wird, es sei nach Vorgaben von Schauberger aufbereitet. Leider können wir ihn nicht mehr fragen, ob er mit so einem "zentrifugierten" Wasser einverstanden ist. So muß die Überprüfung der Wirksamkeit jedem selbst überlassen bleiben.

Zur Funktionsweise des Faraday-Generators ($\mathbf{E} = \mathbf{v} \times \mathbf{B}$):

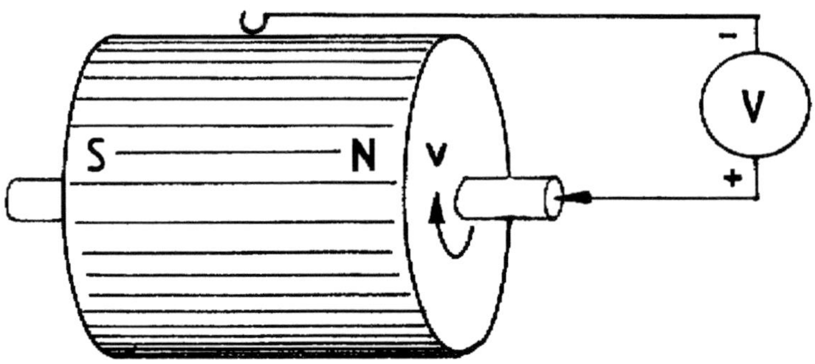

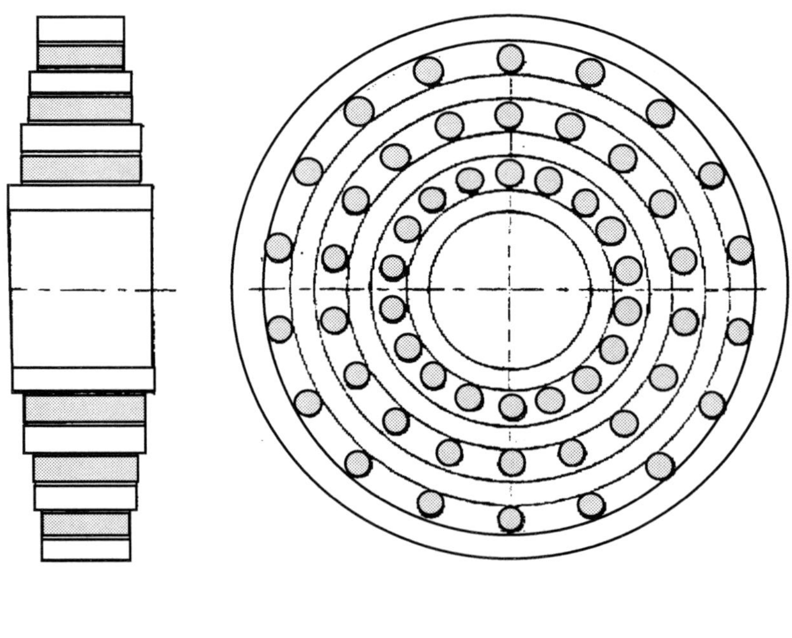

Tafel 9.3: Anwendungen des Faraday-Generators<1> in der Flugscheibe von Prof. John Searl

9.3 Flugobjekte

Das Medium von **Viktor Schauberger** war immer das Wasser. Er konnte mit ihm Lichteffekte und sehr hohe Temperaturen bei nur minimaler impulsförmiger Anregung erzeugen. Eine Anlage, die nach seinen Plänen bei der Firma Siemens gebaut worden war, war durch unsachgemäße Bedienung, wie er selber angibt, bei 4OOO°C schließlich durchgeschmolzen. Danach hätte die Maschine mehr Energie abgegeben, als aufgenommen, ein ***Perpetuum-Mobile*** also.
Die Staatsgewaltigen im Dritten Reich waren beeindruckt und steckten Schauberger in ein KZ, wo er zusammen mit Mithäftlingen unter ständiger Aufsicht den Auftrag hatte, eine ***"fliegende Untertasse"*** zu bauen. Bei ihm dreht sich alles um den Konzentrationseffekt und um die Nutzung der als Folge auftretenden ***Implosion*** als Gegensatz zu unserer heutigen "Explosions- und Feuertechnik" wie Schauberger sich auszudrücken pflegte.
Es ist nicht bekannt, daß Schaubergers *"Repulsine"* je abgehoben hätte.

Eine Scheibe, die ihre Flugtauglichkeit unter Beweis gestellt hat, wurde von dem englischen Techniker **John R. R. Searl** konstruiert und gebaut, obwohl er nach eigenen Angaben den Effekt nicht erklären kann. Auch hatte er große Schwierigkeiten, das Gerät unter Kontrolle zu bekommen. Eine Scheibe durchbrach die Decke und das Dach seines Labors und verschwand auf Nimmerwiedersehen. Fünf weitere Flugscheiben, die er nach dieser Erfahrung im Freien startete, gingen auf gleiche Weise verloren.
Ohne den Effekt zu kennen, konnte er natürlich auch die Gefahren nicht einschätzen. Schwere Verletzungen und ein Todesopfer hatten seine Experimente gefordert. Während er 1985 unter einem Vorwand ins Gefängnis gesteckt worden war, wurden sein Labor und sein Haus niedergebrannt und alle Unterlagen vernichtet. Jetzt arbeitet er an einer technischen Nutzung.
Dem Prinzip nach handelt es sich um eine ***Faraday-Maschine***. Dabei wird ein in axialer Richtung aufmagnetisierter Permanentmagnet gedreht. Jetzt wird das Flußdichtefeld B nach Gleichung 6O bei einer Relativgeschwindigkeit v als elektrische Feldstärke E gemessen:

$$\mathbf{E} = \mathbf{v} \times \mathbf{B} \quad . \qquad (6O)$$

Da die Vektoren senkrecht aufeinanderstehend angeordnet sind, entsteht in radialer Richtung (E-Feldrichtung) eine abgreifbare Spannung. Außer der Reibung tritt beim *Faraday-Generator keine weitere Reaktionskraft* auf. Wegen der geringen Energieausbeute existiert bis heute noch keine marktreife Applikation. Aber dieses Prinzip, magnetische Feldenergie in elektrische umzuwandeln, hat schon viele Erfindergemüter bewegt.

Professor Searl hat dieses alte Prinzip umgedreht. Während normalerweise die Geschwindigkeitskomponente zum Drehzentrum hin abnimmt, nimmt sie bei Searl zu. Dazu arbeitet er mit walzengelagerten konzentrischen Ringen, die er mit einem kleinen Elektromotor antreibt (Tafel 9.3). Dabei geschieht etwas für ihn selber Unerklärliches: Nach Abschalten des Motors nimmt die Drehzahl nicht wieder ab, sondern hörbar zu und steigert sich, bis das erzeugte elektrische Feld die bekannten ***Hochspannungserscheinungen*** zeigt: *Coronaentladungen, Ozonbildung, Ionisierung der Luft und Erzeugung eines Vakuums im Innern der Scheibe.*
Die Ringe und Walzen bestehen aus mehreren Schichten, die ähnlich wie ein Bimetall aufgebaut sind. Mir fällt dazu nur die Erklärung ein, daß durch die Zunahme des E-Feldes in Richtung Drehzentrum als Folge der physischen Längenkontraktion eine Strukturänderung auftreten würde, der sich die Bimetalle durch eine Steigerung ihrer Eigenrotation entziehen (Tafel 6.5). Zur Feldkompensation baut die Scheibe einen Spin auf, wie dies auch Elementarteilchen tun (Tafel 6.13). Während die Vakuumbildung Überschläge im Innern der Flugscheibe verhindert, und die Drehzahl ohne jede Luftreibung sich weiter steigert, hebt die 5 Tonnen schwere Scheibe mit einem Schlag vom Boden ab und schießt nach Berichten von Augenzeugen senkrecht nach oben.

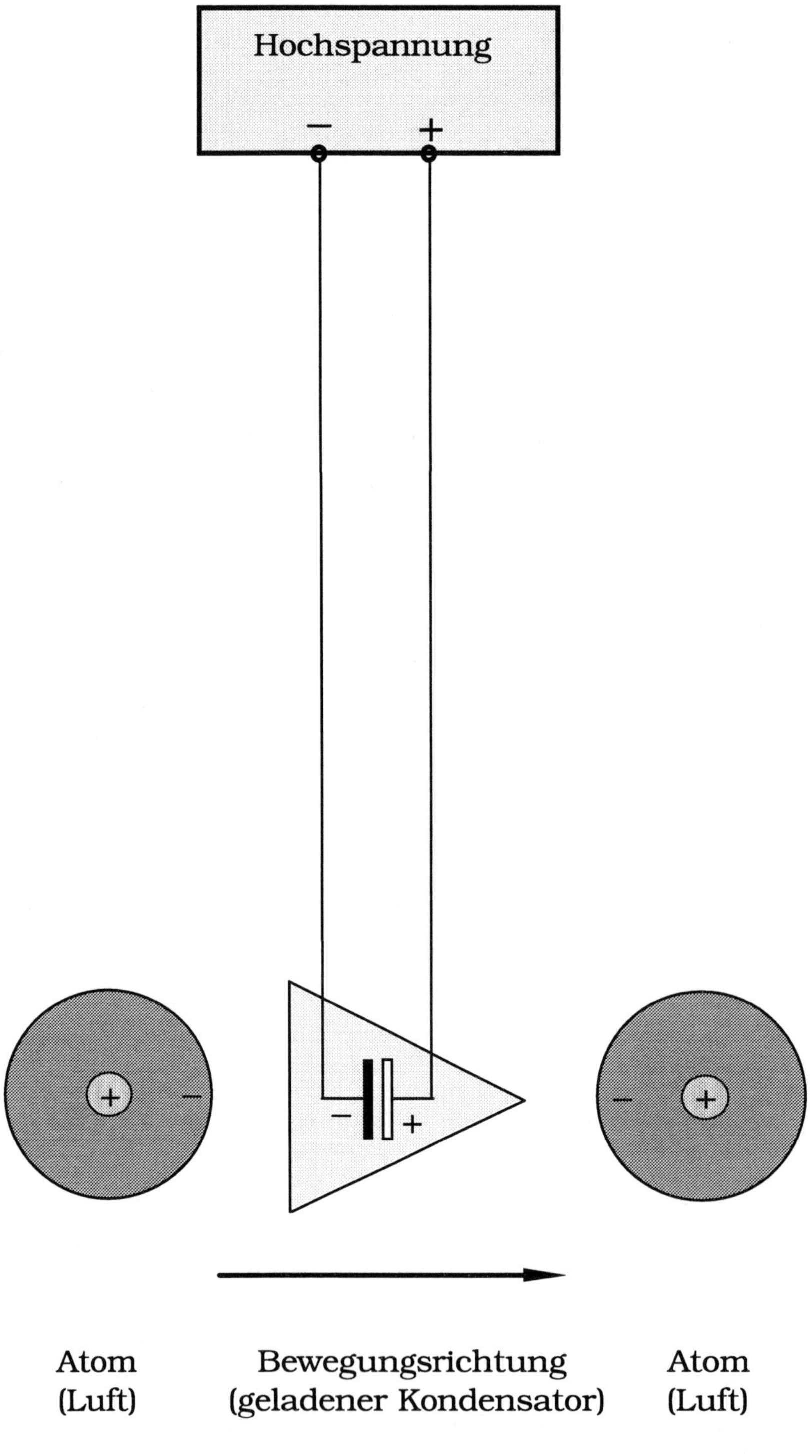

Tafel 9.4: Kondensatorexperiment zur angeblichen Elektrogravitation nach Prof. Biefeld/Dr. Brown

9.4 Elektrogravitation?

Um den Mechanismus des Fluges einer *"fliegenden Untertasse"*, die *lautlos* und *ohne Verbrennung* funktionieren soll, für die *keine Schallmauer* existiert, wie Piloten beobachtet haben, kursieren wilde Spekulationen. Es ist von der Aufhebung der Gravitation oder von einer *"Elektrogravitation"* die Rede.
Reproduzierbar ist jedenfalls ein Experiment, das von dem amerikanischen Professor **Biefeld** und seinem Schüler **T. Brown** ab 1925 systematisch untersucht worden ist. Danach zeigt ein auf Hochspannung aufgeladener Körper eine *Kraftwirkung in Richtung seines positiv geladenen Pols.* Zur Selbstkontrolle kann ein Kondensator an seinen Anschlußdrähten aufgehängt und beobachtet werden, wie er sich bei einer Aufladung sichtbar in Plusrichtung bewegt (Tafel 9.4).
Da der Biefeld-Brown-Effekt richtungsabhängig ist, kann es sich eigentlich gar nicht um Gravitation handeln sondern lediglich um eine unverstandene elektromagnetische Wechselwirkung. In der Umgebung der Kondensatorpole finden sich Luftmoleküle, und deren negativ geladene Atomhülle wird von dem Pluspol angezogen. Gleichzeitig wird der Atomkern abgestoßen. Dadurch werden die Luftatome in Gegenwart des Hochspannungskondensators unsymmetrisch, wodurch die Anziehungskraft wegen des geringeren Abstandes die Abstoßungskraft übersteigt. Am negativ geladenen Ende sind die Verhältnisse gerade umgekehrt. Es kommt zu einer Abstoßung.
Da die polarisierten Luftatome und Moleküle angesaugt werden, kann es auch nicht zu einem Staudruck und als Folge zu keiner Schallmauer kommen. Experimente mit aufgeladenen und mit ungeladenen Raketen haben das interessante Ergebnis gebracht, daß die elektrisch geladenen Raketen um ein Vielfaches weiter geflogen sind (5-6 mal so hoch)[<i>].
Manch einer fängt jetzt vielleicht an, vom fliegenden Teppich zu träumen, aber, wie gesagt, ein "Antigravitationseffekt" ist das nicht. Gibt es überhaupt "freie Energie", müssen wir uns fragen? Der sowjetische Physiker **Landau** errechnet aus der Gravitation für die Erdoberfläche eine Energiedichte von 16 Megawattstunden pro Kubikmeter. Sofort finden sich Erfinder ein, die diese *Schwerkraft-Energie* nutzen wollen.

Nikola Tesla hat in seinem Labor in Manhattan nebenbei ***Resonatoren*** gebaut, bei denen er *alle elektrischen, magnetischen und mechanischen Größen in eine Resonanz* bringen konnte. Bei einem Abendspaziergang befestigte er einen batteriebetriebenen Vibrator an dem Stahlgerüst eines Neubaus und ließ alles zittern und wackeln. Durch Unachtsamkeit war in seinem Labor ein solches Gerät einmal außer Kontrolle geraten und hatte ein ***Erdbeben*** ausgelöst. Dabei waren der Straßenbelag geplatzt, Rohrleitungen gebrochen und Fensterscheiben zu Bruch gegangen. Die in sein Labor eindringende Polizei konnte noch sehen, wie Tesla mit einem Vorschlaghammer das Experiment gewaltsam beendete.
Die außer Kontrolle geratenen Experimente von Tesla, Searl und Schauberger haben eines gemeinsam: *es handelt sich um* ***Konstruktionen mit unipolarer Feldanordung***.
Tesla hatte das magnetische Feld unipolar angeordnet, wie er selber berichtet hat, Searl hatte in einer dem Elektron ähnlichen Bauart elektrische unipolare Felder realisiert, und Viktor Schauberger hatte sich darauf spezialisiert, unipolare Strukturen mit Wasserwirbeln herzustellen.
Bei der entsprechenden technischen Nutzung, die als Auskoppeln der auftretenden ***"Spinkopplung"*** interpretiert werden kann, ist prinzipiell also höchste Vorsicht geboten.

<i>: Rho Sigma (Dr.Rolf Schaffranke): Forschung in Fesseln, das Rätsel der Elektro-Gravitation, Ventla-Verlag, Wiesbaden, 1972, Seite 67.

Nikola Tesla: „Ehe viele Generationen vergehen, werden unsere Maschinen durch eine Kraft angetrieben werden, die an jedem Punkt des Universums verfügbar ist. Diese Idee ist nicht neu, wir finden sie in den herrlichen Mythen des Antheus, der Energie aus der Erde ableitet... Überall im Weltraum ist Energie. Ist diese Energie statisch oder kinetisch? Wenn statisch, werden unsere Hoffnungen vergeblich sein. Wenn kinetisch - und wir wissen, daß dem sicherlich so ist - dann ist es nur eine Frage der Zeit, daß die Menschheit ihre Energietechnik erfolgreich an das eigentliche Räderwerk der Natur angeschlossen haben wird.“
New York, den 20.05.1891, Am.Inst. of Elektrical Engineers.

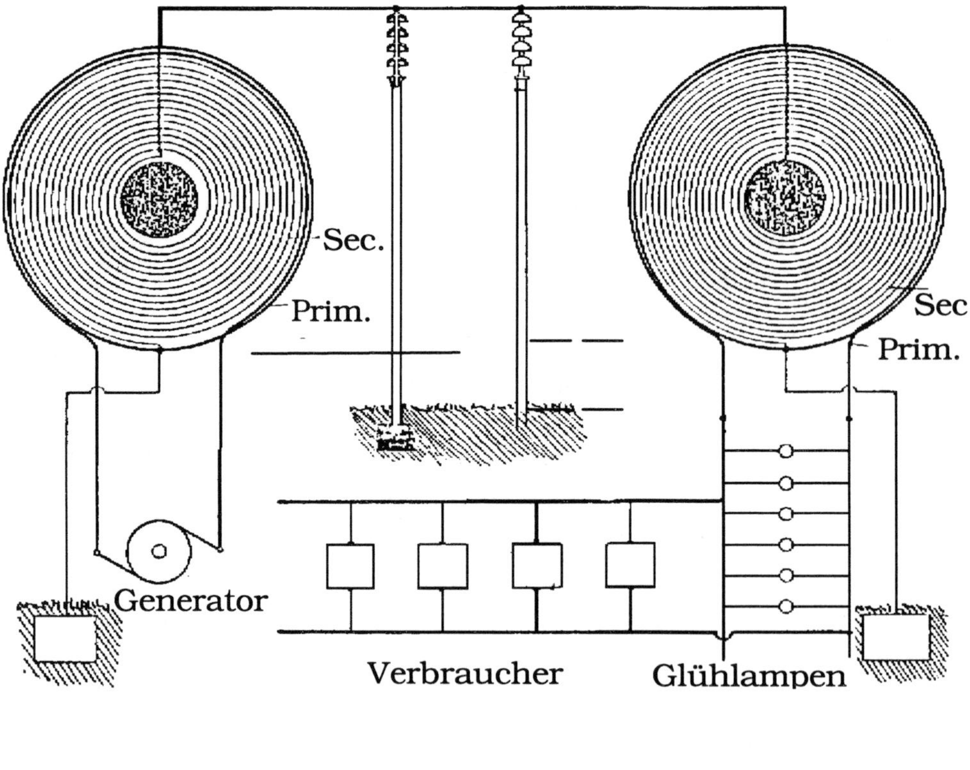

Tafel 9.5: Leitungsgebundene Energieübertragung, Teslas Patent No.593,138 (1897)

<i>: Philadelphia Public Ledger, Nov. 2, 1933
<ii>: Tesla's verschollene Erfindungen, VAP, Seite 36 und Seite 48, 49.

9.5 Freie Energie?

Weiterhin wird von **Tesla** berichtet, er habe einen ***"Raumenergiekonverter"*** entwickelt und 1931 in ein Luxusauto (Pierce Arrow) eingebaut<i>. Der Wagen war 145 km/h schnell, dabei leistete der Asynchronmotor (vermutlich von Westinghouse gebaut) 80 PS bei 1800 Upm. Die "freie Energie" bezog der selbstgebaute Konverter aus einer 1,8 m langen Antenne. Da der Motor ohne Frequenzanpassung im Schlupfbetrieb fuhr, mußte er dementsprechend gekühlt werden. Er war über eine Woche im Probebetrieb unterwegs.
Jetzt wollen wir natürlich wissen, worin diese "freie Energie" besteht, die Tesla genutzt haben will und von der er bereits 1891 vor dem American Institute of Electrical Engineers gesprochen hatte (Tafel 9.5).
Für das Elektron als Kugelwirbel haben wir eine elektrische Spannung von 511 kV zwischen seiner Kugeloberfläche und seinem Zentrum beziehungsweise dem Unendlichen errechnet (Gleichung 81*, Tafel 7.1). Die höchste gebräuchliche Spannungsebene zur Hochspannungsübertragung liegt bei 380 kV (Effektivwert); bei einer Gleichstromübertragung sind es 500 kV. Obwohl noch höhere Spannungen wünschenswert wären, werden sie gemieden. Dies ist kein Zufall. Versuche mit höheren Spannungen haben nämlich unerklärlich hohe Verluste ergeben.
Wir haben eine Erklärung: Die *Elektronen zerlegen* sich unterwegs! Ihre innere Energie summiert sich mit der äußeren zu Null. Der Ladungsträger, der im Kraftwerk als Resultat einer Energiewandlung auf die Reise geschickt worden ist, läuft bei Spannungen über 511 kV Gefahr, sich in Wohlgefallen (z. B. Korona) aufzulösen. Der Sender von Nikola Tesla hingegen (Tafel 9.1 und 9.5) arbeitete mit 600 kV und mehr. Er sagte, er habe bei seinen Versuchen *Milliarden von Teilchen zertrümmert ohne eine Energieaussendung beobachten zu können* und machte sich über die Einstein'sche Fehlinterpretation der schon damals bekannten Masse-Energie-Beziehung $E = mc^2$ lustig.
Zum Zweck einer Eindraht- oder einer drahtlosen Energieübertragung muß die Spannung demnach höher als 511 kV liegen. Bei Teslas Apparatur sollten die Elektronen jedoch nicht zerstört, sondern lediglich mit Hilfe der heute als *Teslaspule* bezeichneten Wicklung zu *ebenen Kreiswirbeln* auseinandergezogen werden. Diese konnten dann über die Antenne auf die Reise geschickt werden, um von der Empfangsantenne wieder eingefangen und in kugelförmige Elektronen zurückgebildet zu werden. Solange die Elektronen nicht auseinanderfallen, behalten sie ihre Struktur- und Quanteneigenschaft bei. Quanten geben eine Anregung, beispielsweise einen Stoß, in der Form einer longitudinalen ***Stehwelle*** weiter, indem ein Teilchen das benachbarte anstößt, in Analogie zu den Schallwellen, bei denen ein Gasmolekül den Stoß an den Nachbarn weiterreicht. Die Übertragung erfolgt daher als ***longitudinale Skalarwelle.***
Zu ebenen Wirbeln auseinandergezogen, haben die Elektronen auf ihrer Reise zudem *kein geschlossenes Wirbelzentrum* mehr. Bei der von Tesla in seinem Labor genutzten und öffentlich vorgeführten Eindraht-Energieübertragung (1897, Patent Nr. 593,138) erfolgte die Übertragung daher auch nicht im Draht, sondern *als Wirbel um den Draht herum.* Das erklärt, warum für eine demonstrierte Leistungsübertragung von 10 kW nur ein relativ dünner Leiter erforderlich war, der normalerweise hätte durchschmelzen müssen. Tesla konnte hingegen zeigen, daß der Draht kalt blieb und praktisch keine Stromwärmeverluste meßbar waren<ii> (Tafel 9.5).
Er sagte selber, daß diese Eindraht-Übertragungstechnik viel besser sei als die verlustbehaftete Drehstromtechnik, die ebenfalls von ihm stammte. Tesla muß die Grenze von 511 kV sehr genau gekannt haben, denn auf einigen Photos kann man sehen, daß er ab diesem Wert die Wickeltechnik änderte!

<i>: Philadelphia Public Ledger, Nov. 2, 1933
<ii>: Tesla's verschollene Erfindungen, VAP, Seite 36 und Seite 48, 49.

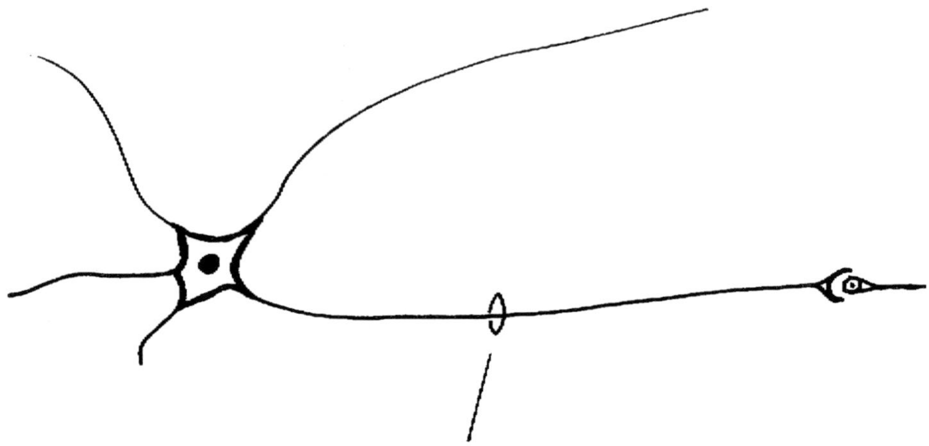

Nervenzelle:	"Aktionspotential"	Synapse
(= Verstärker)	(= elektrisches Signal)	(= Diode + Speicher)
Zellkörper (Soma)	Nervenfaser (Axon)	
	Nervenleitung mit 120 m/s	

Tafel 9.6: Nervenzelle und Nachrichtenverarbeitung (Neuronen)

- stoffliche Informationsleitung: bei Pflanzen
- hormonelle Informationsleitung: bei einfachen Tieren
- elektrische Informationsleitung: bei höherentwickelten Lebewesen
- digitale Übertragung: ab 10% Potentialunterschied und zusätzlich
- analoge Übertragung: Menge der Aktionspotentiale

9.6 Nervenleitung und Aktionspotential

Technische Lösungen sind häufig nur ein Suboptimum und manches Mal sind sie auch alles andere als ein Optimum. In vielen Fällen steht die Machbarkeit im Vordergrund. In der Frage der Stromverteilung fiel damals die Entscheidung für das schlechtere, das verlustbehaftete dreiphasige System, weil für die verlustfreie Eindrahttechnik keine Stromzähler zur Verfügung standen. Ohne vom Verbraucher abkassieren zu können, hätten die Energieverteilungsanlagen nicht amortisiert werden können.
Demgegenüber ist die Natur mit ihrem Ausleseprinzip gnadenlos und kompromißlos. Nur *das leistungsfähigste System hat eine Chance* zum Überleben und zur Verbreitung. Wenn es gilt, Informationen auf elektrischem Wege zu übermitteln und zwei unterschiedliche Prinzipien bieten sich an, dann wird in der Natur nur das bessere zum Einsatz kommen.
Werfen wir einen Blick auf die ***Nervenleitung*** im menschlichen Körper. In den Synapsen treten Ionenkonzentrationen auf und elektrische Potentiale von 70 bis 90 mV. Hier kann mit herkömmlichen Meßgeräten die Aktivität eines Nervenstrangs nachgewiesen werden. Aus einer Laufzeitmessung von Synapse zu Synapse wird die Signalgeschwindigkeit ermittelt. Wollen wir hingegen zwischen den Schaltstellen auf der Leitung messen, so müssen wir feststellen, daß beispielsweise mit einem Amperemeter überhaupt nichts meßbar ist. Zudem hat die Nervenfaser eine ***miserable Leitfähigkeit***.
Der Biologe nennt das elektrische Signal einfach ***"Aktionspotential"*** und zeichnet einen *wirbelförmigen Ring* um die Nervenfaser herum und spricht von einer gemischten digitalen und analogen Informationsübertragung.
Der Arzt wiederum kennt zwei verschiedene Typen, schnelle und langsame Nerven. Im Innern sind beide praktisch identisch aufgebaut. Ein charakteristischer Unterschied besteht darin, daß die *schnellen Nerven* mit einer *dicken Fettschicht* ummantelt sind.
Der Techniker würde sagen, sie sind besser isoliert, warum sie deshalb aber schneller sein sollen, das könnte er kaum beantworten. Nehmen wir hingegen an, daß die Aktionspotentiale oder unsere Potentialwirbel um den Leiter herum, also genau in der Isolationsschicht schwingen und weitergeleitet werden, dann wäre womöglich eine Erklärung gefunden.
*Die **Nervenleitung** hat zudem viele Gemeinsamkeiten mit dem **Eindrahtsystem von Tesla**:*

1. *Es werden Ladungen und elektrische Potentiale übertragen.*
2. *Dabei ist ein Transport von Ladungsträgern, also ein elektrischer Strom auf der Leitung nicht nachweisbar.*
3. *Folglich treten auch keine nennenswerten Verluste auf.*
4. *Entscheidend für die Funktion ist das dielektrische Isolatormaterial, das den Leiter umgibt und nicht der elektrische Widerstand des Leiters.*
5. *Im Gegensatz zu elektrischen Schaltkreisen ist ein Rückleiter entbehrlich.*

Es sieht so aus, als sei das Eindrahtsystem gar nicht neu, als würde es die Natur schon seit ewigen Zeiten in höchster Perfektion nutzen. Wir können uns sofort klar machen, warum unser *Kopf ohne Gerätelüfter* auskommt und wie die *hohe Signalverarbeitungsdichte* zu erklären ist. Verglichen mit unserem Kopf sind moderne Personalcomputer mit ihrer rückständigen Kabeltechnik weit weniger als ein Suboptimum.

Hinsichtlich der Umweltbelastung durch ***Störstrahlung*** hatten wir uns hergeleitet, daß Ströme und Wirbelströme mit dem Skineffekt ihre Strahlung nach außen richten, Potentialwirbel mit ihrem Konzentrationseffekt hingegen nach innen. Wohl aus diesem Grund ist das *Strahlungsfeld eines Menschen umweltverträglicher als das eines PC's*.

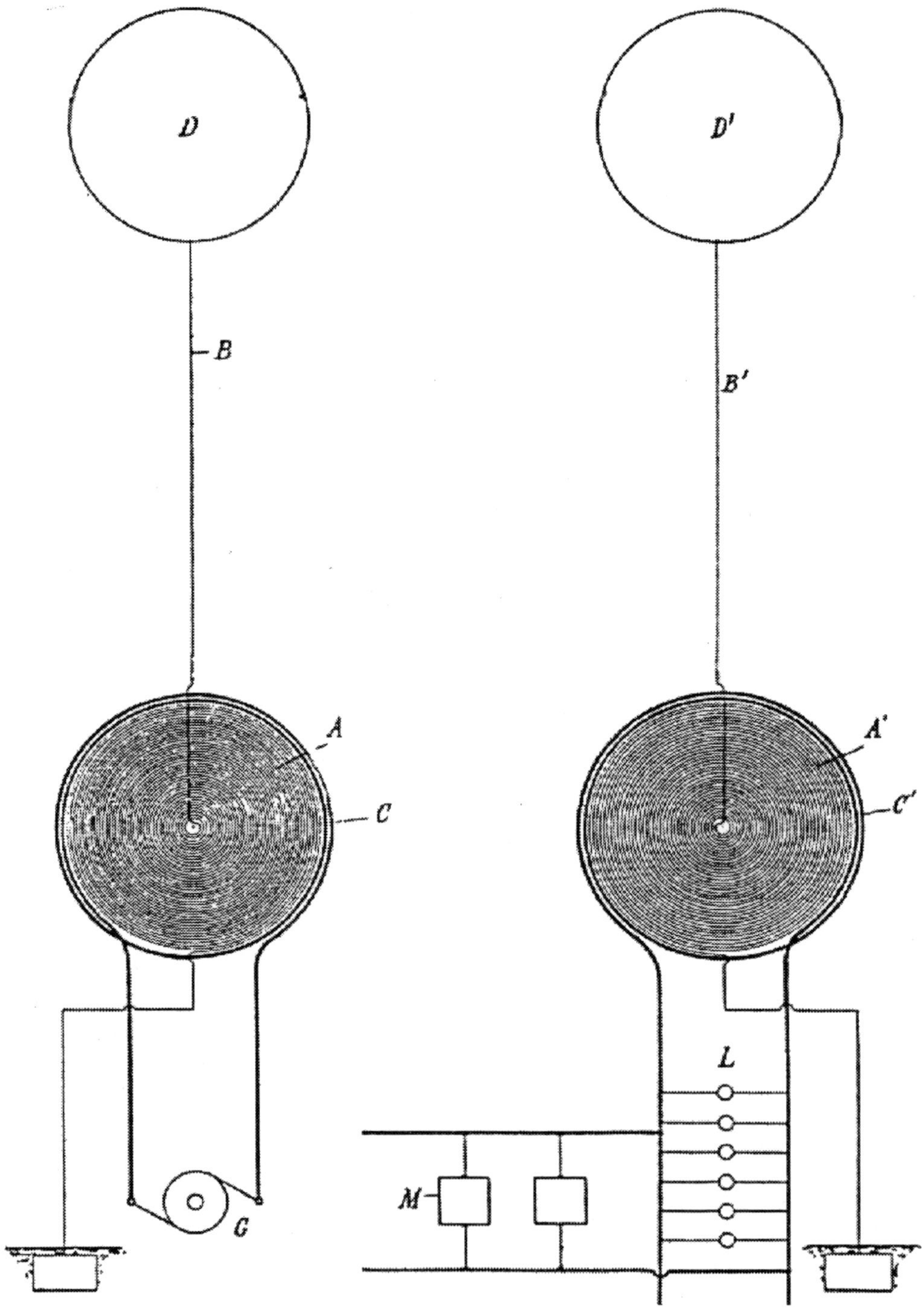

Tafel 9.7: Drahtlose Energieübertragung, Teslas Patent No. 645,576 (1900).

9.7 Drahtlose Energieübertragungstechnik

Tesla ist noch einen Schritt weitergegangen. Er hat die Drahtverbindung zwischen Sender und Empfänger (Tafel 9.5) gekappt und stattdessen jeweils eine Kugelelektrode montiert (Tafel 9.7). Mit dieser Einrichtung war er jetzt in der Lage, Energie auch völlig drahtlos zu übertragen (1900, Patent Nr. 645,576).
Auf diesem Prinzip aufbauend hatte Tesla bereits **1890** eine ***Funkfernsteuerung*** für ein batteriebetriebenes Tauchboot gebaut und der Marine sein patentiertes System vorgeführt. Doch die waren nicht in der Lage, die strategische Bedeutung der Funktechnik zu erkennen und lehnten mit den Worten ab: "It's too advanced!" (Tafel 9.8).

Weiter hatte Tesla mit dieser Technik den erwähnten Nachweis zur ***Existenz longitudinaler elektromagnetischer Wellen*** geführt. Es existieren Schilderungen zum Teil von Tesla selbst, wie er mit einem Meßempfänger innerhalb oder auch außerhalb seines Labors auf die Suche nach *Schwingungsknoten der Stehwelle* geht<i>.
Er nennt mehrere Bedingungen für die drahtlose Energieübertragung:

1. ***"perfekte Resonanz"*** (gleiche Frequenz) von Sender und Empfänger
2. Installation des Empfängers auf einem ***"Schwingungsknoten"*** (Maximum).

Bedeutsam ist auch die Messung der Ausbreitungsgeschwindigkeit, und die ist bei einer Welle, die in Ausbreitungsrichtung schwingt, von vorneherein nicht konstant. Aus der Erdbebenforschung wissen wir, daß die *longitudinalen Wellen schneller* sind als die ebenfalls auftretenden transversalen Wellen. Aus dem Laufzeitunterschied wird üblicherweise die Entfernung zum Epizentrum ermittelt.
In der Patentschrift ist die Messung beschrieben<i>. Tesla hat von seinem Sender in Colorado Springs longitudinale Funksignale einmal um die Welt längs der Erdoberfläche geschickt und eine Laufzeit von 0,08484 Sekunden ermittelt. Dies entspricht einer Frequenz von ca. 6 Hz. Er hat sein Resultat bestätigt gesehen, als er den Schwingungsknoten der stehenden Welle (nach $\lambda/2$) in seinem Labor wiederfinden konnte (auf der Masseplatte).
Bekanntermaßen liegt die Schumann-Resonanz, die eine stehende Welle einer um die Welt laufenden Hertz'schen Welle beschreibt, für die volle Wellenlänge λ bei 7,8 Hz! Ausgehend von dem Polradius der Erde von 6363 km berechnet Tesla für seine Welle die ***1,6-fache Lichtgeschwindigkeit.***
Auch dieses Meßergebnis bestätigt, daß Tesla die Hertz'sche Welle nicht benutzt hat. Über die abwegige Vorstellung Einsteins, die Lichtgeschwindigkeit sei die größtmögliche Signalübertragungsgeschwindigkeit, hat sich Tesla nur amüsiert. Wenn aber heute behauptet wird, es sei 1993 in Tunnelexperimenten erstmals Überlichtgeschwindigkeit gemessen worden, dann trifft dies einfach nicht zu. Möglicherweise hat auch die Teslawelle getunnelt, indem die Wirbel bei einer geringen Luftleitfähigkeit kontrahieren und als Folge der Längenkontraktion dementsprechend schnell werden.
Später ist es Tesla nach einigen vergeblichen Anläufen sogar gelungen, *als Tunnel eine Hochspannungsröhre* zu bauen, mit der die Signalgeschwindigkeit beliebig gesteigert werden konnte. Tesla verfolgte damit das Ziel, mit anderen Welten in Funkkontakt treten zu können<ii>.

<i>: N.Tesla: Art of Transmitting Electrical Energy Through the Natural Mediums, US-Patent No. 787,412, 18.4.1905.

<ii>: M. Cheney: Tesla, Man out of Time, Barnes & Noble Books, New York, 1993, und S. 309, Omega-Verlag, 1996, ISBN 3-930243-01-6

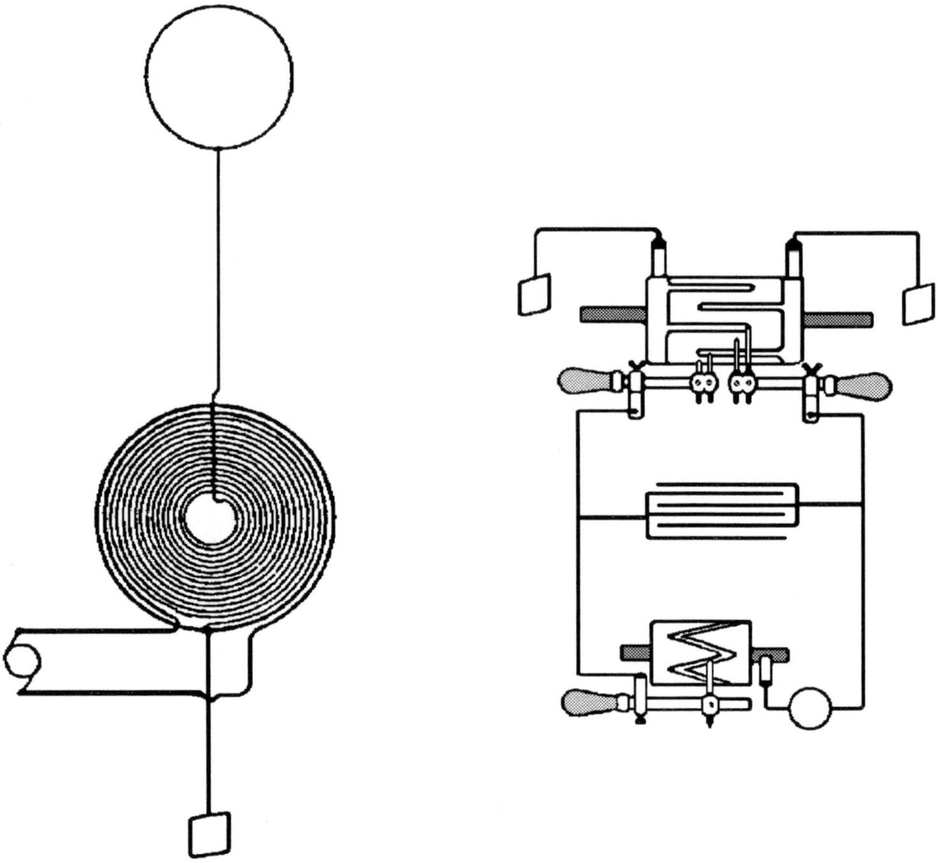

Rundfunk- Sender und Radio- Empfänger

Tafel 9.8: Energiewellen-Rundfunksystem
Tesla Patent No. 787, 412 (1900)

In heutiger schaltungstechnischer Schreibweise:

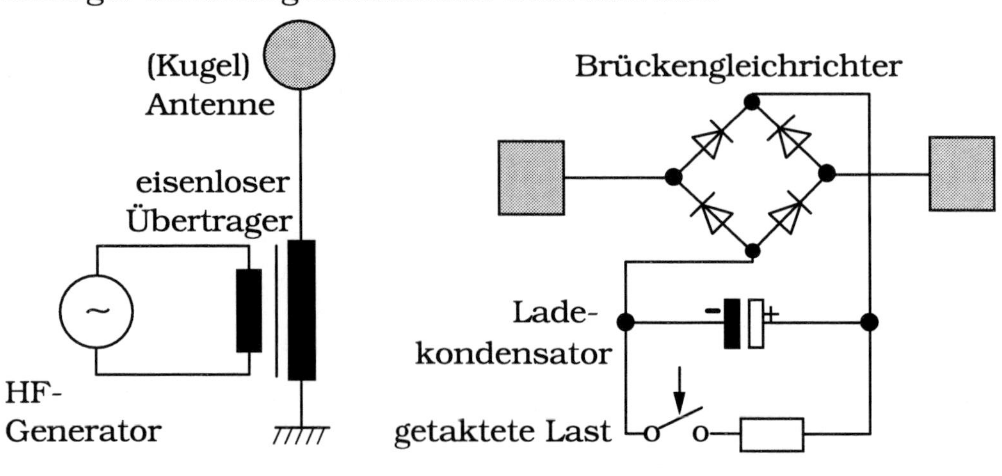

9.8 Meß- und Schaltungstechnik von Nikola Tesla

Als bedeutender und anerkannter Experimentalphysiker mit 14 Doktortiteln und Träger der Edisonmedaille hat Tesla stets an seinen Meßergebnissen festgehalten. Keine theoretische Interpretation sondern ausschließlich korrekt durchgeführte Messungen haben ihm die physikalische Wirklichkeit gezeigt. Nur waren aber die von Tesla gewonnenen Meßergebnisse schon vor 100 Jahren schwer verdaulich und mit keiner Theorie in Einklang zu bringen. Deshalb soll eine schaltungstechnische Analyse der von Tesla beschriebenen und durchgeführten Experimente uns jetzt Auskunft geben über die Natur der freien Energie, der Tachyonenenergie, des Orgons, oder wie auch immer phantasievolle Bezeichnungen lauten mögen.
Im Gegensatz zu heute käuflichen und sicher aus Unkenntnis meist zylinderförmigen Exemplaren ist die *Teslaspule* nach Vorgaben des Erfinders *eine wirbelförmig gewickelte Flachspule*. Deren Besonderheit ist wohl in dem Umstand zu sehen, daß durch den Spulendraht bewegte Ladungen zum Zentrum hin zwangsläufig ihre Winkelgeschwindigkeit erhöhen. Auf diese Weise werden die Elektronen, die zunächst kugelförmigen Elementarwirbel, zu Wirbelringen als ebene Scheiben auseinandergezogen.
Die als "Secondary" bezeichnete Flachspule schaltet Tesla zwischen zwei "Terminals". Anschließend schickt er, angeregt durch seine "Primary", Ladungsträger von einem Terminal zum anderen und wieder zurück und erzeugt eine ***stehende Resonanzschwingung***.

Meist ersetzt Tesla eines der beiden Terminals durch die Erde. Er geht dabei davon aus, daß jetzt die ***Erde als Kugelelektrode*** die Funktion des einen Terminals übernimmt. Das wiederum schließt er aus der Beobachtung, daß ein vom Sender drahtlos gespeistes Lämpchen ausgeht, wenn er die Masseverbindung auftrennt. Dabei bricht die Schwingung in sich zusammen. Radioapparate lassen sich dagegen auch ohne Erdung betreiben, wie wir wissen!
Der Wirkungsgrad der *heutigen Stromverteilungstechnik* liegt wegen der *Stromwärmeverluste* deutlich *unter 100 Prozent*. Ohne die Leitungsverluste liegt er bei der besprochenen *Eindraht-Energieübertragung nahe bei 100 Prozent*. Dabei werden die Wirbelringe schön der Reihe nach längs der Leitung geleitet und wie Perlen über eine Schnur gezogen. Dieses Ergebnis ist sogar zu erwarten, sofern kein Wirbel vom Draht "herunterhüpft" oder "zerfällt".
Bei der *drahtlosen Version* mußte Tesla jedoch zu seiner eigenen Überraschung feststellen, daß mehr Energie empfangen werden konnte, als sein Sender hergab. Der gemessene Wirkungsgrad lag *über 100 Prozent!* Seinen Sender nannte er deshalb einen ***"Magnifying Transmitter"*** (Tafel 9.10). Je weiter Sender und Empfänger voneinander entfernt waren, umsomehr stieg die empfangene Energie an. Tesla schloß hieraus, daß es freie Energie geben müsse und daß er diese mit eingefangen hätte.

Folgerichtig hat er einen ***Empfänger für freie Energie*** gebaut und zum Patent angemeldet (1901, Patent Nr. 685,957, Tafel 9.9). Die Energiemenge, so gibt Tesla an, hängt von der Größe des *"Terminals"* ab. Aus heutiger Sicht könnten wir geneigt sein, diese Empfängerplatte als Sonnenkollektor zu bezeichnen, aber wir müssen wissen, daß das Gerät *auch nachts* Energie erzeugte! Zudem war die Energieausbeute wesentlich höher als bei heutigen Sonnenkollektoren. Tesla sprach von ***"Radiations"***, von einer *unbekannten Strahlung* und hat Zeit seines Lebens vergeblich nach Erklärungshilfen gesucht.
Das Wirbelmodell wird uns auch in dieser Frage eine wertvolle Hilfe sein.

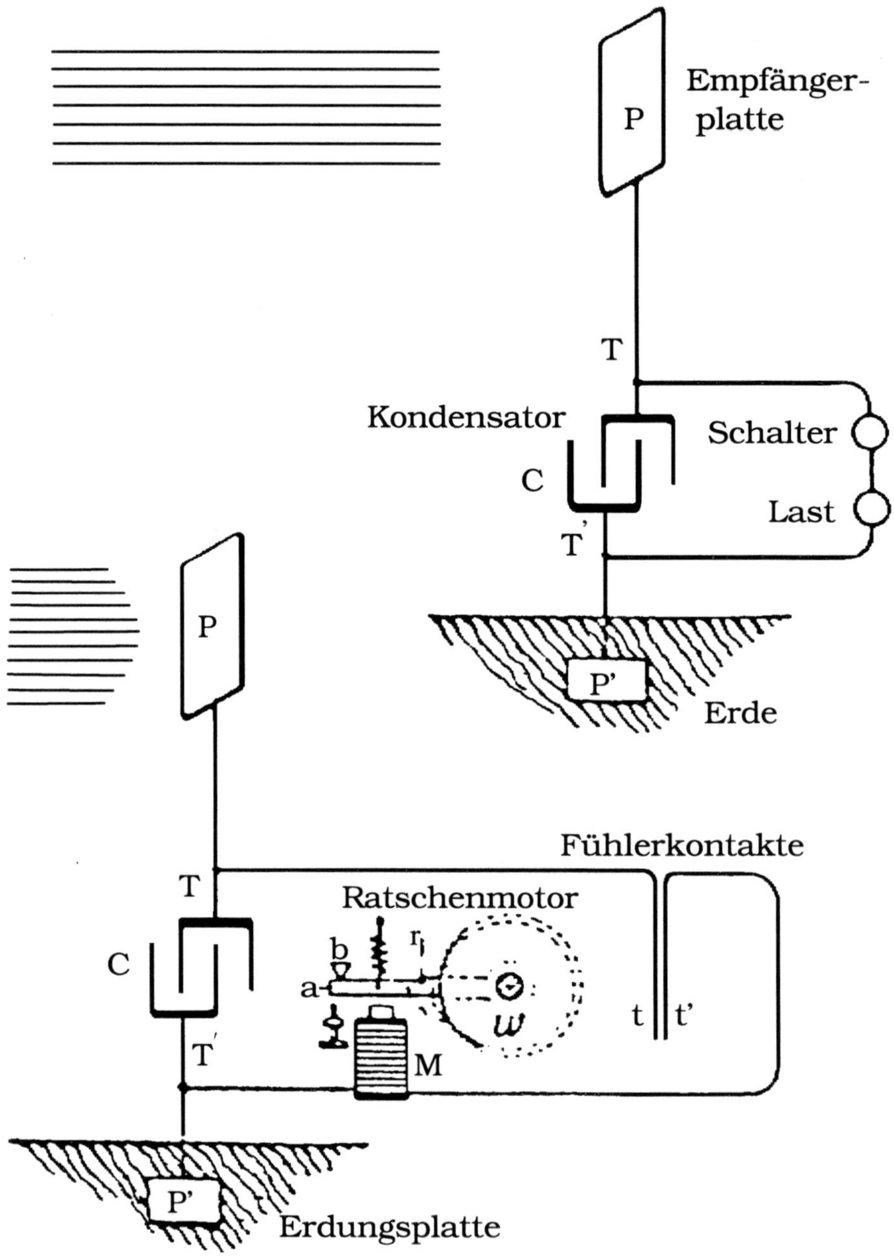

Tafel 9.9: Empfänger für „Freie Energie", Teslas Patent No. 685,957 (1901)

9.9 Energietechnische Nutzung

Die Antwort der Potentialwirbeltheorie könnte wie folgt ausfallen:
Wenn bei dem Übergang von der Eindraht- zur drahtlosen Übertragung den Ringwirbeln der Führungsdraht entwendet wird, fangen die Wirbel, wie bei strömungstechnischen Ringwirbeln beobachtbar, sofort an, umeinander zu drehen. Auf diese Weise zeigt der Ringwirbel im nächsten Augenblick sein Inneres. War er zuvor noch ein Elektronenwirbel (Tafel 4.3), so zeigt er sich jetzt als Positron, war er negativ geladen, so ist er jetzt positiv geladen. Anschließend schwingt er wieder zurück, usw. Somit besitzt der *Ringwirbel* im Mittel *keine meßbare Ladung* und *keine Masse,* da er abwechselnd Materie und Antimaterie bildet. Ohne Wechselwirkung besitzt er ein enormes *Durchdringungsvermögen.* In der Physik werden solche Teilchen als ***Neutrinos*** bezeichnet.
Tesla hatte also neben seiner gesendeten Energiewelle, die sich als Neutrinostrahlung entpuppt hat, zufällig synchron schwingende Neutrinos mit eingefangen.

Nach dem aktuellen Wissensstand durchdringen Neutrinos die Erde und treten auch auf der Nachtseite auf. Dabei beträgt die Größenordnung in jeder Sekunde ca. 66 Milliarden Neutrinos pro Quadratzentimeter. Es ist ein wahres Bombardement. Wären wir in der Lage, alle Neutrinos einzusammeln und zu wandeln, würde die gewonnene Energie vollständig ausreichen, um den Energiebedarf der Weltbevölkerung zu decken (ca. 27 W/m^2). Wir müssen sie lediglich materialisieren, ihnen also Masse, Ladung und die notwendige Ortsfestigkeit verpassen. Tesla war dazu experimentell in der Lage! Halten wir fest:
Bei den Ringwirbeln, die Tesla mit seinem Sender als *Elektronen mit offenem Wirbelzentrum* auf die Reise geschickt hat, handelt es sich um *Neutrinos* (Tafel 7.12). Tesla verlangt, daß Sender und Empfänger *in Resonanz,* also mit der ***gleichen Frequenz*** arbeiten. Unter dieser Bedingung sammelt der Empfänger alle schwingenden Wirbel ein, so daß keiner verloren geht.
Wenn die Neutrinos beim Verlassen der Sender-Elektrode beispielsweise gerade positiv geladen sind, dann findet eine ***elektromagnetische Anziehungskraft*** statt, wenn die Empfängerelektrode zum gleichen Zeitpunkt negativ geladen ist. Der geforderte Betrieb mit der gleichen Frequenz bei entgegengesetzter Phasenlage garantiert, daß auch im nächsten Augenblick, wenn beide, das Neutrino und der Empfänger, ihre Polarität gewechselt haben, die elektromagnetische Anziehung erhalten bleibt.
Es ist naheliegend, daß fremde vorbeifliegende und zufällig synchron schwingende Neutrinos ebenfalls angezogen werden. Dadurch steigt die im Empfängerkondensator gesammelte Leistung weiter an und Wirkungsgrade von über 100% sind erreichbar. Tesla entlädt den Empfänger-Kondensator mit der Resonanzfrequenz getaktet (Tafel 9.9) und weist auf die Schwierigkeit einer exakten Einhaltung der ***Synchronisationsbedingung*** hin.
Tesla hat zwar an einer eigenen Theorie gearbeitet, sie aber nie veröffentlicht. Das Patentamt und seine Anwälte mußten von der Maxwelltheorie ausgehen, obwohl Tesla nur zu gut wußte, daß seine Geräte mit dieser Theorie in keiner Weise beschreibbar sind. Es ist folglich nicht auszuschließen, daß bedeutende Fakten in seinen Patentschriften gar nicht erwähnt - oder schlimmer noch - bewußt oder unbewußt mit der Maxwelltheorie in unzutreffender Weise erklärt worden sind.
Vielleicht ist dies der tiefere Grund, warum die zahlreichen Tesla-Nachbauten nicht so recht funktionieren wollen. Mit der neuen Theorie dürfte sich da einiges ändern, und wir sollten die Herausforderung zum Wohle der Menschheit annehmen.

Teslas Funkturm (57m hoch mit einer 21m Kugelelektrode) zur Übertragung im Multiplexbetrieb (laut Erfinder) von:

- Telefonaten
- Telegraphen- und
- Fernschreibdiensten,
- Rundfunksendungen,
- Navigations- &
- Zeitsignalen,
- Bildsignalen

Tafel 9.10: Der geplante Tesla-Sender Wardencliff auf Long Island, 7,5 MW (1902).

9.10 Umweltverträglichkeit

Wir können jetzt die verschiedenen Beobachtungen zusammenfassen und versuchen, auf die im ersten Kapitel aufgeworfenen Fragen zur elektromagnetischen Umweltverträglichkeit Antworten zu finden.
Die von Tesla benutzte ***longitudinale Energiewelle*** ist im Sinne der Kelvin'schen Wirbelmodelle eine ***Potentialwirbelwelle***, die wir wiederum als ***Neutrinostrahlung*** (Dirac) identifizieren konnten. Es sind auch noch andere zum Teil recht phantasievolle Bezeichnungen bekannt wie *"Radiations"* (Tesla), *"Orgonstrahlung"* (Reich), *"Tachyonen"* (Feinberg), *"Gitternetzstrahlung"* (Hartmann), *"Biostrahlen"* oder *"Wasseradern"*.
Mit Wasser haben diese Strahlen ursächlich überhaupt nichts zu tun. Mit der hohen Dielektrizität begünstigt und beeinflußt Wasser jedoch den Verlauf und die örtliche Verteilung der Strahlung. Die Maxima der Stehwelle für sich betrachtet ergeben kerzengerade Linien in der Landschaft. Von Tesla ist bekannt, daß er die Kreuzungspunkte von Linien, die er als Schwingungsknoten bezeichnete, meßtechnisch nachweisen konnte.
Es gibt sogenannte Rutengänger, die können diese ***Stehwellen*** auch ohne technische Hilfsmittel ausmachen. Sie halten dazu eine Gabel in der Hand, die über solchen Linien plötzlich ausschlägt.
Erinnern wir uns, daß dieselben Potentialwirbel bei der Nervenleitung als *Reaktionspotentiale zur* ***Reizleitung*** Verwendung finden. Wenn bei einem Muskel Ringwirbel auflaufen, kontrahiert er ohne zu wissen, ob das Signal über das Rückenmark vom Kopf geschickt oder aus der Umgebung über die Gabel und die Hand eingekoppelt wurde.

Wenn also dieselben Signale, die wir zu Aufgaben des Steuerns, Regelns und Denkens nutzen, auch noch von technischen Geräten erzeugt werden, dann berührt dies die Frage der Umweltverträglichkeit in unmittelbarer Weise. Über extrem starken Resonanzpunkten, die als "geopathogene Zonen" bezeichnet werden, wird mitunter sogar vor *"Psychotronics"* gewarnt, einer Funktionsstörung des Gehirns, die sich in einer *Störung des Wachbewußtseins* äußern kann.
Eine mögliche Erklärung wäre die, daß der Kopf mit derart vielen, von außen eingekoppelten Wirbeln beschäftigt wird, daß er nicht mehr dazu kommt, seine eigentlichen Aufgaben zu erledigen. Bei *Muskelkrämpfen* oder bei einem unerklärlichen Absturz eines PC wäre eine entsprechende Interpretation naheliegend.
Solange keine Meßgeräte zur Verfügung stehen, ist höchste Vorsicht geboten!

Hätte Tesla seinen Sendeturm für Longitudinalwellen ("World Telegraphy", Wardenclyffe, Long Island, s. Tafel 9.10) mit der geschätzten Leistung von 7,5 Megawatt in Betrieb nehmen und seinen Traum von einer weltweiten drahtlosen Kommunikation realisieren können, dann hätte dies kaum abschätzbare Konsequenzen für die Gesundheit der Weltbevölkerung bedeuten können.
Kurz vor der Vollendung des Projekts ließ Tesla im Jahre 1905 unvermittelt alle Arbeiten stoppen. Er hat dazu nie jemandem eine Erklärung abgegeben. Offiziell hieß es, sein Geldgeber **J. P. Morgan** hätte seine Finanzmittel zurückgezogen. In jedem Fall war Tesla mit diesem Schritt finanziell ruiniert.
Vielleicht steckte auch **T. A. Edison** dahinter, der sein damaliger Gegenspieler war. Dieser setzte sich engagiert für die Verwendung von Gleichstrom ein. Gegen den von Tesla bevorzugten Wechselstrom argumentierte Edison mit ***gesundheitschädigenden Risiken,*** und damit hatte er vielleicht gar nicht so unrecht.

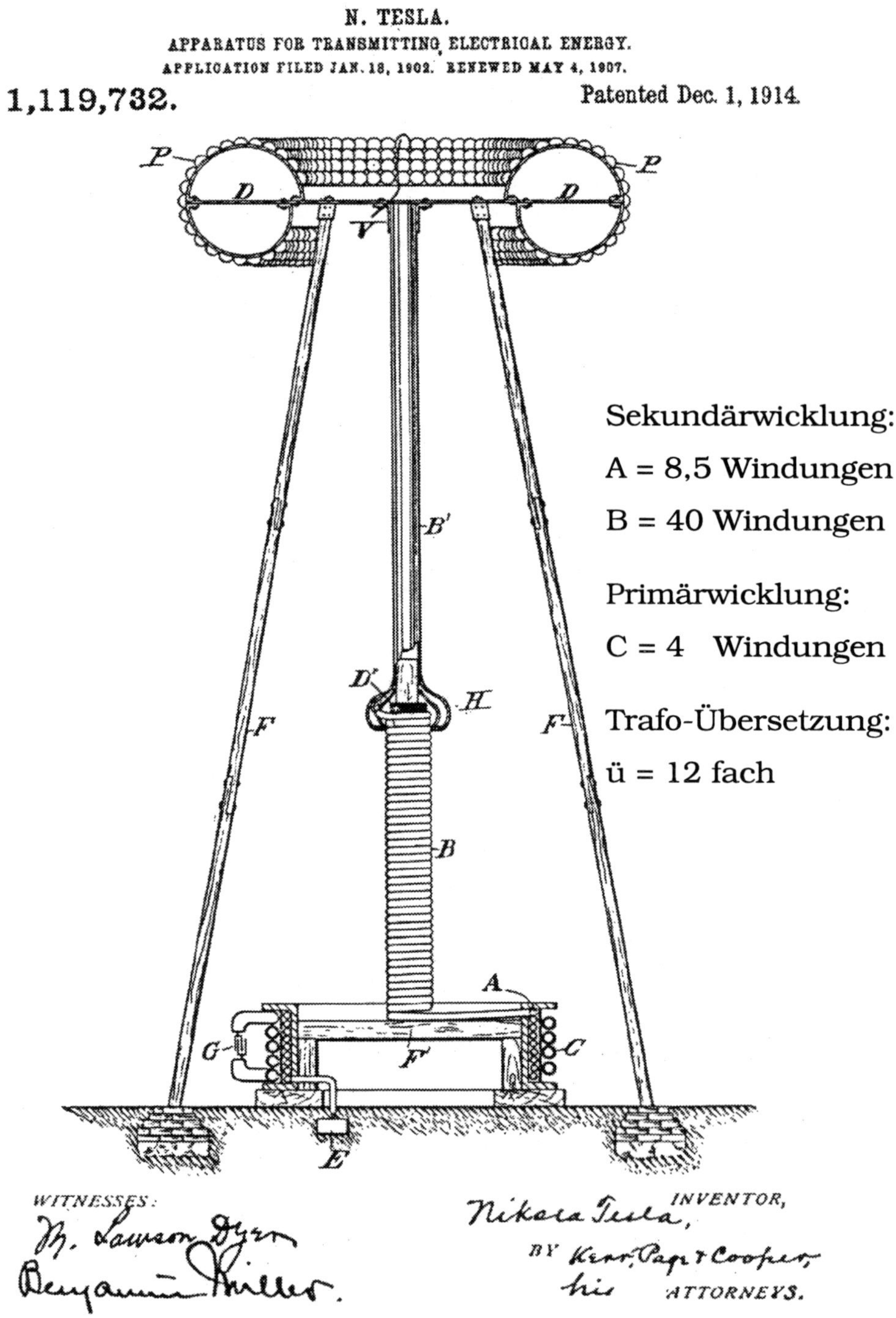

Tafel 9.11: Zur Technik des Wardencliff-Senders (Tafel 9.10)<i>.

<i>: Dr.Nikola Tesla: Complete Patents, (J.T.Ratzlaff), Tesla Book Company (1983), ISBN 0-960356-8-2, S. 435.

9.11 Umweltgerechte Nutzung

Tesla hat nicht nur umweltgerechte Nutzungen der Energiestrahlung angeregt. Dazu können der Einsatz eines Teslasenders als ***Strahlenwaffe***<i> genauso gezählt werden, wie der erwähnte Bau von einem ***Tesla-Interferometer***, dessen niederfrequente Interferenzen zu mächtigen Gravitationswellen führen können und mit Hilfe derer es möglich sein soll, Erdbeben zu erzeugen, Schiffe zu versenken oder Flugzeuge vom Himmel zu holen<i>. Vor dem Hintergrund zweier Weltkriege ist zu verstehen, warum Tesla auf die Möglichkeiten einer Nutzung seines Systems zu Verteidigungszwecken aufmerksam gemacht hat.

Eine Technologie wie Tesla's ***drahtlose Energieübertragung*** (Tafel 9.11) hätte aus heutiger Sicht kaum noch Chancen auf eine großtechnische Nutzung, da mit enormen Umweltverträglichkeitsproblemen zu rechnen wäre. Schließlich war bei unseren Überlegungen herausgekommen, daß ganz im Gegensatz zur Hertz'schen Welle gerade von der Tesla'schen Energiewelle unmittelbar biologische Wirkungen zu erwarten sind. Eine gezielte medizinische Nutzung der Teslastrahlen hingegen ist vorstellbar.

Das Einsammeln von "freien" Energiewellen mit einem ***Neutrinoempfänger*** wäre zunächst zweifellos eine saubere und umweltgerechte Alternative zur gegenwärtigen Energietechnik, bei der wir unsere Umwelt atomar verseuchen oder verheizen. Aber auch dem Einsatz freier Energiekonverter sind Grenzen gesetzt. Sollte sich herausstellen, daß die ***Photosynthese*** eine solche Materialisation nutzt, indem im sogenannten Reaktionszentrum das für die chemische Reaktion erforderliche freie Elektron überhaupt erst aus einem eingefangenen Neutrino gewonnen und so die Reaktionsenergie hergestellt wird, dann ist bei einer wie üblich exzessiven Nutzung durch den Menschen nicht mehr auszuschließen, daß die Pflanzen auf der Erde eingehen und nichts mehr wächst!

Dafür räume ich der ***Eindraht-Übertragungstechnik*** große Chancen ein. Da für eine Nutzung alternativer und regenerativer Energiequellen wie der Sonne in der Wüste oder der Erdwärme in Island der Energietransport über große Entfernungen durch die Weltmeere zu erfolgen hat, spielen die geringen Verluste und die Möglichkeit, Seekabel nutzen zu können, eine große Rolle. In den Wohn- und Ballungsgebieten wiederum wirkt sich positiv aus, daß durch den Konzentrationseffekt der Potentialwirbel die *Störstrahlung* nach innen gerichtet ist. Auf dem Grund eines Meeres oder eines Flusses verlegt, ist so eine Leitung zudem gegen Blitzeinwirkung und Sabotage geschützt, und sie verschandelt auch nicht die Landschaft, wie die altmodischen Hochspannungsmasten.

Für Transportaufgaben wäre die erwähnte ***Spinauskopplung*** sicher die geeignetste Antriebsart. Je dichter das Medium, umso effizienter wäre der Vortriebseffekt, weshalb nicht nur Flugobjekte, sondern ganz besonders auch Schiffe und Tauchboote auf diesem Weg ohne Verbrennung und ohne Abgase umweltfreundlich betrieben werden könnten. Staueffekte durch den Wasserdruck oder die Schallmauer treten nicht auf.
Steuerung und Kontrolle dürften allerdings nicht ganz unproblematisch sein. Wenn auf Grund einer ***unipolaren Feldanordnung*** eine Relativgeschwindigkeit zur Feldkompensation notwendig wird, dann dreht eine entsprechend aufgebaute Anordnung hoch ohne Rücksicht auf Verluste. Nicht umsonst sind die meisten bekannt gewordenen Geräte dem Erbauer früher oder später "um die Ohren geflogen". Bis zum Bau einer kommerziell nutzbaren fliegenden Untertasse werden noch viele technologische Hürden zu nehmen sein.

Forderungen an eine zeitgemäße Umweltpolitik

hinsichtlich longitudinaler elektromagnetischer Energiewellen = Teslawellen = Neutrinostrahlung = Potentialwirbelwellen:

1. Meßgeräte müssen entwickelt und gebaut werden, mit denen sich die Energiewellen messen lassen.

2. Alle technischen Geräte sind bezüglich der Aussendung von Energiewellen zu überprüfen. Schädliche Strahlung ist zu vermeiden.

3. Es dürfen nur solche Sendeantennen zum Einsatz kommen, die ein Minimum an Energiewellen ausstrahlen.

4. Das Absorptionsvermögen biologischer Systeme für Energiewellen ist zu ermitteln. Dazu gehört auch die Frage, wie viele Wirbel sich örtlich festsetzen und wie schnell diese zerfallen.

5. Grenzwerte für zulässige Belastungen durch künstlich hervorgerufene Energiewellen sind festzulegen, Vorschriften und Gesetze zu erlassen.

6. Die in der Natur vorhandenen Energiewellen sind einer technischen Nutzung zuzuführen, mit dem Ziel einer naturgemäßen Energieerzeugung.

Tafel 9.12: Forderungskatalog zur Umweltverträglichkeit aus der Sicht der neuen Feldtheorie.

9.12 Forderungen zur Umweltverträglichkeit

Jetzt wissen wir immer noch nicht, ob von dem Gebrauch eines Handys oder eines anderen Elektrogeräts für den Benutzer eine Gefahr ausgeht. Nun, eine Gefahr ausschließen können wir sicher nicht, und die Herstelleraussage, es sei ungefährlich, weil alle Grenzwerte eingehalten werden, ist nichts wert, solange die longitudinalen Wellenanteile nicht gemessen werden. Deshalb steht ganz oben auf der Liste des Forderungskatalogs (Tafel 9.12) die Entwicklung und der Bau von *Meßgeräten zur Teslastrahlung*.
Mehr als die Hälfte der 700 Patente von Nikola Tesla betreffen den Bau von Sende- und Empfangsanlagen für Energiewellen. Hier finden sich viele wertvolle Hinweise, zumal er einige der Schaltungsentwürfe selber gebaut und genutzt hat. Im Seminar wird ein Nachbau besprochen, mit dem 1995 die Existenz longitudinaler Wellen nachgewiesen werden konnte [A7].
Bei einem Erdbeben treten immer beide, die transversale und die longitudinale Welle gleichzeitig auf, und genau genommen gilt das gleiche bei der Schallwelle, auch wenn der transversale Anteil in der Luft nicht allzuweit kommt. In Analogie wäre von einem elektromagnetischen Wellengenerator oder Sender die Abstrahlung beider Anteile schon fast zu erwarten. Tatsächlich sind am Empfangsort beide Wellen nachweisbar: Die transversale Nutzwelle und die longitudinal sich ausbreitenden Wirbel, die sich als Rauschen äußern (Tafel 4.7). Dominieren die Wirbel und geht das Nutzsignal im Rauschen unter, dann kommt es zu einer Unterbrechnung des Funkbetriebs.
Erfahrungen haben auch schon Kleingärtner in unmittelbarer Nähe eines Rundfunksenders sammeln können wie z. B. in einem Kilometer Entfernung vom Sender RIAS-Berlin. Sie konnten Tag und Nacht ihre Schrebergärten mit einer Neonröhre beleuchten, an die sie lediglich einen freien Draht angebunden hatten. Das Funkhaus unterstellte ihnen sofort, sie hätten in unerlaubter Weise ihre Nutzwelle angezapft und gedämpft. Es ist aber nicht auszuschließen, daß der Sender einen longitudinalen Anteil mit in den Äther geschickt hat, der für den Energietransport zuständig war. Das legt aber nahe, daß auch bei anderen Sendeantennen, so bei den Handys, die unerwünschten Anteile selbst dann auf Sendung gebracht werden, wenn wir sie gar nicht nutzen.
Es kommt noch ein weiteres Problem hinzu. Wenn in einem modernen Empfänger Rundfunkwellen ankommen, dann rollen sie sich über der Antenne zu einer stehenden Welle und nach Tafel 1.4 zu einem Wirbel auf. Danach sind wir nicht mehr in der Lage zu unterscheiden, ob die Übertragung als Hertzsche Welle oder als Teslawelle erfolgte. Die Trennung der beiden Wellenarten muß noch vor dem Erreichen der Antenne erfolgen.
Eine zeitgemäße Meßanordung sähe folgendermaßen aus: Der Empfangsantenne wird eine Tunnelstrecke vorgeschaltet, die für die Transversalwellen ein unüberwindbares Hindernis darstellt (Tafel 6.14). Den Tunnel passieren dann nur noch die longitudinalen Wellen, und die lassen sich am Tunnelende in herkömmlicher Technik erfassen und auswerten. Der Tunnel ist eine elegante Möglichkeit, den Anteil an Teslawellen auszukoppeln. Schließlich ist nur dieser Anteil hinsichtlich der elektromagnetischen Umweltverträglichkeit relevant. Zu der oben gestellten Frage können wir jedenfalls eine wichtige Erkenntnis mit nach Hause nehmen. Die Wahrscheinlichkeit ist recht hoch, daß Sie von der Handystrahlung überhaupt nichts mitbekommen, da nicht jedes System auf bestimmte Wirbel in gleicher Weise reagiert. Es müssen immer die ***Resonanzbedingungen bezüglich Frequenz, Phasenlage und Aufenthaltsort*** erfüllt sein, wenn es zur Absorption von Energiewellen kommen soll. (Tafel 2.10 B, E. Kolibakterien).
Andererseits kann jedoch nicht ausgeschlossen werden, daß gerade Sie oder ich *frequenzmäßig synchronisieren und die gesendete Energiestrahlung zu 100 % einsammeln.* Im Gegensatz zur Hertz'schen Welle *spielt der Abstand zur Störquelle dabei nur eine untergeordnete Rolle!* So gesehen wären Sorgen durchaus berechtigt ...

Tafel I: Forschungsstation von Nikola Tesla in Colorado Springs 1899 - 1900

Nachwort

Die Richtigkeit einer neuen Theorie garantiert noch lange nicht, daß sie auch akzeptiert wird! Eine neue Theorie muß gebraucht werden. Nur wenn ein konkreter Bedarf vorhanden ist, und wenn dann zunächst auch nur von den direkten Nutznießern, ist eine Anerkennung zu erwarten.
Im November 1994 fand in München die Fachmesse "Electronica" statt. Hier wurden auf Einladung der Deutschen Gesellschaft für EMV-Technologie die Bücher über Potentialwirbel [A1, A2] von einem international renomierten EMV-Wissenschaftler mit einem Preis ausgezeichnet. Die Zahl derer, denen die Potentialwirbeltheorie weiterhilft, Antworten auf bisher nicht erklärbare Probleme zu finden, wächst weiter.
Trotzdem soll niemand glauben, daß sich an dem Inhalt der Lehrbücher in den Regalen so schnell etwas ändern würde. Gewohnheit und Trägheit verführen dazu, die bisherige Interpretation weiter zu verwenden, auch wenn eine neue Theorie eine bessere und überzeugende Antwort bereithält. Es wird einige Zeit dauern, um ein Beispiel zu nennen, bis die Erwärmung von Wasser in einem Mikrowellenherd als Wirbelverluste erklärt wird, wie es die Potentialwirbeltheorie schon heute stichhaltig beschreibt.
Die Entdeckung eines physikalischen Phänomens mag sich in einer Schrecksekunde abspielen. Ihre Anerkennung ist dagegen in der Regel ein langwieriger Prozeß. Bei einem Blick in die Historie stellen wir fest, daß es auch früher nicht anders war.

Von den vier fundamentalen Phänomenen aus Tafel 8.2 sind zuerst die Spannungen und die Ladungen von **Coulomb** entdeckt worden (15e).
(15c): Eine Wirkung der Wirbelströme wurde bereits 1825 von dem französischen Physiker **Arago** beobachtet. Er stellte fest, daß eine über einer drehenden Scheibe aufgehängte Magnetnadel die Tendenz zeigt, mitzurotieren. Aus Unkenntnis nannte er den Effekt "Rotationsmagnetismus".
Mathematisch beschrieben werden konnten die Wirbelströme aber erst mit Hilfe zweier Gesetze, des Durchflutungsgesetzes von **Ampere** (1820) und des Induktionsgesetzes von **Faraday** (1831). Da der Effekt wegen der Wirbelstromverluste eher als störend angesehen wurde, sind technische Anwendungen oder Patente zunächst ausgeblieben. Erst **Rüdenberg** hat 1906 grundlegende Berechnungen für Wirbelstrombremsen durchgeführt. Die Entdeckung und Nutzung des "Skin-Effekts" ist **Tesla** zuzuschreiben.
(15b): Die elektromagnetische Welle wurde erstmals von **Maxwell** mathematisch beschrieben (1864). Er hatte sich das Ziel gesetzt, das Licht zu berechnen, und er konnte zeigen, daß seine Theorie tatsächlich alle Eigenschaften des Lichtes richtig beschreiben konnte. Damit war er in der Lage, die Richtigkeit seiner Theorie zu beweisen. Allerdings hatte er es mit vielen Skeptikern zu tun, denn er hatte die dielektrische Verschiebung postuliert, ohne jedoch in der Lage zu sein, sie wegen ihrer Kleinheit zu seiner Lebzeit messen zu können.
Dies mag der Grund sein, warum die Entdeckung Heinrich **Hertz** zugeschrieben wird und von der Hertz'schen Welle gesprochen wurde und wird. Neutral betrachtet war Hertz zunächst nicht mehr als ein eifriger Schüler, der die "Treatise"[<i>], Maxwells Bücher durchgearbeitet hat. Alle Ergebnisse, die Hertz experimentell beobachten konnte, waren schon in der Maxwell-Theorie enthalten und veröffentlicht.

<i>: James Clerk Maxwell: A Treatise on Electricity & Magnetism, vol. 2, Chapter XX: Electromagnetic Theory of Light. Dover Publ. New York

Aus der indischen Mystik:

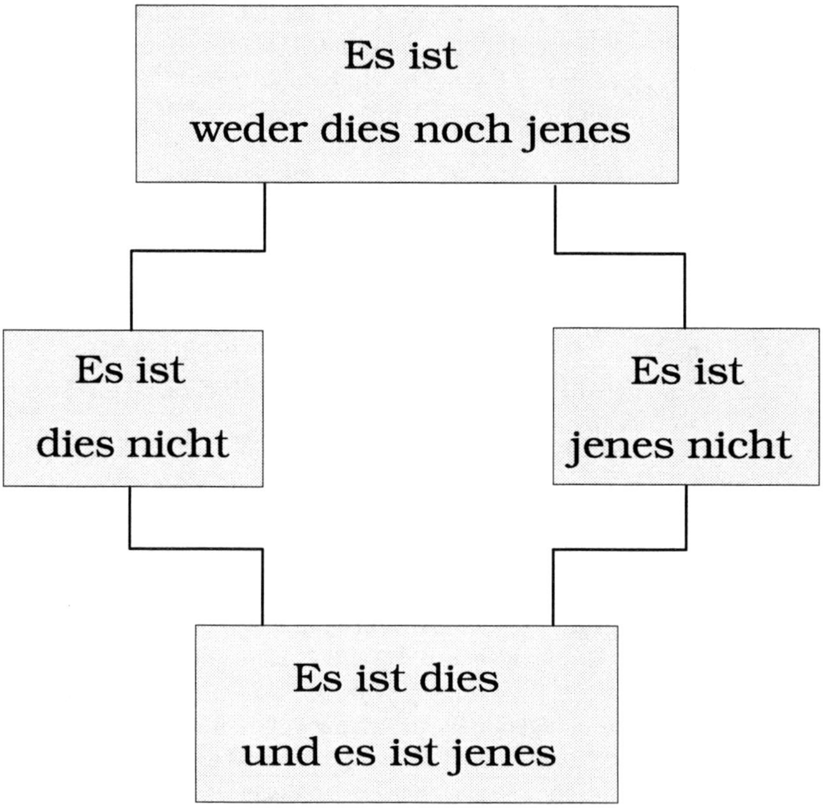

Tafel II: Die Struktur der Weltgleichung, ein Beispiel aus der indischen Mystik

Aber die großartige mathematische Beschreibung von Maxwell hatte zunächst eine rein akademische Bedeutung. Dagegen konzentriert sich das Interesse der Allgemeinheit auf die praktische Anwendbarkeit. **Hertz** hatte mit Antennen experimentiert und den Grundstein für den Bau eines Meßgerätes für elektromagnetische Wellen gelegt (1888). Die drahtlose Übertragung unsichtbarer Wellen war überzeugend. Es war eine völlig neue Technologie, die hinsichtlich einer technischen Nutzung phantasieanregend wirkte. Ein Praktiker, der sich von den theoretischen Erkenntnissen hat anregen lassen, war **Marconi**. Er gilt als der Erfinder des Radios (1895, Nobelpreis: 1909).
Zwischen den drei Höhepunkten, erstens der *Berechnung* und zugleich *Entdeckung*, zweitens der *Messung* und drittens der *Nutzung* des Wellenphänomens lagen 31 Jahre, und die Rundfunktechnik entwickelt sich auch heute immer noch weiter.

(15d): Der Potentialwirbel füllt die in Tafel 8.2 noch verbliebene Lücke. Es können einige Forscher und Wissenschaftler genannt werden, die dieses Phänomen schon beobachten konnten: Allen voran gilt Nikola Tesla als Entdecker der Teslaströme, sehr schwacher Ströme, die angeblich extrem hohe Potentiale bewirken sollen. Hier wurden vermutlich Ursache und Wirkung verwechselt, da schwache Ströme niemals hohe Potentiale hervorrufen können. Tatsächlich erweisen sich die Potentiale als eine Folge der Potentialwirbel, während die Ströme nicht mehr sind als ein Folgeeffekt, nichts als Leckströme. Immerhin konnte Tesla den Wirbel nutzen, aber ohne eine brauchbare Theorie weder berechnen noch hinreichend erklären. Außerdem sollte Wilhelm Reich erwähnt werden, der die Wirbel in seinem Orgonakkumulator gesammelt hat.
Meist wurden nur bestimmte Aspekte beobachtet und untersucht: Von **Tesla** der ebene Wirbel, von **Reich** der Einfluß auf das Wettergeschehen, von **Schauberger** der Wasserwirbel und von allen dreien der medizinische und biologische Aspekt. Die Namensliste ist unvollständig und könnte beliebig fortgesetzt werden.

Mit der Entdeckung des Potentialwirbels (1990) ist die Grundlage für den Bau eines Meßgerätes und der technischen Nutzung des physikalischen Phänomens gelegt [A1]. Dabei geht es nicht nur um die Suche nach Wasser, sondern auch um das Auffinden der Wirbelballen und Wirbelstraßen, der Stehwellen der Energiestrahlung in der Luft, am Arbeitsplatz, am Schlafplatz, in Kliniken, in Erholungsgebieten und Hotels. Wie eingangs dargelegt, können weder die Feldstärke einer Hertzschen Welle noch die entstehende Wärmeentwicklung für biologische oder technische Schäden verantwortlich gemacht werden.
Es sind in erster Linie die neu entdeckten Wirbel des elektrischen Feldes, die sich auswirken. Die Wirkungen können, wie wir gesehen haben, sowohl der Gesundheit zuträglich als auch abträglich sein. Intensität, Polarisationsebene, Wirbelkonfigurationen und viele andere Kenngrößen spielen hier eine Rolle. Zur Erforschung dieser Einflußgrößen werden ebenfalls Wirbel-Meßgeräte benötigt.
Wir müssen erkennen, daß im technischen Bereich die elektromagnetische Verträglichkeit eines Gerätes von seiner Wirbelempfindlichkeit bestimmt wird, also davon, wieviele und welche Wirbel eine Funktionsstörung herbeiführen können. Zur Ermittlung der Umweltverträglichkeit eines Produktes müssen die abgestrahlten Wirbel, die Energiestrahlung, gemessen werden. Grenzwerte für Hochspannungsleitungen, für Bildschirmgeräte oder Handys müssen in Einheiten der Potentialwirbel angegeben werden. Der Potentialwirbel hat uns den Weg zu einer einheitlichen Theorie gezeigt und ein neues Bild und Verständnis für unsere Umwelt mit sich gebracht. Er will uns damit den richtigen Weg weisen für einen umweltverträglichen Umgang mit der Natur.

* * *

Wenn Sie mit mir korrespondieren möchten oder sich eines meiner Bücher aus dem Schriftenverzeichnis zulegen möchten, wenden Sie sich bitte an mein Transferzentrum im Technologiezentrum St. Georgen.

Anschrift: TZA, Prof.Dr.Konstantin Meyl
Leopoldstraße 1
D-78112 St.Georgen/Schwarzwald

Fax.: 0-7721/51870

email: ml @ fh-furtwangen.de

Internet: http://www.tele-ak.fh-furtwangen.de

über die Teleakademie Furtwangen, Mediothek, Lehrbriefe, bzw. über: meyl/pdf/emv.pdf

---

Über meine Anschrift sind Buchbestellungen möglich:

[A1]: * Potentialwirbel Band 1, ISBN 3-98O2 542-1-6

[A2]: * Potentialwirbel Band 2, ISBN 3-98O2 542-2-4

* Elektromagnetische Umweltverträglichkeit, Teil 1
Vorlesungsumdruck (wird laufend aktualisiert).
ISBN 3-98O2 542-8-3

[A7]: * Elektromagnetische Umweltverträglichkeit, Teil 2
Seminarumdruck, frühestens ab 12/1998.
ISBN 3-98O2 542-9-1

(Jedes Buch kostet 24,8O DM incl. Porto.
Der Lieferung liegt eine Rechnung bei.)

Tafel III: Kontaktadresse und Information

Formelzeichentabelle

Elektrisches Feld

E	V/m	elektrische Feldstärke
D	As/m^2	elektrische Verschiebung
U	V	Spannung
ε	As/Vm	Dielektrizität
Q	As	Ladung
e	As	Elementarladung
τ_1	s	Relaxationszeitkonstante der Potentialwirbel (19)

Magnetisches Feld

H	A/m	magnetische Feldstärke
B	Vs/m^2	magnetische Induktion
I	A	Strom
μ	Vs/Am	Permeabilität
ϕ	Vs	magnetischer Fluß
m	kg	Masse
τ_2	s	Relaxationszeitkonst. der Wirbelströme (10)

sonstige Zeichen:

c	m/s	Lichtgeschwindigkeit (Gleichung 14)
c_o	m/s	Lichtgeschwindigkeit im Vakuum
C_e	As/V	Kapazität des Elektrons (Gl.49)
f	1/s	Frequenz
F	N	Kraft
h	Nms	Planck'sches Wirkungsquantum
$\hbar$	Nms	Drehimpulsquantum: $\hbar = h/2\pi$
j	A/m^2	Stromdichte
k	Nm/K	Boltzmann Konstante
l	m	Länge (Gl.68)
m	kg	Masse
p_m	Am^2	magnetisches Moment
r	m	Radius
r_e	m	Radius des Elektrons (Gl.50)
s	Nms	Spin
t	s	Zeit
T	K	Temperatur
U	Nm	potentielle Energie
U_e	V	Spannung des Elektrons (Gl.81*)
v	m/s	Geschwindigkeit
w	N/m^2	Energiedichte
W	Nm	Energie (47, 83)
W_e	Nm	Energie des Elektrons (Gl.48)
z_e	-	Zahl der beteiligten Elementarwirbel
λ	m	Wellenlänge
ω	s^{-1}	Kreisfrequenz
σ	Vm/A	spezifische elektrische Leitfähigkeit (Gl.86)
ρ_{el}	As/m^3	elektrische Raumladungsdichte
ψ (**r**,t)		komplexe Wellenfunktion
ϕ (**r**)		Ortsfunktion

Definitionen:

Dielektrizität	$\varepsilon = \varepsilon_r \cdot \varepsilon_o$	As/Vm
Permeabilität	$\mu = \mu_r \cdot \mu_o$	Vs/Am
Lichtgeschwindigkeit	$c = 1/\sqrt{\varepsilon \cdot \mu}$	m/s
Lichtgeschw. im Vakuum	$c_o = 1/\sqrt{\varepsilon_o \cdot \mu_o}$	m/s
Planck'sches Wirkungsquantum	$h = W/f$	Nms
Kreisfrequenz	$\omega = 2\pi f$	1/s
Relaxationszeitkonstante	$\tau_1 = \varepsilon/\sigma$	s

Zur Vektoranalysis:

Fettdruck = Feldzeiger (Vektor); weitere Angaben auf Tafel 5.0

Potentialwirbel Band 1

von Professor Dr.-Ing. Konstantin Meyl

1. Auflage, mit 5 Bildern, 112 Seiten

Das Buch ist eine Entdeckungsreise für naturwissenschaftlich engagierte und interessierte Leser.
Das Neuland der Potentialwirbel wird in leicht nachvollziehbaren Schritten betreten und der Leser durch die Lösung zahlreicher bisher ungeklärter Phänomene motiviert. Die zentrale Rolle, die Wasser in diesem Zusammenhang spielt, wird physikalisch abgeleitet und gezeigt, daß dieser Potentialwirbel als Ursache für die Pflanzen- und Tierwelt, für das Wachstum, aber auch für verschiedene Krankheiten anzusehen ist.
Die im hinteren Teil des Buches auf einer Erweiterung des Induktionsgesetzes aufbauenden Berechnungen des Potentialwirbels dienen der mathematischen Beweisführung. Durch Herleitung der Schrödinger-Gleichung wird gezeigt, daß die neu aufgestellten Feldgleichungen des Elektromagnetismus in der Lage sind, auch die Postulate der Quantenmechanik zu erfüllen. Potentialwirbel wirken sich also auch im Mikrokosmos und in der Kernphysik aus und nicht nur beim Mikrowellenherd, beim HF-Schweißen oder in der Biosphäre unseres Planeten.

CIP-Titelaufnahme der deutschen Bibliothek
Meyl, Konstantin: Potentialwirbel / von Konstantin Meyl
Villingen-Schwenningen: INDEL. Bd. 1.
Diskussionsbeiträge zur naturwissenschaftlichen Deutung
und zur physikalisch-technischen Nutzung,
basierend auf einer mathematischen Berechnung
neu entdeckter hydrotischer Wirbel. - 1. Aufl. - 1990
ISBN 3-9802 542-1-6 24,80 DM

INDEL GmbH, Verlagsabteilung, Fax: 07721/51870
Postanschrift und Bestelladresse:
TZA, Prof. Dr. K. Meyl, Leopoldstr. 1, D-78112 St. Georgen/Schwarzwald

Literaturverzeichnis

A. Veröffentlichungen zur Vorlesung (Primärliteratur zur Objektivitätstheorie):

[1] K. Meyl: Potentialwirbel, Band 1, INDEL Verlagsabt. Villingen 1990, ISBN 3-9802542-1-6
[2] K. Meyl: Potentialwirbel, Band 2, INDEL Verlagsabt. Villingen 1992, ISBN 3-9802542-2-4
[3] K. Meyl: Wirbelströme, INDEL Verlagsabt. Villingen 1984, ISBN 3-9802542-0-8 / Dreidimensionale nichtlineare Berechnung von Wirbelstromkupplungen, Diss. Uni. Stuttgart 1984
[4] K. Meyl: Einheitliche Theorie bei feldstärkeabhängiger Lichtgeschwindigkeit, Forschungsbericht der Fachhochschule Furtwangen 1992, 1.Aufl. Seite 41-43
[5] K. Meyl: Wirbel des elektrischen Feldes, eine neue Störquelle? EMC Journal 1/95, 6. J, S. 56
[6] K. Meyl: Gefährdungspotential und Umweltverträglichkeit elektromagnetischer Felder am Beispiel der Funktelefone, Waerland 2/96 (1996), S. 21-23.
[7] K. Meyl: Wirbel des elektrischen Feldes, ein Beitrag zum Thema Überlichtgeschwindigkeit; Wetter-Boden-Mensch 1/1997, ISSN 0940-5984, Seite: 79-89.
[8] K. Meyl: Physikalische Grundlagen einer Frequenztherapie, W.-B.-M. 6/1997, Seite: 8-15.
[9] K. Meyl: Die Wechselwirkung der Neutrinos, intern.Tagung „Neue Energietechnologien aus USA", Zürich am 6.12.97 und NET-Journal, ISSN 1420-9292, Heft 12, Dez.1997, S. 14-20
[10] K. Meyl: Objektivitätstheorie, 1. Beitrag: Der Äther und die Einsteinsche Fehlinterpretation, Wetter-Boden-Mensch 3/1998, ISSN 0940-5984, Seite: 39-44.

B. Veröffentlichungen über die Vorlesung (Sekundärliteratur zur Objektivitätstheorie):

[1] P. Schellenberg: Buchbespr. zu K. Meyl: Potentialwirbel, Bd. 1, Efodon News 6 (1992), S. 11
[2] R. Wohlleben: Buchbespr. zu K. Meyl: Potentialwirbel, Band 2, Frequenz 50 (1996) 1-2, S. 10
[3] Steinbeis-Stiftung für Wirtschaftsförderung: Technologiepreis für STZ-Leiter, Transfer Zeitung 3/94 (1994), S.6
[4] A. Waser (Herausg.): Die rätselhafte Natur - The Puzzling Nature, AW Verlag, Luzern (1996), ISBN 3-9521059-0-2
[5] G. Düring: Weltformel, 1.Aufl., ISR PC-Softima Ltd.London, 1996, ISBN 3-9805322-4-0
[6] K. Lorek: Buchvorstellung in "Implosion", Biotechnische Nachrichten Nr. 116 (8/1996), S. 64
[7] E.G.Hensch: Elektrosmog, Arbeitskreise zur Landentwicklung in Hessen, Wiesbaden 1996
[8] H.Lumpe: Potentialwirbel, neues Weltbild; Raum & Zeit Nr. 86, März/April 1997, S. 102-103
[9] Schneider: Buchbesprechung zu K. Meyl: Elektromagnetische Umweltverträglichkeit, Teil 1, NET-Journal, ISSN 1420-9292, Jg. Nr.2, Heft 3, März 1997, Seite 23
[10] W. Martin: Buchbesprechung, Wetter-Boden-Mensch 2/1997, ISSN 0940-5984, Seite: 62-63.
[11] RTL: Prof.Dr.-Ing.Meyl zu Gast bei der RTL-Talkshow von Ilona Christen am 30.5.97, abgedruckt im NET-Journal, ISSN 1420-9292, Jg. Nr.2, Heft 6/7 1997, Seite 30-31
[12] I. Schneider: zu „Prof. Dr.-Ing. Konstantin Meyls Buch Elektromagnetische Umweltverträglichkeit", NET-Journal, ISSN 1420-9292, Jg. Nr.2, Heft 6/7 1997, Seite 32-33

C. Literatur zur elektromagnetischen und biologischen Verträglichkeit

[1] R. O. Becker: Heilkraft und Gefahren der Elektrizität (Cross Currents) 2. Aufl.Scherz Verlag (1994) ISBN 3-502-19040-2
[2] P. Brodeur: Mikrowellen (The zapping of America) Augustus Verlag Augsburg (1989)
[3] EMVG: Gesetz über die EMV von Geräten, Bundesgesetzblatt Teil I vom 9.11.1992
[4] Flanagan: Elixier der Jugendlichkeit, Waldthausen Verlag Ritterhude 1992, 1. Aufl.
[5] E. Habiger u. a. : Elektromagnetische Verträglichkeit, 2. Aufl. Verlag Technik, München 1992
[6] E. Habiger: EMV, Hüthig Buch Verlag Heidelberg (1992), ISBN 3-7785-2092-X
[7] E. Habiger: EMV-übergreifende Aspekte zu benachbarten Problemfeldern, Elektrie 48 (1994), H. 5/6, S. 163-167
[8] N. Harthun: Naturgemäße Technik - Wege für die Forschung nach Viktor Schauberger, Verlag Delta Design, Berlin 1996.
[9] H. L. König: Unsichtbare Umwelt (Wetterfühligk.), 5. Aufl., Verlag Moos & Partner München
[10] Anton Kohling: Grundlagen der Funkentstörung in der Bundesrepublik Deutschland, etz Bd. 108 (1987), Heft 10.
[11] G. Nimtz: Mikrowellen, Einführung in Theorie und Anwendung. 2. Aufl. Mannheim/Wien/Zürich: BI-Wissenschaftsverlag 1990, ISBN 3-411-03203-0
[12] Novitskii, Yu. I. : Effects of a magnetic field on the dry seeds of some cereals. Proceedings of Conference on the Effect of Magnetic Fields on Biological Objects, Moscow, p. 52, 1966.
[13] Platon: Sämtliche Werke 5, Rowohlts Klassiker Nr. 47, S. 188, 66e
[14] A. S. Presman: Electromagnetic Fields and Life. Plenum Press, New York - London, 1970
[15] V. Schauberger: Die Entdeckung der Levitationskraft, Implosion 1995 Nr. 112
[16] H. Schulz, W. Oppitz: Lokale Hyperthermie durch hochfrequente Wirbelströme, Medizin Technik 1, 1987.
[17] G. A. Ulmer: Wellen- und Elektrosmog, Ulmer Verlag (1994) ISBN 3-924191-73-5

Potentialwirbel Band 2

von Professor Dr.-Ing. Konstantin Meyl

1. Auflage, mit 13 Bildern, 4 Tabellen, 112 Seiten

Potentialwirbel sind ein zu Strukturbildung fähiges Feldphänomen. Die einfachste räumliche Struktur ist die Kugel und diese besitzt, da es sich um elektromagnetische Wirbel handeln soll, eine elektrische Ladung.
Auf diese Weise wird das Elementarquantum und alle aus ihm zusammengesetzten Teilchen abgeleitet. Erstmalig werden Quanteneigenschaften wie Masse, Ladung, Spin und magnetisches Moment zahlreicher Elementarteilchen berechnet.
Die Grundlage für die Berechnung der Masse ist eine ganzheitliche Theorie aller bekannten Wechselwirkungen. Diese "Theory of Everything" setzt die Überwindung der in der Relativitätstheorie festgeschriebenen Postulate zu Gunsten einer variablen und feldabhängigen Lichtgeschwindigkeit voraus.
Den quantitativen Existenzbeweis für Potentialwirbel liefert die hohe Übereinstimmung der berechneten Quanteneigenschaften mit den bekannten Meßwerten.

CIP-Titelaufnahme der deutschen Bibliothek
Meyl, Konstantin: Potentialwirbel / von Konstantin Meyl.
Villingen-Schwenningen: INDEL GmbH, Verl.-Abt. Bd. 2.
Vorschläge zur Neuinterpretation des atomistischen, des materialistischen und des naturwissenschaftlichen Weltbildes auf der Grundlage elektromagnetischer Wirbel.
1. Auflage - 1992

ISBN 3-9802 542-2-4 24,80 DM

INDEL GmbH, Verlagsabteilung, Fax: 07721/51870
Postanschrift und Bestelladresse:
TZA, Prof. Dr. K. Meyl, Leopoldstr. 1, D-78112 St. Georgen/Schwarzwald

[18] Vitruvius Pollio, Marcus: Zehn Bücher über Architektur, WBG 1987
[19] A. D. Watt and E. L. Maxwell: Characteristic of Atmospheric Noise from 1 to 100 Kc/s. Symposium on the Propagation of VLF Waves, Boulder, Col., Paper 35, Jan. 1957.

D. Literatur zur allgemeinen Physik und zur Teilchenphysik

[1] K. Bethge, U. E. Schröder: Elementarteilchen, Wissenschaftliche Buchgesellschaft Darmstadt (1986) ISBN 3-534-08750-X
[2] G. Bosse, Grundlagen der Elektrotechnik II, BI 183, Hochschultaschenbücher-Verlag, Mannheim 1967
[3] A. Einstein: Grundzüge der Relativitätstheorie, S. 162, Anhang II; allg.Bemerkungen C, 5. Aufl., Vieweg + Sohn, Braunschweig 1973.
[4] A. P. French: Special Relativity, M.I.T. (1968) / Vieweg Verlag (1971) ISBN 3-528-03546-3
[5] U. Gradmann/H. Wolter: Grundlagen der Atomphysik, AVG, Frankfurt a.M. 1971.
[6] J. D. Jackson, Classical Electrodynamics, 2nd. Ed., John Wiley, New York, 1975.
[7] K. Küpfmüller: Einführung in die theoretische Elektrotechnik, Springer-Verlag Berlin, 12. Auflage 1988.
[8] H. G. Küssner: Grundlagen einer einheitlichen Theorie der physikalischen Teilchen und Felder, Musterschmidt-Verlag, Göttingen 1976, ISBN 3-7881-6035-7
[9] Kuchling: Physik, Gl. At4, VEB-Leipzig, 11. Aufl. 1974
[10] G. Lehner, Elektromagnetische Feldtheorie, Springer-Verlag Berlin, Heidelberg 1990.
[11] H.-J. Lugt: Wirbelströmung in Natur und Technik. G. Braun Verlag Karlsruhe 1979
[12] J. C. Maxwell: A Treatise on Electricity & Magnetism, vol.2, Chapter XX: Electromagnetic Theory of Light. Dover Publ. New York
[13] Mende, Simon: Physik, Gl. 10. 39, VEB-Leipzig, 4. Aufl. 1974
[14] G. Mierdel: Elektrophysik, Hüthig Verlag Heidelberg (1972) ISBN 3-7785-0243-3
[15] O. Nachtmann: Phänomene und Konzepte der Elementarteilchenphysik, Vieweg, Braunschweig 1986, ISBN 3-528-08926-1
[16] W. Pauli: Aufsätze und Vorträge über Physik und Erkenntnistheorie, Vieweg + Sohn, Braunschweig 1961
[17] K. Simonyi, Theoretische Elektrotechnik. 7. Aufl. VEB Verlag Berlin 1979. S. 921 - 924.
[18] K. Stierstadt: Physik der Materie, VCH, Weinheim 1989.
[19] D. F. Taylor, On the Mechanism of Aluminium Corrosion in Metallized Film Capacitors, IEEE Transactions on EI-19, August 1984, No. 4, pp. 288-293.
[20] A. Yializis, S. W. Cichanowski, D. G. Shaw: Electrode Corrosion in Metallized Polypropylene Capacitors, Proceedings of IEEE, International Symposium on Electrical Insulation, Bosten, Mass. , June 1980;

E. Literatur zu Tesla und zur Kritik an der Lehrbuchphysik

[1] M. Cheney: Tesla, Man out of Time, Barnes & Noble Books, New York, 1993, ISBN 0-88029-419-1 und Omega-Verlag (1996) ISBN 3-930243-01-6
[2] D. H. Childress: The Fantastic Inventions of Nikola Tesla, Adventures Unlimited Press (1993) ISBN 0-932813-19-4.
[3] J. DeMeo: The Orgone Accumulator Handbook, ISBN 0-9261855-0-7
[4] G. Galeczki, P. Marquardt: Requiem für die Spezielle Relativität, Haag+Herchen (1997), ISBN 3-86137-484-6
[5] J. K. Kowalczynski: Critical Comments on the Discussion about Tachyonic Causal Paradoxes and the Concept of Superluminal Reference Frame, International Journal to theoretical Physics, Vol. 23, No. 1, 1984
[6] J. Marinsek: Rationale Physik oder wissenschaftliche Science fiction? dbv-Verlag für die Technische Universität Graz (1989) ISBN 3-7041-0176-1
[7] H. C. Montieth: The Unified Field Theorie, MUFON Symposium Proc., Seguin, Texas, 1980
[8] F. Moser: Bewußtsein in Raum und Zeit - Grundlagen einer holistischen Weltauffassung auf wissenschaftlicher Basis, Leykam Graz, 1989
[9] H. A. Nieper: Revolution in Technik, Medizin, Gesellschaft; MIT Verlag Oldenburg (1982)
[10] O. Oesterle: Ausweg aus der Sackgasse, Ein ganzheitliches naturwissenschaftliches Weltbild, 1. Aufl., Jupiter-Verlag, Bern 1996, ISBN 3-906571-16-5
[11] Rho Sigma (Dr. Rolf Schaffranke): Forschung in Fesseln, das Rätsel der Elektro-Gravitation, Ventla-Verlag, Wiesbaden (1972)
[12] N. Tesla: III. The Singular Misconception of the Wireless (Famos Scientific Illusions), Electrical Experimenter, Feb. 1919, p. 732.
[13] Tesla's verschollene Erfindungen, VAP, Wiesbaden (1994) ISBN 3-922367-93-3
[14] N. Tesla: Complete Patents, Tesla Book Company (1983) ISBN 0-960356-8-2
[15] W. Theimer: Die Relativitätstheorie, A.Francke AG Verlag Bern (1977) ISBN 3-7720-1260-4